U0161715

"十四五"国家重点出版物出版规划项目

★ 转型时代的中国财经战略论丛 ◢

覆盖全过程的 我国食品安全监管效果测度 与监管模式重构

Research on the Measurement of
China's Food Safety Supervision Effect and the Reconstruction of
Supervision Model Covering the Whole Process

张红凤 吕 杰 等著

中国财经出版传媒集团

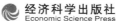

经济科学出版社
Economic Science Press

图书在版编目（CIP）数据

覆盖全过程的我国食品安全监管效果测度与监管模式
重构/张红凤等著.—北京：经济科学出版社，
2021.11

（转型时代的中国财经战略论丛）

ISBN 978 – 7 – 5218 – 3054 – 5

Ⅰ.①覆…　Ⅱ.①张…　Ⅲ.①食品安全－监管机制－
研究－中国　Ⅳ.①TS201.6

中国版本图书馆 CIP 数据核字（2021）第 230485 号

责任编辑：于　源　李　林
责任校对：靳玉环
责任印制：范　艳

覆盖全过程的我国食品安全监管效果测度与监管模式重构

张红凤　吕　杰　等著

经济科学出版社出版、发行　新华书店经销

社址：北京市海淀区阜成路甲 28 号　邮编：100142

总编部电话：010 – 88191217　发行部电话：010 – 88191522

网址：www. esp. com. cn

电子邮箱：esp@ esp. com. cn

天猫网店：经济科学出版社旗舰店

网址：http://jjkxcbs. tmall. com

北京季蜂印刷有限公司印装

710 × 1000　16 开　21.25 印张　330000 字

2021 年 12 月第 1 版　2021 年 12 月第 1 次印刷

ISBN 978 – 7 – 5218 – 3054 – 5　定价：85.00 元

（图书出现印装问题，本社负责调换。电话：010 – 88191510）

（版权所有　侵权必究　打击盗版　举报热线：010 – 88191661

QQ：2242791300　营销中心电话：010 – 88191537

电子邮箱：dbts@ esp. com. cn）

总　序

《转型时代的中国财经战略论丛》是山东财经大学与经济科学出版社合作推出的"十三五"系列学术著作，现继续合作推出"十四五"系列学术专著，是"'十四五'国家重点出版物出版规划项目"。

山东财经大学自 2016 年开始资助该系列学术专著的出版，至今已有 5 年的时间。"十三五"期间共资助出版了 99 部学术著作。这些专著的选题绝大部分是经济学、管理学范畴内的，推动了我校应用经济学和理论经济学等经济学学科门类和工商管理、管理科学与工程、公共管理等管理学学科门类的发展，提升了我校经管学科的竞争力。同时，也有法学、艺术学、文学、教育学、理学等的选题，推动了我校科学研究事业进一步繁荣发展。

山东财经大学是财政部、教育部、山东省共建高校，2011 年由原山东经济学院和原山东财政学院合并筹建，2012 年正式揭牌成立。学校现有专任教师 1688 人，其中教授 260 人、副教授 638 人。专任教师中具有博士学位的 962 人。入选青年长江学者 1 人、国家"万人计划"等国家级人才 11 人、全国五一劳动奖章获得者 1 人，"泰山学者"工程等省级人才 28 人，入选教育部教学指导委员会委员 8 人、全国优秀教师 16 人、省级教学名师 20 人。学校围绕建设全国一流财经特色名校的战略目标，以稳规模、优结构、提质量、强特色为主线，不断深化改革创新，整体学科实力跻身全国财经高校前列，经管学科竞争力居省属高校领先地位。学校拥有一级学科博士点 4 个，一级学科硕士点 11 个，硕士专业学位类别 20 个，博士后科研流动站 1 个。在全国第四轮学科评估中，应用经济学、工商管理获 B +，管理科学与工程、公共管理获 B －，B + 以上学科数位居省属高校前三甲，学科实力进入全国财经高校前十。工程学进入 ESI 学科排名前 1%。"十三五"期间，我校聚焦内涵式发展，全面实施了科研强校战略，取得了一定成绩。获批国家级课题项目 172 项，教育部及其他省部级课题项目 361 项，承担各级各类横向课题 282 项；教师共发表高水平学术论文 2800 余篇，出版著作 242 部。同时，新增了山东省重点实验室、省重点新型智库和研究基地等科研平台。学校的发展为教师从事科学研究提供了广阔的平台，创造了更加良好的学术生态。

"十四五"时期是我国由全面建成小康社会向基本实现社会主义现代化迈进的关键时期，也是我校进入合校以来第二个十年的跃升发展期。2022 年也将迎来建校 70 周年暨合并建校 10 周年。作为"十四五"国家重点出版物出版规划项目，《转型时代的中国财经战略论丛》将继续坚持以马克思列宁主义、毛泽东思想、邓小平理论、"三个代表"重要思想、科学发展观、习近平新时代中国特色社会主义思想为指导，结合《中共中央关于制定国民经济和社会发展第十四个五年规划和二〇三五年远景目标的建议》以及党的十九届六中全会精神，将国家"十四五"期间重大财经战略作为重点选题，积极开展基础研究和应用研究。

与"十三五"时期相比，"十四五"时期的《转型时代的中国财经战略论丛》将进一步体现鲜明的时代特征、问题导向和创新意识，着力推出反映我校学术前沿水平、体现相关领域高水准的创新性成果，更好地服务我校一流学科和高水平大学建设，展现我校财经特色名校工程建设成效。通过对广大教师进一步的出版资助，鼓励我校广大教师潜心治学，扎实研究，在基础研究上密切跟踪国内外学术发展和学科建设的前沿与动态，着力推进学科体系、学术体系和话语体系建设与创新；在应用研究上立足党和国家事业发展需要，聚焦经济社会发展中的全局性、战略性和前瞻性的重大理论与实践问题，力求提出一些具有现实性、针对性和较强参考价值的思路和对策。

山东财经大学校长

2021 年 11 月 30 日

前　言

改革开放 40 多年来，中国经济快速增长，总量已跃升到世界第二位。但随着世界经济形势发生深刻的变化，中国经济增长速度持续放缓，经济社会发展成本不断上升，环境和资源矛盾日益突出。经济快速发展的同时，我国食品安全领域问题层出不穷，食品安全隐患凸显，带来了恶劣的经济和社会后果，严重制约经济社会的可持续发展，这引起了学界和民众的关注和担忧。

基于此，本书围绕"覆盖全过程的我国食品安全监管效果测度与监管模式重构"问题展开研究，其特色在于：在理论层面，构造食品安全全过程监管的效果测度模型和多主体动态博弈模型，以丰富食品安全全过程监管相关理论；在应用层面，从主观（消费者）和客观（政府）两个维度测算食品安全监管指数，以有效监测食品安全监管效果和监管力度；重构覆盖全过程的食品安全监管模式和合作治理框架及实现机制，以消除相关主体的逆向选择和道德风险，为提高食品安全监管效果提供制度保障，最终为提升食品质量安全度和经济社会可持续发展提供有力的支撑。

本书是 2019 年结项且等级评定为优秀的国家社科基金重点项目"覆盖全过程的我国食品安全监管效果测度与监管模式重构"（14AGL019）的最终研究成果。本书涉及规制经济学、统计学、公共管理学、政治学等多个学科的相关理论，注重理论与实践相结合。在该项目研究进行的同时，国家开展了轰轰烈烈的食品安全示范城市创建工作，我和我的团队成员深感理论联系实践的重要性，因而，在进行理论研究的同时，我带领团队成员深入机关、企业、农户进行了大量的调研走访，整理形成了 20 余万字的调研报告，搜集了 30 余万条数据。期间，形成的阶段性研究成果在《经济研究》《公共管理学报》《中国行政管理》等国内权威期刊上发表，多篇研究报告以"决策参阅"的形式得到山东省政府、市场监管局领导批示，并于 2020 年获得"2020 年度山东省高等学校人文社会科学优秀成果奖一等奖"。诚然，由于时间和精力的影响，本书在部分之处难免存在不足，敬请专家和广大读者不吝批评指正。我们定在适当时间总结多方建议，以便进一步将本书进行完善和更新。

张红凤

2021 年 10 月

目　录

第1章 导　　论

当今世界正面临百年未有之大变局，而新冠肺炎疫情使这一变局加速推进，中国在这一时代变局中面临的挑战与机遇并存。在新的发展形势和环境下，中国继续深化改革，扩大开放，调整发展战略，谋划发展布局，力求实现经济的高质量发展。但是，一些社会性问题，如食品安全问题频繁暴露，严重影响了社会福祉和人民幸福感。为此，党中央高度重视食品安全，《中华人民共和国国民经济和社会发展第十四个五年规划和2035年远景目标纲要》明确指出，要深入实施食品安全战略，加强食品全链条质量安全监管，推进食品安全放心工程建设攻坚行动，加大重点领域食品安全问题联合整治力度。食品安全依旧是关系公共卫生与健康的重要问题，本研究主动对接"健康中国"战略，丰富了食品安全全过程监管相关理论，有效测度了食品安全监管效果和监管力度，同时也为重构覆盖全过程的食品安全监管模式和合作治理框架，最终保障整体食品安全和经济社会可持续发展提供有力的支撑。

1.1　研究背景与意义

改革开放40多年来，中国经济快速增长，总量已跃升到世界第二位。但随着世界经济形势发生深刻的变化，中国经济增长速度持续放缓，经济社会发展成本不断上升，环境和资源矛盾日益突出。经济快速发展的同时，我国食品安全领域问题层出不穷，食品安全隐患凸显，带来了恶劣的经济和社会后果，严重制约了经济社会的可持续发展，也引起了学界和民众的关注和担忧。从2000~2016年城市居民所关注社会问题前六位的出现频率来看（见图1-1），食品安全8次成为居民最关注的社会问题，仅次于社会保障、房价和物价等保障居民基本生活的问题。食品安全问题越来越成为人们关注的焦点问题，也成为影响人民生活质量的关键因素。

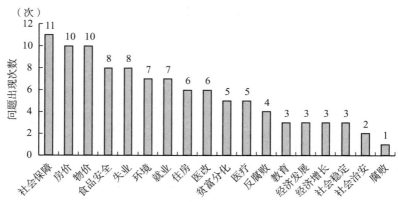

图 1 – 1　2000 ~ 2016 年城镇居民最关注社会问题的出现频率

资料来源：中国青年网。

"民以食为天、食以安为先"，食品安全关系到经济的持续发展和社会稳定，关系到人民的生命安全，影响着每个人的生命健康以及生活质量。我国食品安全事故时有发生，成因复杂，形势严峻。市场失灵和监管陷阱导致的各种违法经营活动，持续影响着人民的生命安全和社会安危，食品安全问题已成为当前中国最大的民生问题，同时食品安全治理也成为一项世界级难题。日益严峻的食品安全问题带来了恶劣的经济和社会后果，严重制约经济和社会的可持续发展，而理应成为食品安全最有力保障的政府监管暂时却没有达到预期的效果。一方面，人们的生活方式、饮食习惯以及营养健康需求都在发生着巨大的变化，公众对食品安全的需求呈现出递增的态势；另一方面，我国在食品安全监管领域暂时还存在着监管权配置失衡、监管资源配置低效、执法力度不够、检测能力不足以及全民参与不够积极等问题，食品安全监管仍存在很大的提升空间。随着国家食品药品安全监督管理总局的组建，直至国家市场监督管理总局的组建，食品安全监管领域长期存在的多头管理问题得到一定程度的解决，建立食品安全全过程监管效果综合评价体系和重构覆盖全过程的能真正克服相关主体信息不对称的监管模式成为解决监管效果低下的关键所在和内生要求。

　　食品安全问题在党的十八届三中全会中得到高度重视，会议通过的《中共中央关于全面深化改革若干重大问题的决定》明确提出，"完善统一权威的食品药品安全监管机构，建立最严格的覆盖全过程的监管制度……保障食品药品安全"。"十三五"时期，食品安全问题进一步上升为国家重大战略，习近平总书记明确要求，"必须要用最严谨的标准、最严格的监管、最严厉的处罚、最严肃的问责，确保广大群众'舌尖上的安全'"。① 党的十九大报告明确提出以人民健康为中心，实施"健康中国"战略。人民健康是民族昌盛和国家富强的重要标志，"健康中国"是维护国家安全与社会稳定的必备条件。食品安全作为人民日益增长美好生活需要的基本要求，是实施"健康中国"战略的三个关键环节之一。《中华人民共和国国民经济和社会发展第十四个五年规划和2035年远景目标纲要》明确指出，要深入实施食品安全战略，加强食品全链条质量安全监管，推进食品安全放心工程建设攻坚行动，加大重点领域食品安全问题联合整治力度。党中央、国务院高度重视食品安全工作，已将其提升到了前所未有的高度，旨在彻底解决食品安全问题。

　　基于此，本书围绕"覆盖全过程的我国食品安全监管效果测度与监管模式重构"问题展开研究，具有重大意义：在理论层面，构造食品安全全过程监管的效果测度模型和多主体动态博弈模型，以丰富食品安全全过程监管相关理论；在应用层面，从主观（消费者）和客观（政府）两个维度测算食品安全监管指数，以有效监测食品安全监管效果和监管力度；重构覆盖全过程的食品安全监管模式和合作治理框架及实现机制，以消除相关主体的逆向选择和道德风险，为提高食品安全监管效果提供制度保障，最终为提升食品质量安全度和经济社会可持续发展提供有力的支撑。

1.2　研究现状述评

　　在食品安全问题日益凸显的背景下，国内外关于食品安全监管的相关研究不断得以丰富和深入。早期研究主要围绕食品安全领域的信息不

---

　　① 中国共产党新闻网：《确保广大人民群众"舌尖上的安全"》，2015年9月12日。

对称等市场失灵问题展开，后期研究逐渐转向监管效果评价，并尝试探讨食品安全的过程监管及治理结构等新兴领域。

1.2.1　食品安全监管的信息不对称问题研究

在食品市场中，存在着严重的信息不对称问题，早期研究主要聚焦于这一问题。

首先，生产者与消费者间存在着信息不对称，主要表现为消费者购买前甚至消费后，对食品的质量都很难做到准确识别。按照食品质量信息的不对称程度，商品的质量特性可划分为搜索质量、体验质量和信任质量三类，其中搜索质量是消费者在购买前能确切掌握商品的质量特性；体验质量为消费者在购买前无法掌握，但在购买后能确切掌握的质量特性；信任质量是消费者即使购买后也无法掌握的质量特性。具有以上三种质量特性的商品分别为搜寻品、体验品和信任品（李想，2011）。食品质量的搜寻品特性在买方与卖方之间是对称的，而食品质量的体验品和信任品特性在生产者与消费者之间存在着严重的信息不对称。有学者指出食品安全具有典型的信任品特性，买卖双方在食品安全程度上存在着信息不对称，导致食品市场存在逆向选择和道德风险（Akerlof，1970；Roe and Sheldon，2007；李想，2011），造成市场失灵、低质食品容易被"驱逐"出市场、道德风险严重、交易成本巨大、市场效率降低等问题，进而导致食品安全事故频发（Henson and Traill，1993；Stiglitz，2002；Starbird，2005；龚强等，2013）。具体来看，食品安全问题主要包含"无知"与"无良"两大成因，"无知"是由新生产工艺或新生产技术造成的不确定性风险，"无良"是由生产者在生产过程中的欺诈、造假等败德行为导致的（周应恒和王二朋，2013）。

其次，政府监管部门与生产者、消费者之间存在着信息不对称。由于食品质量安全监管机制不完善，食品质量安全监测存在成本高、速度慢、食品安全责任可追溯性差等问题，监管者与生产经营者间在食品质量安全上存在着信息不对称。同时，监管者不能及时、有效地将食品质量安全信息传递给消费者，会导致政府监管者与消费者在食品质量安全上存在信息不对称（刘宁，2006）。此外，在食品供应体系中，食品安全管理部门按照流通环节实施分段管理，在此过程中存在职责划分不清、职能交叉等问题，食品安全监管体制的垂直管理模式也容易导致中央和地方间的信息不对称问题突出（袁界平和肖玫，2006；赵娜，2010）。

面对信息不对称造成的食品安全问题，需要政府创新监管模式，通过抽样检测、信息显示、社会监督、完善食品安全风险分析与控制体系和完善食品监管制度等方法令企业提供产品的相关信息，提高产品信息的公开透明度，避免企业提供虚假信息，减少食品市场中的道德风险和逆向选择，从而降低信息不对称，最终提高食品安全度（Caswell，1996；Starbird，2005；李想，2011；龚强，2013）。其中，信息揭示公开可以为社会、第三方和相关监管部门提供监督，提供企业重要生产和交易环节的相关信息，减小企业生产劣质产品的动机，提升消费者对食品行业的消费信任，增强其支付意愿，从而激励企业生产安全高质量的产品（龚强等，2013；李想和石磊，2014）。

1.2.2 经济增长与食品安全的关系研究

学术界现已达成经济增长与食品安全密切相关的共识。一方面，我国的宏观经济环境对食物安全产生影响，经济增长对食物消费水平、食物消费结构变化产生重要的影响，并为食物安全提供重要保障作用（朱晓峰，2002）。另一方面，食品安全对我国经济发展产生影响，食品安全在经济发展的"规模效应—结构效应—技术效应"中表现出不同的形态和程度，食品安全关系到食品产业的发展，进而带动种养殖、包装运输产业、餐饮服务业等相关产业的发展；而食品安全问题则会扰乱市场的公平竞争秩序，制约经济的健康发展（牛文宽，2014；张力和孙良媛，2015）。关于政府规制与食品安全关系的研究，学术界已达成政府规制的加强有利于食品安全度提高的共识，但却存在表现形式不确定及实证检验不足的问题。理查兹（Richards，2009）指出，公共政策具有滞后性，政府规制与食品安全间的关系不会是简单的线性关系，而是一种非线性关系。中国经济的快速增长和大规模城镇化背景下，食品安全事故频发的经验证据表明，城镇化、食品安全与经济增长之间存在着某种相关关系：随着经济快速增长和城镇化快速推进，食品安全问题越来越严重。

在当前中国特色社会主义新时代，社会主要矛盾已转化为人民日益增长的美好生活需要与不平衡不充分发展间的矛盾，在食品产业领域表现在：人们的生活方式、饮食习惯以及营养健康需求均发生着巨大变化，公众对食品安全的需求呈现出递增的发展态势，食品产业凸显出结构趋同、资源浪费、产品质量良莠不齐等问题。食品安全问题与食品产业发展的关系复杂交织，食品安全规制与食品产业发展存在着天然的耦合关系。在解决食品安全问题的过程中，政府的规制手段和食品产业集群的演化进程并不是孤立的，而是形成一种良性互动的耦合效应，即通过加强食品安全规制推动食品产业集群结构的优化升级，会进一步强化其升级带来的经济增长效应；通过食品产业集群的转型升级，来促进食品安全规制绩效的提升（张红凤和李萍，2017）。

1.2.3　食品安全监管效果评价研究

在食品安全监管效果评价方面的相关研究，有学者基于成本－收益分析框架展开（Antle，1995，1999，2000；Henson，1999；Ollinger，2006；王志刚，2006；刘霞，2008；Caswell，2008；王建华等，2016）。如安特尔（Antle，2001）建立消费者食品需求模型和食品供给模型，构造食品安全成本—收益分析的基本研究框架，提出食品安全规制效果评价的成本—收益分析思路；西尔万（Sylvain，2008）将监管过程与结果相结合，建立以具体的监管事务为维度，以投入—产出为各维度具体指标的指标体系，对全球 16 个国家和地区的食品安全绩效展开评估，并进行排名；刘录民等（2009）构建由投入—运作—产出三个环节构成的食品安全规制评价指标体系；基于此，张艳艳（2013）对山东省八个地市的食品安全规制效果展开实际测度；王能和任运河（2011）将监督力度、抽检力度、行政处罚力度作为投入指标，将食品中毒率、产品合格率作为产出指标，构建了测度政府食品安全监管效果的投入产出模型，对中国总体层面及省级层面的食品安全监管效果展开评价。有学者从食品安全风险方面展开食品安全监管效果评价研究，马文和克莱特（Marvin and Kleter，2009）用包括食品生产环境风险、食品生产链风险和消费者风险在内的三大部分风险指标，构建了衡量不同环节食品所遭受安全风险的指标体系，是食品安全监管绩效评估的一个重要组成部分。

有学者利用平衡计分卡理论模型，构建省级食品安全监管效果评价指标体系，如刘鹏（2013）从工作业绩、利益相关者、内部管理、学习与成长等角度对省级政府的食品安全监管绩效展开评价；张肇中和张红凤（2014）将倍差法与倾向得分匹配法相结合，对乳制品政府规制的间接效果展开评价。有学者从食品安全满意度视角，利用结构方程模型构建食品安全监管效果评价指标体系，如王建华等（2016）构建了包括食品安全政府监管满意度、政府监管效果担忧程度、食品安全社会监督评价三个指标的监管效果评价指标体系，对食品安全监管效果展开分析；张红凤和刘嘉（2015）从销售者和消费者两个维度入手，构建山东食品安全监管效果测度指标体系；张红凤和吕杰（2018）基于计划行为理论、多中心治理理论，参考顾客满意度指标模型，提取了重点监管工作效果评价、社会共治效果评价、全过程监管效果评价三个潜变量，实证研究了对食品安全监管效果总体评价的影响路径和效应。

1.2.4 食品安全监管过程与模式研究

国外关于食品安全监管过程的研究主要包括基于交易成本经济学、不完全契约理论的食品供应链契约协作研究（Weaver and Hudson，2001）与基于食品供应链中不同参与主体的食品安全保障机制研究（Peter，2008）。斯塔伯德（Starbird，2005）指出，食品的质量信息在供应链上呈现非均匀分布，精细设计的食品供应链契约能将质量安全的生产者与质量不安全的生产者进行分离，该契约的有效性主要依赖于生产者的质量成本、质量检测失败概率与惩罚成本的高低。马里亚尼等（Marian et al.，2006）指出，在食品产业链的不同环节，公共规制与私人规制的有效结合能做到以低成本提高食品质量安全的水平，从而实现规制资源的合理有效配置。施特林格（Stringer，2007）等通过构建食品供应链模型，将食品供应链采用分层方法分解为更小的单元，并应用于食品安全控制过程。

国内研究主要通过对我国食品供应链现状的分析，从质量保证体系、供应链组织模式、信息平台系统、信息可追溯等方面探讨食品质量安全控制（李旭，2004；谭涛和朱毅华，2004；陈原，2007；樊孝凤，

2007）。汪普庆等（2009）认为，食品供应链中的纵向协作程度（即一体化程度）与食品安全水平成正比。张煜和汪寿阳（2010）基于食品供应链视角，提出包含时效性、追溯性、检测性、信任性和透明性等五个要素的质量管理模型框架，并将物流、信息流和上下游企业间的关系作为影响食品供应链质量安全的重要方面。王海燕等（2016）从食品质量链协同视角出发，构建食品质量链信息组织模型，为解决食品安全质量问题提出了食品安全控制理论和方法。

关于食品安全监管模式的研究，国外已有研究主要集中于以美国为代表的多部门共同负责、划分监管职权的模式，以日本为代表的两部门高度集权模式，以澳大利亚为代表的多层次网络模式，以及以新西兰为代表的独立部门统一管理模式（Givey，2004；Spence，2007；赵丙奇和戴一珍，2007）。其中，美国的食品安全监管由其农业部食品安全检验局、食品药品监督管理局、联邦卫生福利部、美国联邦环境保护署等共同负责，并划分不同的监管职权；日本的食品安全监管以农林水产省和厚生劳动省为监管主体，集中职权管理；澳大利亚构建联邦、州和地方政府的多层次"金字塔"形食品安全监管网络，其联邦政府统一负责食品标准、食品对外贸易、检验检疫等法律法规的制定，州和地方政府分管辖区内的食品安全管理实务；新西兰的食品安全监管由食品质量安全管理局统一负责。

国内已有研究主要通过集中监管模式和分散监管模式改善目前食品安全存在的不利局面，前者主要依靠政府的行政手段与法律手段实施监管，包括政府治理机制；后者主要依靠市场主体间的利益制衡机制实施约束管理，包括社会自治组织治理机制、消费者治理机制等（戎素云，2006；韩俊，2007；尹权，2015）。颜海娜（2010）基于整体政府理论视角，构建出指导食品安全监管体制改革的理论框架。在食品安全问题的挑战下，食品监管模式不断演化发展，有学者构建了从政府、个人的二元社会主体结构到政府、社会中间层组织、个人的三元社会主体结构，构成以政府监管为主导、以社会中间层监管为主体、以市场监管为基础的社会性监管模式（李长健和张锋，2006）。王悦（2007）提出建立"政府—社会中间层—公众"三位一体的食品安全监管模式，以政府为主导性力量，社会中间层为整合性力量，公众为基础性力量，注重国家权力、社会权力和个人权力的配置，对食品安全实施全方位的监管。陈季修和刘智勇（2010）以多元共治理论为视角，探讨并构建"政府主导、行业自律、社会参与、协同共治"的食品安全市场监管模式。

1.2.5　食品安全监管治理结构研究

国外发达国家通过构建统一高效的食品安全监管体系实施食品安全监管治理，日本以风险分析为监管理念，美国实施"从农田到餐桌"的全程监管，欧盟的食品安全监管从强调供给转向关注消费者健康，实施从农场到餐桌的全链条式监管。国外食品安全监管体系设计中，在合作监管（Co-regulation）理念被提出后（Anne et al.，2004；Martinez et al.，2007），监管体系设计强调要关注消费者的利益，关注消费者参与的研究逐渐出现（RouviÈre and Caswell，2012）。

我国的食品安全监管采取分段监管为主，品种监管为辅的监管方式（何猛，2012），有学者构建由监管体制与能力、监管机制和监管手段体系共同构成的食品安全监管制度，其中监管体制与能力是监管制度框架与资源的分配，监管机制是监管主体作用于监管客体所采取的监管方法，监管手段是监管主体实施监管过程中采取的技术手段与保障措施（周应恒和王二朋，2013）。有学者提出在食品安全监管中引入整体性治理的理念，建立"政府—市场—社会"之间的合作关系，强调通过整合独立的监管部分，实现政府的食品安全目标，促进公共管理主体在食品安全监管中开展协作，实现功能整合，从而实现食品安全有效监管（竺乾威，2008；陈刚和张浒，2012）。有学者基于市场信息基础、声誉机制建立聚合多元主体的食品安全治理框架（吴元元，2012；汪鸿昌等，2013），公众参与成为食品安全多元治理体系的重要组成部分（刘文萃，2012）。陈彦丽和曲振涛（2014）基于协同学视角，探究食品安全治理系统的内部运行规律，探析多元主体间的协同机制，试图为食品安全治理构建新格局。李晓义和杜娟（2016）基于多层次治理理论视角，通过分析市场治理的规则层、关系层和规范层，指出包含双边关系机制、多边关系机制和中介机制的关系治理机制以未来获益预期为基础，发挥着极其重要的作用。

综观现有研究，关于食品安全监管的文献主要集中于食品安全监管的信息不对称问题研究、食品安全与经济增长的关系研究、食品安全监管效果评价研究、食品安全监管过程及模式研究、食品安全监管治理结构研究五个方面，但仍存在一定的局限：在食品安全监管的信息不对称问题研究中，多数研究仅从学理分析的角度分析食品市场信息不对称问题出现的原因，而对食品市场信息不对称问题的外在表象，即食品市场存在的问题，缺少有效的归纳和总结；在食品安全与经济增长的关系研究中，多数研究并未定量分析二者的关系，少数涉及此类问题的研究也只是基于客观现实所作的主观判断，缺乏合理性；在进行食品安全监管效果评价时，多数研究在食品安全监管效果评价指标体系的构建上存在着覆盖面窄、代表性不足等问题，由于受所获取数据的局限，学者们大多从监管者、企业或消费者等单一视角展开食品安全监管效果评价的研究，缺乏多维视角的研究；关于全过程监管的研究则较为鲜见，现有研究大多集中于全过程监管的某个剖面，如在监管效果评价中，多从监管者、企业或消费者的单一维度展开；在监管过程研究中，多局限于监管过程的某一环节，未能从全过程的整体视角构建系统的监管模式；在治理结构研究方面，未能对全过程监管中多主体合作治理的形成机理和实现机制展开深入挖掘。因缺乏全过程的研究视角，现有研究在指导食品安全监管效果的提升方面存在很大短板。

为弥补现有研究缺陷，应对我国食品安全及其监管领域的现实问题，急需进行覆盖全过程的食品安全监管效果测度，展开监管模式重构，本书从食品安全监管全过程问题探寻出发，构造覆盖全过程的食品安全监管复杂系统，并分析了食品安全与经济发展之间的关系，在此基础之上，展开覆盖全过程的食品安全监管效果测度，厘清全过程监管的低效环节，剖析全过程监管的重点问题，构建多主体动态博弈模型，重构监管模式，构建"监管者—企业—社会组织—消费者"的监管合作治理框架。

1.3 研究思路与方法

1.3.1 研究思路

本研究基于全过程的整体视角，综合制度经济学、公共管理学、信息经济学、复杂系统理论、多主体博弈、合作治理理论等学科理论与方法，紧紧围绕"覆盖全过程的我国食品安全监管效果测度与监管模式重构"这个核心问题，遵循"发现问题－厘清问题－分析问题－解决问题"的逻辑主线展开研究，见技术路线图 1－2。首先，基于供应链分解视角和参与主体视角探寻食品安全监管全过程存在的问题，构建覆盖全过程的食品安全监管复杂系统。其次，展开食品安全与经济发展的关系研究，提出食品安全库兹涅茨曲线假说并进行检验；进而基于全过程视角构建食品安全监管综合评价指标体系，从消费者、政府两个维度对食品安全监管效果和监管力度展开测度。再次，运用多主体动态博弈工具对造成食品安全监管效果低下的道德风险与逆向选择等主体行为进行

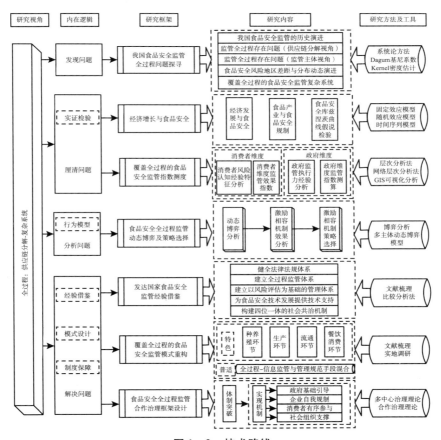

图 1－2 技术路线

分析，依此进行机制设计和策略选择。最后，总结并借鉴发达国家食品安全监管的先进经验，重构覆盖全过程的食品安全监管模式，构建能为其有效性提供最终制度保障的合作治理框架。以期形成食品安全全过程监管的理论创新成果，为我国食品安全监管实践提供决策咨询作用，为我国食品领域安全与健康目标的实现提供智力支持。

1.3.2 研究方法

本研究主要采用系统论方法、Dagum 基尼系数法、Kernel 密度估计法、固定效应模型、随机效应模型、时间序列模型、层次分析法、网络层次分析法、GIS 可视化分析、熵值法、模糊层次分析法、多主体动态博弈分析法、专家和利益相关者访谈法、行为观察法等研究工具与方法，具体运用如下：

（1）采用系统论方法，从全过程的视角出发，将食品安全监管视为覆盖种养殖、生产、流通、餐饮消费等环节的全过程监管，探寻各个环节及全过程面临的食品安全监管问题，展开以各个环节为基本维度的食品安全监管效果指标体系构建，测度其监管效果，进而重构各个环节及全过程的食品安全监管模式。此过程多主体参与，涉及监管者、企业、消费者、社会组织等多方主体，多主体间的分工与协作，构建出食品安全整体性合作治理框架，设计出该合作治理框架的实现机制。

（2）针对我国面临的食品安全风险，采用 Dagum 基尼系数及其按子群分解方法，将基尼系数分解为地区内差距的贡献、地区间差距的贡献和超变密度的贡献，构建食品安全风险的衡量指标，分析食品安全风险的地区差距；利用 Kernel 密度估计方法使用连续的密度曲线对食品安全风险的分布形态进行描述，对食品安全风险的概率密度进行估计，探究食品安全风险的分布动态演进过程，进而构建覆盖全过程的食品安全监管复杂系统。

（3）运用最小二乘法（OLS）对中国 2000～2015 年的时间序列数据和 2013 年全球 50 个代表性国家的截面数据进行拟合，验证食品安全库兹涅茨曲线（FKC）的存在性，进一步利用时间序列模型对食品工业发展程度、经济增长水平与食品安全风险度的关系进行了探究，得到了食品库兹涅茨曲线在中国经济增长过程中客观存在的结论。进而运用面板数据模型对食品安全库兹涅茨曲线的存在进行稳健性检验。

（4）采用层次分析法（AHP）和网络层次分析法（ANP）对食品安全监管效果评价指标体系的指标权重展开测算，进行指标筛选合理分配指标权重，构建食品安全监管综合评价指标体系。基于此，以山东省17个地市为调研对象，展开食品安全监管力度和效果测度，并利用 GIS 可视化分析方法展开食品安全监管效果的地区差异研究。

（5）运用博弈分析方法对食品的种养殖、生产、流通和餐饮消费过程中出现的具有现实意义的现象进行分析，从而在各种复杂因素下成功构建了多主体动态博弈模型，据此解析了食品安全监管全过程中相关参与主体的行为特征，剖析了种养殖、生产、流通和餐饮消费过程中出现的道德风险与逆向选择，提高了参与主体自身决策水平和决策质量。

1.4 研 究 内 容

本研究的主要内容包含我国食品安全监管全过程问题探寻、食品安全与经济发展、覆盖全过程的食品安全监管指数测度、食品安全全过程监管动态博弈及策略选择、发达国家食品安全监管经验借鉴、覆盖全过程的食品安全监管模式重构、食品安全全过程监管合作治理框架设计等七个部分。

第一部分，我国食品安全监管全过程问题探寻（本书第 2 章）。根据我国食品安全监管发展过程呈现的不同特点，将食品安全监管历程划分为分块式综合管理、分段监管、在分段基础上的综合协调、统一监管四个阶段，探寻食品安全监管的历史演进。食品安全全过程监管所面临的问题也正是各环节、各监管主体的问题所在，本部分基于供应链分解视角，将食品安全监管过程分为种养殖、生产、流通和消费四个环节，分析四个监管环节存在的监管问题；基于监管主体视角，综合考虑食品供给者、政府、社会监督等多个监管主体，剖析不同主体面临的监管问题。针对我国面临的食品安全风险，采用 Dagum 基尼系数法构建食品安全风险衡量指标，分析食品安全风险的地区差距，探究食品安全风险的分布动态演进过程，进而构建覆盖全过程的食品安全监管复杂系统。

第二部分，经济增长与食品安全——食品安全库兹涅茨曲线假说检

13

验与政策启示（本书第 3 章）。本部分通过中国的经济发展与食品安全、食品产业与食品安全规制间的关系分析，提出食品安全库兹涅茨曲线（FKC）假说，即食品安全风险度与经济增长之间是否存在一种倒"U"形关系。进一步运用最小二乘法（OLS）对中国 2000～2015 年的时间序列数据和 2013 年全球 50 个代表性国家的截面数据进行拟合，验证食品安全库兹涅茨曲线（FKC）的存在性，进一步利用时间序列模型对食品工业发展程度、经济增长水平与食品安全风险度的关系进行了探究，得到了食品库兹涅茨曲线在中国经济增长过程中客观存在的结论。进而运用面板数据模型对食品安全库兹涅茨曲线的存在进行稳健性检验。

第三部分，覆盖全过程的食品安全监管指数测度（本书第 4 章）。为有效监测食品安全监管效果，评估食品安全质量状况，本部分构造覆盖全过程的食品安全监管综合评价指标体系，从消费者、政府两个维度对食品安全监管效果展开测度，并以山东省为调研对象进行了实际应用。具体来讲，一方面展开消费者食品安全风险认知的经验特征分析，探究消费者食品安全风险认知的影响因素，明确食品安全认知风险维度；在此基础上，从种养殖、生产、流通和餐饮消费等四个环节，构建消费者维度食品安全监管评价指标体系，并以调研方式获取各地市民对食品安全监管工作的认知情况、政府管理举措及工作成效的认可程度，测度并分析消费者维度食品安全监管效果指数；另一方面，展开政府食品安全监管执行力的经验分析，探析政府行为与食品安全监管执行力的影响因素；基于此，从种养殖、生产、流通和餐饮消费等四个环节，构建政府维度食品安全监管评价指标体系，并采取随机调研抽查的方式实现政府食品安全监管，测度并发布政府食品安全监管指数。

第四部分，食品安全全过程监管动态博弈及策略选择（本书第 5 章）。本部分基于供应链视角构建多主体动态博弈模型，对种养殖、生产、流通和餐饮消费过程中的行动策略和收益函数进行分析，寻求利益最大化的均衡策略，并据此分析食品安全监管全过程中相关参与主体的行为特征以及出现的道德风险与逆向选择。在激励相容理论的基础上，对食品安全过程监管策略选择进行设计，即通过完善种养殖企业和食品生产企业的约束激励机制、发挥监管者的有效监督机制并增强消费者的监督能力机制，从而有效防范食品安全全过程中企业与监管者的道德风险，抑制消费者的逆向选择，进而达到食品安全监管全过程中企业、监管者和消费者之间的激励相容。

第五部分，发达国家食品安全监管经验借鉴（本书第 6 章）。本部分通过研究美国、欧洲、日本等国家的食品安全法律法规、标准及监管体系等，结合我国实际情况，提出完善我国食品安全全过程监管模式的建议。发达国家经过多年的发展和经验积累，已经建立了较为完善的食品安全法律法规和较为成熟的食品安全监管体系，形成以严把源头关、重视流通环节、按类别划分机构职责的全过程监管等各项制度，建立风险评估、风险监测、风险预警、风险交流等的一整套风险评估与风险管理体系。结合我国食品安全监管实际情况，借鉴健全完善的法律法规体系、建立"从农田到餐桌"的全过程监管体系、建立以风险评估为基础的科学管理体系、为食品安全科技发展提供技术保障、构建社会共治机制等国外经验。

第六部分，覆盖全过程的食品安全监管模式重构（本书第 7 章）。本部分将覆盖全过程的分环节特色监管手段与普适监管手段相结合，重构食品安全监管模式。在种养殖环节，以标准化的管理模式为突破口，以完善的检验检测和安全认证制度为保障，以集中化监管模式为形式，以高效的应急反应、溯源管理机制为依托，同时注重打造种养殖环节的市场化公共监管；在生产环节，重点加强法制化监管，采用强制性和激励性相混合的监管措施，实现安全认证制度、安全预警机制、溯源和召回管理制度的有机结合；在流通环节，既有加强流通环节法制化监管、完善流通环节检验检测制度、健全流通环节安全预警机制等基础监管，又有强化网络食品流通专项监管，多措施并举，实现对食品流通环节的有效监管；在餐饮消费环节，创新性地提出餐饮消费环节社会信用体系建设，并从健全餐饮消费环节风险预警和应急反应机制、打造餐饮消费环节市场化公共监管体系、完善餐饮消费环节监管保障运行机制等多个维度重构系统的安全监管模式。而普适监管手段面向全过程，从整体上配置监管资源、管控食品安全风险。在全过程监管中，以管理规范手段、信息监管手段等普适监管手段覆盖全程，包括加强食品安全法制化监管、完善食品安全检验检测制度、加强覆盖全过程的溯源管理建设、打造市场化公共监管模式、完善安全监管保障运行机制等。

第七部分，食品安全全过程监管合作治理框架设计（本书第 8

15

章）。在食品安全合作治理体制的建设中，多中心、多主体治理理念意味着政府将有效地行使公共行政职能，由政府、企业、社会组织、消费者等参与主体根据特定行为规则，在主要监管主体利益协调的基础上，通过平等协商、频繁互动等运行机制达成食品安全目标。本部分在寻求食品安全全过程合作治理的体制突破基础上，通过构建社会化的食品安全治理网络，协调食品安全监管多主体利益关系，建立各主体利益关系协调下的食品安全合作治理目标体系，提出"政府－企业－消费者－社会组织"的合作治理理念，以此进行治理结构的优化和各主体治理能力的提升设计，形成一个整体合作治理框架，进而提出政府引导、企业自我规制、消费者参与、社会组织支撑的合作治理实现机制，为覆盖全过程的食品安全监管模式的有效性提供最终制度保障。

1.5　创　新　之　处

（1）本研究在食品安全监管效果评价方面，突破以往从单一主体、单一手段或某一环节的局部视角，从全过程的整体性视角出发，构建多层级、多维度的食品安全监管综合评价指标体系。利用山东省 17 地市的调研数据，采用层次分析法（AHP）及网络层次分析法（ANP）从主观（消费者）和客观（政府）两个维度测算食品安全监管指数，检验了食品安全监管效果评价指标体系的可操作性，这对于全国各省份食品安全监管指数的测度和发布提供了可供参考的理论依据和指标体系。本研究团队后期会继续跟进食品安全监管方面的调研，定期发布山东省 17 个地市食品安全监管指数。

（2）本研究在理论上从弥补食品供需缺口导致的技术滥用和非正式制度缺失导致的逐利行为两个层面出发，分析食品安全事故频发的原因，提出食品安全库兹涅茨曲线假说，并进行实证检验。研究发现：经济增长水平、食品工业产值与食品安全风险度之间存在着倒"U"形曲线关系，在倒"U"形曲线拐点到来之前，随着经济增长水平的提高、食品工业规模的扩大，食品安全风险度是上升的；而当突破拐点之后，食品安全风险度是不断下降的。此外，食品工业发展程度、人均受教育年限与食品安全风险度存在着负相关关系。食品安全库兹涅茨曲线假说为现阶段中国食品安全问题的解决提供了有益的政策启示。本假说及相关命题在国内外尚属首创。

（3）本研究基于供应链视角构建多主体动态博弈模型，对种养殖、生产、流通和餐饮消费过程中的行动策略和收益函数进行分析，从而找到利益最大化的均衡策略，不仅能够预测参与主体的行动策略，还能够提高参与主体自身决策水平和决策质量。在博弈分析的基础上，依据激励相容理论、社会选择及信息经济学相关理论，将普适性监管手段与分环节的特色监管手段相结合，提出了由政府单主体监管向市场主导型监管转变的食品安全监管模式发展路径，构建了覆盖"种养殖、生产、流通和餐饮消费"全过程的食品安全监管模式。同时，本研究在系统梳理和挖掘国际国内先进食品安全监管经验的基础上，提出了由集中式监管逐步替代分散式监管、由政府单主体监管向市场主导型监管转变的食品安全监管模式发展路径，为深化食品安全监管模式改革指明了方向。

（4）本研究以社会共治为视角，以食品安全监管体制突破为切入点，构建社会化的食品安全治理网络，协调食品安全监管多主体间的利益关系，建立各主体利益关系协调下的食品安全合作治理目标体系，设计出食品安全监管合作治理复杂系统的实现机制。构建以政府监管为主导，以企业自我规制、消费者有序参与、社会组织有力支撑为有效补充的食品安全全过程监管合作治理框架，并进一步设计出该合作治理框架的实现机制，这为我国食品安全监管实践起到了重要的理论指导作用。

1.6　项目研究成果及实践应用

1.6.1　项目研究成果

课题首席专家与课题组成员在《经济研究》《中国行政管理》《公共管理学报》《光明日报》理论版等国内经济管理类高水平期刊发表。

·（1）论文《经济增长与食品安全——食品安全库兹涅茨曲线假说检验与政策启示》（载于《经济研究》2019年第11期）。该研究在理论上从弥补食品供需缺口导致的技术滥用和非正式制度缺失导致的逐利行为两个层面出发，分析食品安全事故频发的原因，提出食品安全库兹涅茨曲线假说，并进行实证检验。研究发现：经济增长水平、食品工业产值与食品安全风险度之间存在着倒"U"形曲线关系，在倒"U"形曲线拐点到来之前，随着经济增长水平的提高、食品工业规模的扩大，食品安全风险度是上升的；而当突破拐点之后，食品安全风险度是不断下降的。此外，食品工业发展程度、人均受教育年限与食品安全风险度存在着负相关关系。食品安全库兹涅茨曲线假说为现阶段中国食品安全问题的解决提供了有益的政策启示。

（2）论文《食品安全监管效果研究：评价指标体系构建及应用》（载于《中国行政管理》2019 年第 7 期）。该研究在平衡计分卡理论基础上构建了食品安全监管效果评价指标体系，利用层次分析法和网络层次分析法确定了指标权重，并应用该指标体系对山东省食品安全监管效果进行了评价。评价结果表明，山东省食品安全监管效果呈现出明显的地区差距，经济发展程度高的临海地区食品安全监管效果明显高于经济发展相对落后的中西部地区。进而，据此提出提升政府对食品安全问题的重视程度、强化重点环节监管、提升多方主体食品安全意识等对策建议。为覆盖全过程的我国食品安全监管效果测度与监管模式重构研究奠定基础。

（3）论文《食品安全风险的地区差距及其分布动态演进》（载于《公共管理学报》2019 年第 1 期）。利用 Dagum 基尼系数分解和 Kernel（核）密度估计方法，对食品安全风险的地区差距和分布动态演进过程进行了分析。分析结果表明，食品安全风险的空间分布存在着显著的地区差距特征，但总体地区差距呈缩小趋势；东部地区内食品安全风险差距最大，中部地区内差距最小；在地区间差距方面，东部和西部之间的地区间差距最大，中部和西部之间的地区间差距最小；贡献率结果显示，2012 年以前的多数年份中，总体地区差距主要由超变密度引起，而在 2012 年以后，地区间差距成为总体地区差距的主要来源；除中部地区以外，各地区食品安全风险在考察期内均呈现下降的趋势，但两极或多极分化的趋势逐渐明显。据此，提出了食品安全问题的治理要重视食品安全风险的地区差距特征等对策建议。本研究对我国食品安全风险差异化分析及处置策略制定提供了重要参考，为覆盖全过程的我国食品安全监管效果测度与监管模式重构研究提供了实证支持。

（4）论文《政府质量、文化资本与地区经济发展——基于数量和质量双重视角的考察》（载于《经济评论》2016 年第 2 期）。通过构建嵌入政府质量和文化资本因素的经济增长模型，利用中国 28 个省份 2000～2012 年的面板数据，从数量和质量双重视角对比检验政府质量、文化资本对地区经济发展的影响，研究发现：政府质量作为转轨时期正式制度的主要内容，政府效率能提高经济增长数量，却抑制了经济增长质量的提升，市场程度能显著提高经济增长数量和质量，公平公正和腐败程度在短期内能促进经济增长数量提高，但长期内却抑制了经济增长质量的提升；文化资本作为非正式制度的主要内容，能显著提高经济增长数量，但市场文化资本却导致了较低的经济增长质量。推进政治、经济、社会领域的正式制度改革带来的政府质量各方面协调发展与整体质量的提高，提升与改善文化资本等非正式制度所能带来的技术创新和发展成本节约，兼顾经济增长的数量和质量，是中国经济未来发展的方向。

（5）发表《清单式管理在政府食品安全规制中的应用》（载于《山东财经大学学报》2015 年第 3 期），《基于销售环节的山东省食品安全监管效果测度及提升策略研究》（载于《经济与管理评论》2015 年第 4 期），《白酒技术规制对白酒行业技术效率影响研究》（载于《经济与管理评论》2016 年第 6 期），《从食品属性谈食品安全规制路径》（载于《光明日报》（理论版）2016 年 12 月 21 日），《食品产业与食品安全规制的耦合关系》（载于《光明日报》（理论版）2017 年 12 月 19 日），《食品安全监管效果评价——基于食品安全满意度的视角》（载于《山东财经大学学报》2018 年第 2 期）等系列论文。从产业集中、食品属性、标准管理等方面探寻适合中国的食品安全监管模式，认为当前应坚持食品产业供给侧结构性改革的主线地位，加强政府食品安全规制的能力，确保政府干预的有效性。采取适当的食品安全规制的制度安排和机制设计，以促进食品产业和食品安全互相提升的耦合发展，同时，应积极引导社会力量的合作参与，发挥社会监管作用。以上研究成果为覆盖全过程的我国食品安全监管效果测度与监管模式重构研究提供了有益的政策启示。

（6）发表论文《转型期公共决策模式路径优化：从传统模式向动态协同模式的转变》（载于《中国行政管理》2014 年第 10 期）。该研究从公共决策模式逻辑体系的五要素是否存在协同效应的视角出发，分析了公共决策模式的现有问题、理想模式和实现路径。通过对公共决策模式构成要素协同的内部机理分析，剖析了传统公共决策模式的内在缺陷；立足于中国转型期独特的制度禀赋，分析了动态协同决策模式的内涵；从多元化的决策主体、追求公平和效率的价值取向、开放动态的制度环境、基于技术评价的决策机制、动态博弈的决策过程五个维度，构建动态协同的现代化公共决策模式，实现转型期公共决策模式的全面优化和升级。将协同创新理论应用于现代决策模式研究，既是解决政府规制与公共政策领域内决策模式僵化的新尝试，也是引领传统决策模式走向现代决策新模式的新探索，不仅深化了公共决策模式优化和升级的相关理论研究，还对转型期我国公共决策模式的创新和效能提升、国家治理体系现代化、社会共治的实现发挥了重要的指导和参谋作用。该研究为覆盖全过程的食品安全监管效果测度与监管模式重构研究提供了理论借鉴。

1.6.2 实践应用

面向国民经济和社会发展的主战场，课题首席专家带领的团队将本课题取得的丰硕理论成果投入到现实应用之中，以理论指导监管实践，以实践凸显理论价值，实现理论与实践的高度融合与统一。在本课题的理论指导下，团队在食品安全领域承担了 20 余项省部级课题以及横向课题，出色完成了国家级食品安全示范城市、省级食品安全先进市、省级食品安全先进县（市、区）创建的第三方评估工作，发挥了科学研究担当经济社会发展的思想库和智囊团的作用。

2015 年以来，团队先后承担了"山东省国家级食品安全城市创建评估验收项目（第一批）""山东省第一批/第二批/第三批食品安全先进县（市、区）创建评估验收项目""第二批/第三批山东省食品安全先进市省级验收工作"等项目，合计经费达 500 余万元，累计完成对 5 个国家级食品安全示范城市、9 个省级食品安全先进市、88 个省级食品安全先进县（市、区）的满意度调查和评估验收工作。以评促建，以评促改，有效推动了山东省食品安全总体水平和食品安全监管效果的改善和提升。2016 年团队完成了对济南、青岛、威海、烟台、潍坊 5 个城市创建第一批国家级食品安全示范城市的省级验收工作，并协助开展了国家级验收，最终 5 个城市均被授予"国家食品安全示范城市"称号，其中潍坊市得分名列全国第一；对冠县、禹城等 12 个县（市、区）开展第一批山东省食品安全先进县（市、区）的验收工作。2017 年团队又相继对德州、滨州、淄博、日照、泰安等 5 个地市开展第二批省级食品安全先进市的验收工作，以及对历城区、长清区等 40 个县（市、区）开展第二批山东省食品安全先进县（市、区）的验收工作。2019 年，团队对菏泽、济宁、东营等 4 个地市，对平阴、昌邑、临沭、莱州、福山、海阳、夏津、武城、阳信、莘县、东阿等 32 个县（市、区）开展第三批山东省食品安全先进城市评估验收工作。通过第三方评估工作，本团队有力地推动了山东省国家级、省级食品安全先进市以及省级食品安全先进县（市、区）的创建工作，为把山东打造成全国最安全、最放心的食品安全大省提供了强有力的智力支持，做出了突出贡献。具体承担的横向食品安全课题列举如下：

1. 消费者维度食品安全监管效果测度与评估

（1）省级食品安全满意度调查项目，山东省食品药品监督管理局委托，2018 年。

（2）省级食品安全先进县（市、区）创建食品安全群众满意度调查委托协议，山东省食品药品监督管理局委托，2017 年。

（3）青岛市四区食品安全（考核）群众满意度调查工作委托协议，青岛市食品药品监督管理局委托，2017 年。

（4）国家食品安全城市创建试点城市群众满意度测评工作委托协议，山东省食品药品监督管理局委托，2016 年。

（5）省级食品安全先进县（市、区）创建试点城市群众满意度调查工作委托协议，山东省食品药品监督管理局委托，2016 年。

（6）济南市创建国家食品安全城市群众满意度调查工作委托协议，济南市食品药品监督管理局委托，2016 年。

（7）国家食品安全城市群众满意度测评研究与实施工作委托协议，山东省食品药品监督管理局委托，2015 年。

（8）济南市创建食品城市群众满意度调查工作委托协议，济南市食品药品监督管理局委托，2015 年。

（9）青岛市各区市创建食品城市群众满意度调查工作委托协议，

济南市食品药品监督管理局委托，2015 年。

2. 政府维度食品安全监管指数测度与评估

（1）第四批山东省食品安全先进市省级验收工作委托协议，山东省市场监督管理局委托，2019 年。

（2）第三批山东省食品安全先进市省级验收工作委托协议，山东省食品药品监督管理局委托，2018 年。

（3）第二批山东省食品安全先进市省级验收工作委托协议，山东省食品药品监督管理局委托，2017 年。

（4）山东食品安全市县验收现场检查项目，山东省食品药品监督管理局委托，2018 年。

（5）省级食品安全先进县（市、区）创建考核评价工作委托协议，山东省食品药品监督管理局委托，2017 年。

（6）省级食品安全先进县（市、区）创建中期绩效评估工作委托协议，山东省食品药品监督管理局委托，2017 年。

（7）食品药品安全治理绩效评估及机制提升研究——基于"潍坊模式"项目委托协议，潍坊市食品药品监督管理局委托，2017 年。

（8）省级食品安全先进县（市、区）创建试点中期绩效评估工作委托协议，山东省食品药品监督管理局委托，2016 年。

（9）省级食品安全先进县（市、区）创建试点考核评价工作委托协议，山东省食品药品监督管理局委托，2016 年。

（10）青岛市创建国家食品安全城市中期绩效评估工作委托协议，青岛市食品药品监督管理局委托，2016 年。

（11）潍坊市创建国家食品安全城市中期绩效评估项目委托协议，潍坊市食品药品监督管理局委托，2016 年。

（12）国家食品安全城市社会公示和创建试点评估与研究工作委托协议，山东省食品药品监督管理局委托，2015 年。

（13）国家食品安全城市食品安全考核评价研究与实施工作委托协议，山东省食品药品监督管理局委托，2015 年。

第 2 章 我国食品安全监管全过程问题探寻

确保"从农田到餐桌"的食品安全，需要建立覆盖全过程的食品安全监管机制。全过程监管能够弥补信息不对称所导致的市场失灵，实现食品安全的风险控制，提高食品企业的社会责任意识和消除监管盲区等方面的需求。在食品供应链的各个环节都可能有食品安全事故发生的风险，任何一个环节的食品安全监管工作不到位，都可能会使食品安全影响因素传导给其他环节，甚至爆发演变为食品安全事故。因此，建立一个覆盖全过程的监管制度要在了解我国食品安全监管的发展历程的基础上探寻食品安全监管全过程存在的问题，深入分析食品安全风险的地区差距及其分布动态演进规律。

2.1 我国食品安全监管的历史演进

食品安全监管会受到一个国家政治、经济、文化、政府管理能力等多方面的影响。中华人民共和国成立以来，我国对于食品安全的监管经历了从集中到分散，再到协调，最后到统一的不断发展完善的过程。我国食品安全监管的历史演进过程在不同的阶段呈现出不同的特点，据此，可以将我国食品安全监管历程大致划分为分块式综合管理、分段监管、在分段基础上的综合协调、统一监管四个阶段。

2.1.1 分块式综合管理（1949～1978 年）

中华人民共和国成立之初，我国并没有建立起食品安全监管体制。

由于当时的食品安全事件大部分是发生在食品消费环节的中毒事故，因此食品安全在某种意义上就等同于食品卫生，加之受到当时苏联卫生防疫体制的影响，对于食品卫生的管理自然地落到了卫生部门的职权范围之内。1953 年，当时的卫生部颁布了我国第一个食品卫生法规《清凉饮食物管理暂行办法》，紧接着，又有一些食品卫生方面的法规和标准被相继颁布，但是这些法律法规都只是针对去解决和监督食品中的卫生问题的，并未提及食品中的安全问题。这个时期的最大特点就是计划性，形成了高度集中的计划型政府管理体制，因此，这一阶段我国的食品安全监管模式呈现出明显的命令控制型特点。由于食品工商业在当时的国民经济体系中并不算是一个单独的产业，各个部门都有自己的食品生产、经营部门，所以当时的轻工业部、粮食部、农业部、化学工业部、水利部、商业部、对外贸易部、供销合作社等行业主管部门都建立了一些保障自身产品安全的监管机构，管控的手段主要依赖行政化的命令和规范。虽然我国政府为了适应社会的发展和需要，也开始逐渐完善食品安全监管，但到了"文革时期"，我国各个方面都受到了严重的冲击，食品卫生监管系统也不例外，导致一些具体的事务和法律法规都无法得到落实。

2.1.2　分段监管（1979～2002 年）

1978 年之后，为了更好地适应我国经济社会的发展，对食品安全监管进行了重新调整，改变了原来计划经济时期主要依靠政府来直接管控的方式，逐渐向间接管控过渡。1979 年，国务院颁发了《中华人民共和国食品卫生管理条例》，在条例中对食品卫生的标准、要求、管理等进行了规定，涉及农业、林业、畜牧、水产、粮食、商业、供销、轻工、外贸等部门，进一步明确了具有食品安全管理职责的部门，关注的仍主要是食品卫生问题，食品安全问题还是未被提上日程。

20 世纪中后期以来，食品安全事件频繁发生，加重了各国消费者的心理负担，为了提高食品的质量安全水平，世界各国政府纷纷制定了更为严格的法规和标准来确保食品安全，随之我国对食品安全的关注度也得到了很大提高，这一阶段中，命令控制型监管模式导致的高成本、低效率问题受到了广泛的批评，基于市场的监管政策在 20 世纪 80 年代中后期得到了广泛应用，并处于不断改革和完善之中，因而，这一阶段我国的食品安全监管模式呈现出以市场为主导的特点。1982 年，为了让我国食品卫生管理工作"有法可依"，全国人民代表大会常务委员会颁布了《中华人民共和国食品卫生法（试行）》，这是我国第一部上升到法律层面的食品安全立法。相应地，在这一阶段，我国的食品卫生监管网络初步形成。食品卫生监管成为食品安全监管的主要部分，食品卫生状况得到了明显的改善。

1995 年，《食品卫生法》的正式颁布标志着我国食品安全监管体制又上了一个新台阶，该法律对食品安全的各个环节以及奖惩措施都做出了相关规定，并对相关部门做出了规定，管理层次划分清晰，以法律来进行规范，将权力集中于机构而不是个人。

食品工业经过近十年的发展，产业链条已经延伸到农业种植、食品加工、流通、经营、餐饮等多个环节。随着食品工业链条的拉长，食品安全问题的复杂化，更多的监管主体被纳入食品安全监管体制中。在1998 年国务院政府机构调整中，国家质量技术监督局负责食品卫生国家标准的审批和发布，粮油质量标准和检测标准的制定等；农业部负责初级农产品的质量安全监督；工商部门负责流通领域内的商品质量监督。分段监管成为这段时期的主要监管模式，但实践中却存在很多问题和漏洞，各个部门监管分散，只单一的负责本部门的相关事务，对于一些有关临界点的事务却没有清晰地明确职责，协调性差，监管效率低，资源浪费，重复监督等问题不可避免。

2.1.3　在分段基础上的综合协调（2003～2012 年）

我国分段监管的时间并不长，而且由上述可知，分段监管存在不小的漏洞和弊病。命令控制型监管模式的低效率和基于市场的食品安全监管政策在应用中的局限性导致了对新型食品安全规制政策的需求，以信息披露为特色的食品安全监管模式逐渐形成。通过公开食品企业的相关信息，利用产品市场、资本市场、劳动力市场等相关利益集团对食品企业施加压力，以达到食品安全监管目标。为了更好地完善和改革我国的食品安全体制，解决一系列资源浪费、协调性差等问题，2003 年，在国家药品监督管理局的基础上组建了食品药品监督管理局，作为国务院的直属机构，主要负责食品安全的综合监管事务，组织协调、查处重大食品安全事件。

2003～2008年，食品药品监督管理局负责综合协调，各部门的监管责任也进一步明确。其中农业部负责初级农产品生产环节，质检总局负责生产加工和进出口环节，工商总局负责流通环节，卫生部负责对食品生产经营企业（包括餐饮业）卫生许可及相关日常监督，新品种许可、标准、检测。2008～2010年，将消费环节的监管划归国家食品药品监督局负责，其他各部门的职责基本没有变化，卫生部负责食品安全综合协调、组织查处重大食品安全事故，制定食品安全标准，风险监测评估和预警，制定食品安全检验机构资质认定条件和检验规范，统一发布重大食品安全信息等。2009年2月，第十一届全国人民代表大会常务委员会第七次会议通过《中华人民共和国食品安全法》。2010年成立了国务院食品安全委员会，与食品安全办共同负责综合协调。在国家层面，实行分段监督为主，品种监督为辅和综合协调相结合的机制；在地方政府层面，实行地方政府负责下的部门分段监管和综合协调相结合体制。

2.1.4 统一监管（2013年至今）

2013年3月，在政府机构改革中，新组建了国家食品药品监督管理总局，由其负责食品安全的统一监管，结束了我国长期以来食品安全的分段监管体制。将国务院食品安全委员会办公室的职责、国家食品药品监督管理局的职责、国家质量监督检验检疫总局的生产环节食品安全监督管理职责、国家工商行政管理总局的流通环节食品安全监督管理职责整合，由国家食品药品监督管理总局负责统一监管和协调，它的主要职责是对生产、流通、消费环节的食品和药品的安全性与有效性实施统一监督管理；将工商行政管理、质量技术监督部门相应的食品安全监督管理队伍和检验检测机构划转食品药品监督管理部门，保留国务院食品安全委员会，具体工作由国家食品药品监督管理总局承担，农业部负责农产品质量安全监督管理，并将商务部的生猪定点屠宰管理职责划入农业部。这次改革，通过整合原来工商、质检、药监等部门的食品安全监管职责，使得食品安全的监管权力更加集中，监管力度也得到了进一步的强化。

2015 年全国人民代表大会常务委员会修订的《中华人民共和国食品安全法》，重新确立了以部门为主的食品安全监管的法定模式。由农业部门负责食用农产品监管，卫生部门负责食品安全风险评估和食品安全标准，食品药品监管部门负责食品生产、流通和餐饮服务的食品安全监管工作。

2018 年 3 月，根据第十三届全国人民代表大会第一次会议批准的国务院机构改革方案，食品药品监管部门的食品安全监管职能由新组建的国家市场监督管理总局承担。

近年来发展的食品安全监管工具侧重于激励功能的使用，包括激励性合同、组合税收等。制定并实施具备激励相容机制的食品安全监管措施、有效地规制食品供应链条中利益相关主体之间的机会主义行为成为这一阶段食品安全监管的重心所在。简言之，我国的食品安全监管模式发展趋势表现为，通过非传统的监管渠道为被监管企业和监管机构提供激励，引导各利益集团参与食品安全监管政策的指定、执行与监督。

2.2　我国食品安全监管全过程存在的问题
——基于供应链分解视角

食品供应链是由从食品的原材料提供、生产加工到销售等各环节相关经济利益主体构成的整体功能网络结构，由种养殖业、食品加工业、物流配送业、批发零售业、餐饮消费等供应链上的各相关环节所组成。而物流配送业、批发零售业则属于流通环节。食品供应链中从种养殖（原材料的获得），到生产加工、流通、消费等各个环节都可能产生食品安全问题，这些环节又是环环相扣、相互影响的，保障食品安全需要对供应链上各个环节都进行监管。基于供应链分解的视角，可以将食品安全全过程监管分解为种养殖环节监管、生产环节监管、流通环节监管和餐饮消费环节监管，食品安全全过程监管所面临的问题也正是各环节监管的问题所在。

2.2.1 种养殖环节监管存在的问题

1. 监管力量相对薄弱

农产品生产是食品安全全过程监管的源头，来自种养殖环节的农产品质量安全水平将会对食品的生产环节、流通环节、消费环节产生影响。我国目前的农产品生产仍然是以农户分散经营为主，生产规模小，组织化程度低，难以统一标准、统一组织及统一管理。另外，一些农业生产者文化水平不高，质量安全意识淡薄，自检能力差，也给种养殖环节的监管工作带来了极大困难。

与农产品分散经营的现状相对应，我国种养殖环节的监管能力还比较薄弱。农产品生产链条长，生产环境开放，各个环节对农产品的质量安全都可能产生不同程度的影响，因此，对于种养殖环节的监管工作必须落实到基层，只有实现对种养殖各个环节的监控，才能保证农产品的质量安全。然而，就目前情况看，越往基层监管力量越弱，很多乡镇地区的农产品质量安全监管机构建设刚刚起步，监管机构存在经费不足、人手不够、执法能力弱的情况，尤其是面对着众多分散经营的农业生产者。在一些地方的种养殖环节监管中还存在"上热下冷""上紧下松"的现象，导致有些监管工作落实不到位，造成监管的空白。

2. 投入品监管困难

农药、种子、肥料、兽药、饲料及饲料添加剂等农业投入品是农业生产的物质基础，要从源头环节保障食品安全，必须要重视对于农业投入品的质量监管。但是，长期以来受传统生产观念的影响，农业生产者在生产过程中会受到利益驱动，片面追求产量，还存在违规使用农药、化肥、饲料添加剂的情况。农药、化肥、饲料添加剂等农业投入品的大量使用，在增加了农产品产量的同时也带来严重的质量安全隐患。当前种养殖环节的最大隐患主要是蔬菜农药残留超标和畜禽水产品禁限用药物残留。农药的超标使用使得病虫的耐药性增强，造成了农药用量不断增加的恶性循环，农产品的农药残留也不断增加。另外，养殖生产中违规使用兽药和添加剂的问题也比较突出，有害物质残留超标的现象越来越严重。

当这些有质量安全问题的农产品进入市场时，一方面，我国农产品质量安全标准建设比较落后，在标准化水平、认证管理方面与发达国家还有很大差距。农业生产的记录档案制度没有真正落实，农产品的销售来源很难溯源，小规模种养殖农户的信息难以掌握。另一方面，基层农产品安全监测体系还比较薄弱，检测人员的结构不合理、缺乏高效的检测仪器和方法，监测费用比较高，很难对流入市场中的农产品实行全部检测，及时发现问题农产品。上述这些原因都影响了对于种养殖环节中投入品进行监管的效果。

3. 食品安全认证工作落实不到位

食品安全认证是市场准入的基本要求，简单来说，种养殖环节的安全认证是指第三方依据相关法律法规给予种养殖单位符合安全标准的证明。当前，我国的食品安全认证制度还不够完整，表现在：一是对申请认证的种养殖单位的指导工作不足，缺少相应的咨询机构，种养殖单位对认证知识的认知程度较低。二是食品安全的国内外认证存在差距，与国际接轨程度较低，有些认证内容长时间不变。当今在世界经济全球化以及中美贸易战巨大的外部压力之下，我国对外贸易屡屡遭到发达国家的贸易壁垒，其中国内外食品安全生产标准的差异就是主要因素之一。三是现阶段的安全控制与管理技术相对落后，难以适应社会需求。随着经济社会的发展，消费者对产品质量提出了更高的要求，种养殖环节中投入品的使用和管理等都是影响食品质量的重要因素，安全认证所要做的工作之一就是准确获取这些信息，以对食品安全准确评估，而现有安全控制与管理技术的落后，将影响食品监管工作的开展，难以保障消费者希望获得的更高的质量水平。

2.2.2　生产环节监管存在的问题

1. 食品安全生产标准的"缺重交滞"

我国食品安全法实施条例第三条规定，食品生产经营者应当依照法律、法规和食品安全标准从事生产经营活动。可见，标准是作为评定和

29

衡量食品安全性的一项重要标志，也是监管的重要技术依据。目前，我国食品安全标准体系存在着"缺重交滞"的现象。

我国食品安全标准缺失问题极其突出。食品安全标准缺失的背后，一是确实没有标准，如食品添加剂标准，在食品行业中有成千上万种的添加剂，但是对于很多添加剂的使用并没有相对应的检测标准，这就会使得一些生产者在利益的驱使下违法使用添加剂，生产出不安全的食品。二是有标准，但是标准过于宽泛，再如农药残留检测标准我国只有不足 300 个，而一些发达国家的标准多达 4000 多个。

食品安全标准分为国家标准、地方标准、行业标准和企业标准，这就容易造成这些标准之间存在严重的重复交叉问题，甚至还会有针对同一种产品几个标准相互矛盾的现象。例如我国针对茶叶质量安全标准有十几项，其中既有国家标准，也有行业标准，这么多标准的存在使得茶叶生产者在执行标准时无所适从，也给政府的监管带来困难。

伴随着科技进步和经济社会的快速发展，消费者对食品安全提出了新的要求，但我国很多食品安全标准是在十几年前根据当时的生产状况制定的，这些标准沿用至今已经不能满足新的需求。而且我国很多食品安全标准水平要低于国际标准，例如，在 2010 年公布的新版《生鲜牛乳收购标准》中，将生乳中细菌总数规定为每毫升低于 200 万个，生乳蛋白质含量每 100 克不低于 2.8 克。而在国际上，发达国家对于生乳的质量标准都很严格，生乳蛋白质含量为每 100 克 3.0 克以上，菌落总数普遍为每升 20 万个以下。美国、欧盟对菌落数要求的上限是每毫升 10 万个，新国标比其高出 20 倍。同时新食品工艺和新食品也在不断增多，这要求食品标准要不断更新和升级。

2. 风险评估和风险管理能力有待提升

食品安全风险评估主要是通过使用数据分析、统计手段及相关参数的评估等科学步骤进行风险评估，以供风险管理者在此基础上进行决策，制定管理法规，从而保证食品安全。但是，风险评估和风险管理要发挥作用必须讲究时效性，而我国食品生产经营企业众多，企业自身又缺乏检验能力，不利于食品安全的风险评估和管理。

目前在食品安全风险检测方面，普遍存在检测周期长、成本高和程序复杂等问题，但对于作为快速消费品的食品来说，其流通速度快，需要进行快速检测，快速检测技术能够大大提高现场监督和通关检验的效率。快速检测技术在国内外的食品安全风险管理中都很重视，并且研究出一系列的仪器和方法。在我国，快速检测技术发展十分迅速，快检的仪器更加便携，检测结果的精确度也在提高。但快速检测的技术和仪器还有待进一步成熟，如还没有研发出针对多成分食品添加剂同时检验的快速检测技术，很多基层检测单位仍在使用处于定性或半定量水平的快速检测技术，这大大制约了检测的效率，影响了风险评估的及时性。

我国检测机构缺乏前瞻性的风险评估能力。虽然检测机构的数量比较多，但是很多检测机构的投入不足，检测能力不高，从事着低水平的重复工作。同时，地区间、部门间可利用的检验资源差别大，形成地区间、部门间监管水平的差异，难以发挥风险评估对食品安全监管的整体支持。一方面，基层监管部门在日常工作中难以借助于省市部门的检测机构开展工作，而基层监管部门的检测机构受经费、技术的制约难以发挥有效的作用，这样不仅难以提高检测水平，还造成重复建设，资源的浪费。另一方面，我国很多快速、灵敏的检测手段主要应用于一些研究型的单位，并未应用在检验检测的实际工作中。

3. 可追溯系统"断链"

我国从 2004 年 4 月开始建设食品安全可追溯系统，食品安全可追溯系统是食品安全监管的有效工具，能够加强食品安全信息的传递，是食品安全监管的发展趋势。我国很多城市都在尝试通过电话、短信、网站等多种形式来开展食品安全溯源，现在我国已经建立了国家食品安全追溯平台、农垦农产品质量追溯系统、食品追溯与召回公共服务平台等来开展食品安全信息的追溯，但目前来看，这些系统之间还缺少有效的衔接，导致出现监管盲区，甚至"断链"。由于缺乏相应的强制性规定，生产者建立可追溯体系的积极性并不高。一方面，建立可追溯体系必然会增加企业成本，短期效益不明显；另一方面，可追溯体系使得发现问题食品时便于召回，会让企业面临更大的损失。因此，如果仅仅依靠企业的自愿行为，选择实施的企业会比较少，不能覆盖大多数食品生产企业。目前，可追溯系统并没有涵盖整个食品链，只能实现个别环节的信息追溯。可追溯系统主要是由条形码、耳标、电子标识、生产档案等组成，这要求将食品或食用农产品的种养殖、生产、流通、销售各环节的信息都记录到数据库中，但由于相应配套技术还不成熟，影响了可追溯系统的发展。由于农产品在生产、流通、销售的过程中大多没有包装，标识无法附着，更增加了可追溯的难度。一些个体经营者为贪图私利，常伪造标识、滥用标志，欺骗和误导消费者。在食品生产环节所存在的潜在安全问题也时常被一些政府监管部门所忽视，相关的信息没有反映在可追溯系统中，导致一旦发现问题很难溯源找到问题的原因，从而导致部分群众对政府监管部门所推广的可追溯系统不信任。

2.2.3 流通环节监管存在的问题

1. 部分地区市场准入制度有待完善

作为一种事前检查和事后监督相结合的监管措施，食品市场准入制度要求生产经营者在设备、环境、技术以及标准等方面都具有安全保证，对于不符合标准的食品限制其进入市场。2001年我国质检总局正式确立并实施食品安全市场准入制度，包括生产许可证制度、强制检验制度和市场准入标准制度。但受到我国食品工业发展水平的限制，食品安全市场准入监管存在不少困难。

一方面，食品企业市场准入意识淡薄。我国食品企业数量多，但很多都是小作坊、小企业，生产经营方式比较落后，食品市场准入意识也比较淡薄。一些小作坊、小企业生产出来的产品没有达到市场准入的标准，却贴上"QS（Quality Standard）"等认证标志，在市场中大肆销售，市场准入制度难以起到应有的激励和限制作用。另一方面，很多地方政府为了地方利益，基层监管部门并没有严格按章执法，市场准入制度形同虚设。对进入市场的经营者资格、条件等方面的审查都比较宽松，这使得不少假冒伪劣产品、过期变质产品、有害物质超标产品仍能流入市场。

2. 法制化监管力度较低

为满足食品流通环节安全监管的需要，我国制定了《流通环节食品安全监督管理办法》，对流通环节的基本监管流程作出了详细规定。但目前还存在两个问题：一是缺少对问题食品检测标准的详细规定，致使在实际工作开展中无法认定某些食品是否属于问题食品，规定上的模糊可能会引发监管乱象、监管工作无法顺利开展等问题；二是该管理办法在食品安全法律体系中的作用和地位未得到明确，未充分考虑该管理办法和其他相关法律法规在内容和结构方面的联系，导致现有的食品流通环节安全监管法律体系缺乏逻辑上的完整性，安全监管工作缺乏系统性。

3. 食品安全管理制度执行不到位

新修订的《中华人民共和国食品安全法》（以下简称《食品安全法》）明确规定，流通环节食品经营主体应当执行食品进货查验记录、食品安全管理人员、食品质量定期检查、食品召回、从业人员健康检查等制度。但在实际食品安全监管中，普遍存在进货查验记录不完整、三无甚至是过期食品召回不力、从业人员缺少必要的健康检查等问题，这一现象在偏远的农村地区尤为显著。此外，在食品流通过程中还较为普遍的存在管理不规范的问题。随着居民生活水平的提升，居民对食品的需求呈现多样化态势，食品的远距离消费逐渐增多。受技术条件、安全认知水平等因素的影响，食品在长途运输中极易出现安全问题，这进一步加大了食品安全监管的难度。

2.2.4　餐饮消费环节监管存在的问题

1. 食品安全信息供给不足

由于食品安全信息在生产者和消费者之间是不对称的，而生产者往往不愿主动、真实地传递食品安全的信息，因此需要政府作为供给主体来提供食品安全信息，但食品安全信息仍难以摆脱供给不足的"困境"。伴随着食品产业链的延伸，食品安全信息的不对称程度也越来越高，食品从生产加工到最终消费，需要经过很多环节，包括种养殖、生产加工环节的原材料投入，农药、兽药的使用，食品添加剂，包装材料等信息，流通环节和消费环节的细菌污染等信息，处于食品供应链末端的消费环节往往信息不对称程度最为严重。

由于食品安全信息往往涉及供应链的各个环节，采集信息需要专业的技术，设备和人力成本，而我国在检验机构、检验人员以及检测设备和方法等方面与发达国家还有较大的差距。同时，我国食品安全的归口管理使得多个部门会根据不同的法规，从不同的角度、环节进行监管，在职责范围内向社会发布食品安全监管信息。一方面，分开发布信息会使各部门的信息资源处于离散状态，没有形成共享共建的局面，影响信息的供给效率；另一方面，各部门发布的食品安全信息范围小，内容笼统，不利于消费者在食品市场中的消费选择。

同时，在食品供应链中，食品生产者往往占有信息优势，掌握了更多的食品安全信息，但是一些生产经营者会故意隐瞒其不当行为，不愿主动承担信息传递或披露的责任，使得政府收集获取食品安全信息比较困难，这也容易导致食品安全信息的供给不足。

2. 对餐饮经营单位的管理力度有待提升

餐饮消费作为食品供应链的最终环节，事关消费者的生命健康。在餐饮消费环节的监管中，对餐饮经营单位的管理仍有很大的提升空间。由于我国幅员辽阔，各地区经济发展、饮食习惯存在较大差别，餐饮单位多呈现出"小、散、乱"等特征，致使对餐饮经营单位的管理存在较大难度。在餐饮环节较为普遍的存在餐饮经营单位尚未有效落实进货查验、索证索票、生产经营台账、产品追溯、信息公示等制度，特别是作为可追溯体系中重要的一部分，留样制度在餐饮环节中尚未得到广泛普及，这在很大程度上加剧了食品安全风险的产生。

3. 对餐厨废弃物处理的监管不到位

餐厨废弃物的不当处理导致了严重的食品安全和环境问题，但餐厨废弃物还具有极大的资源化利用价值，对餐厨废弃物处理工作进行有效的法律规制具有非常重要的现实意义。当前，由于缺少全国性的餐厨废弃物处理法律，加之餐厨废弃物产生者缺乏自律意识，致使餐厨废弃物处理成为食品安全监管中的一个难题。特别是，由于餐厨废弃物处理的监管主体涉及城管、食药、质检、环保等多个部门，多头执法导致权责不清，从而导致对餐厨废弃物的监管存在缺失的问题。

4. 投诉举报渠道不完善

消费者作为食品的直接体验者，对食品安全状况有最直接的了解。

由于信息不对称问题的存在，消费者对食品的生产加工、流通等环节缺少直接的接触，对食品的认知多发生在餐饮消费环节。在食品的消费过程中，当消费者面临食品安全问题时，受维权渠道不完善、维权成本高等因素的影响，消费者很难确保自身的权益得到保障，致使食品安全风险反复发生。

2.3　我国食品安全监管全过程存在的问题
——基于监管主体视角

　　由食品供给者、政府、公众及媒体等组成的社会监督网络都是食品安全全过程监管的主体，食品供给者对食品安全的监管是事前控制的主要力量；政府则负责对食品安全各环节的监管工作，是各个监管主体的主导者；而公众、社会组织及媒体等组成的第三方对食品安全各环节进行监督能够弥补其他主体的不足。尽管它们在食品安全的全过程监管中发挥着重要的作用，但它们仍存在着一些自身难以克服的问题。

2.3.1　食品供给者——逆向选择与道德风险

　　信息不对称是指在市场交易中，消费者受自身知识、能力的限制或者信息的搜寻成本很高，不能获得有关产品的足够信息，而导致生产者、销售者和消费者之间存在一种信息不均衡的现象。在市场交易中，产品的生产者、销售者往往具有信息优势，而消费者很难获得有关产品的足够信息，处于信息劣势。受其自身特点的影响，食品在生产、流通、消费环节的信息不对称现象更加突出。食品一般具有搜寻品、经验品和信用品三重特征，消费者可以通过在购买前检查食品的颜色、光泽等获得其搜寻品特征，但由于在食品的经验品特征和信用品特征方面存在严重的信息不对称现象，直接影响消费者对食品的安全程度进行识别的准确程度，进而导致逆向选择。

　　在食品供应链中，无论是在种养殖环节、生产环节、流通环节，还是消费环节，供给者均追求利润最大化，而消费者均追求效用最大化。双方之间存在利益的博弈，而他们有关产品的特性信息的获得量决定了市场均衡。由于搜寻食品安全信息难度大，搜寻成本高，且搜寻成本会超过消费者可能获得的收益，消费者宁愿处于信息劣势而不愿继续对信息进行搜寻。这就使得食品供应链中具有信息优势的生产者、销售者为了自身的利益而产生道德风险问题，生产、销售不安全的食品，损害消费者权益。当消费者不能判断食品的质量安全水平时，优质安全的食品无法达到优质优价，最终会导致"劣币驱逐良币"的现象，发生市场失灵。

频繁发生的食品安全事件，折射出我国食品供应链参与主体企业社会责任的严重缺失。政府食品安全监管的权力是人民赋予的，他们之间是委托代理的关系，政府监管部门在获得管理权力的同时也必然要承担相应的责任。为了保障食品安全，政府监管部门将食品安全的实现委托给供应链中的生产经营者，他们之间也形成了一种委托代理关系。由于食品供应链中的生产经营者在监管中具有信息优势，在市场竞争激烈的环境下，一些食品生产、经营企业为了提高市场占有率或者增加企业利润，采用一些危害食品安全的手段排挤竞争对手，逃避食品安全监管，对消费者的生命健康造成了极大的威胁。

食品供应链参与主体企业社会责任缺失的一个很重要的原因是其"败德"行为很难被发现，即使不安全的食品被监管部门查获，也很难找到应该为此负责任的企业。通过构建覆盖全过程的食品安全监管体系，能够及时发现在供应链任何环节中存在的违法行为，并能够通过信息的传递和追踪找到责任主体，利用行政手段或者刑事手段对食品生产者和经营者进行约束，这有利于增强供应链参与主体企业的社会责任意识，可以有效避免供应链参与主体的机会主义行为，让不法分子无机可乘，以保证他们按照监管者意图进行食品生产和销售。

2.3.2 政府——政府缺位与政府失灵

食品安全监管同时具有消费的非竞争性和受益的非排他性两个特征。一方面，任何一个消费者在消费安全食品的过程中，其享受了食品安全监管所带来的好处，并不影响其他消费者享受同样的好处。另一方面，食品安全监管很难将不付费的消费者排除在外，不让其享受食品安全水平提高带来的好处。这个特点决定了很难依靠私人来承担食品安全的监管职责，需要政府来承担食品安全监管的职责。自中华人民共和国成立以来，我国的食品安全监管模式一直处于不断的改革探索中。2013年 3 月国家食品药品监督管理总局的挂牌成立，标志着我们从"分段管理"的监管模式向大部制变革，从理论上实现了资源的整合，由一个统一的部门来对食品安全进行集中的监管。在新的食品安全监管分工下，当时初级食用农产品生产监管由农业部负责，食品安全风险评估与国家标准的制定由国家卫生和计划生育委员会负责，食品的生产、流通和消费环节由国家食品药品监督管理总局统一管理。

目前，农业农村部和国家市场监督管理总局作为食品安全监管的主体，各自拥有相应的监管权，但在新的食品安全体制下监管权力的配置依然需要进一步明确，可能存在着监管的盲区。由于食品安全从农田到餐桌要经过生产、加工、运输、销售等多个环节，涉及的监管对象种类多，环节多，工作量巨大，且各部门的职责边界模糊，存在职责交叉，相互推诿责任的问题，甚至出现监管的真空地带。因此，为了确保食品安全在供应链的各个环节都能得到有效的管理，需要通过建立一个覆盖全过程的食品安全监管体制来摸清未能实现监管覆盖和监管存在交叉的环节，明确各部门的监管分工和监管要求，有效地解决政府缺位和政府失灵的问题。

2.3.3　社会——社会监督主体发育不全

公众（消费者）、社会组织及媒体组成了食品安全社会监督力量的主体。其中，作为主要力量的公众是其他社会监督存在的依托；社会组织是组织化的个体存在的方式，其监督能力是单个个体所不具备的，其完善程度代表着公民社会的发育状态；媒体是通过新闻报道和新闻评论等形式对食品安全进行舆论监督。社会监督功能的发挥离不开监督主体的成长壮大，然而目前我国的社会监督主体还发育不全。

1. 作为消费者的公众弱势

在食品供求活动中，由于信息不对称，消费者往往无法真正了解食品的安全信息，因此，具有信息优势、追求利润最大化的企业就会有隐瞒信息或发布虚假信息的动机，这无疑削弱了公众监督食品安全的能力。而一旦消费者买到有质量安全问题的食品，作为经济人的他们也会去衡量维权的收益和成本，如果维权的成本过高，消费者就不会为了一包过期的食品而选择诉讼，不愿纠缠于这种"小事"中。

2. 社会组织发育不良

我国食品行业协会往往是政府职能部门根据职权划分或工作需要"自上而下"设立的，食品行业协会是行业自律管理的主体，但由于协会地位不独立，也缺少法律手段的支持，在处理食品企业的质量安全问题时往往力不从心，通过强制培训、谈话提醒、通报批评、限期整改等方式实现的惩戒力度还不够。另外，消费者协会的半官方性质决定了其资源主要来源于政府，并且在管理体制、活动方式等各个方面都依赖于政府，自身缺乏独立性，在工作实践中没有真正依靠消费者自身的力量来进行维权和监督，也影响了其食品安全社会监督功能的发挥。

3. 媒体监督先天缺陷

媒介资源会受到物质和管理的制约。一方面，面对众多的监督对象，食品安全的媒体监督覆盖面还比较有限，要么没有足够的版面、频道来报道食品安全问题，要么媒体内部的条块分割导致信息渠道不畅，不能实现快速、直接的社会舆论监督。另一方面，一些政府部门出于地方保护、个人利益等因素的考虑，会对媒体的监督进行干预，这直接影响了媒体的独立性，很难对所探访的食品企业实施有效、公正的监督。

2.4 我国食品安全风险的地区差距及其分布动态演进

基于供应链分解和监管主体视角的食品安全监管问题探寻一再表明，食品安全问题呈现复杂性、多样性和易发性，基于此，食品安全问题的治理刻不容缓。考虑到食品安全问题的外在表象为食品安全风险，所以，对食品安全风险的研究具有必要性，而食品安全风险的处置首要前提即是识别食品安全风险及其地区差距程度。

2.4.1　食品安全风险研究的必要性

　　近年来，食品产业发展态势迅猛，逐渐成为集农业、加工制造业、现代物流业于一体的增长最快、最具活力的国民经济支柱产业之一（张红凤和吕杰，2018）。但伴随着食品产业的快速发展，食品安全形势也变得日益严峻。从早期的苏丹红鸭蛋事件、三聚氰胺毒奶粉事件，再到近年来的地沟油、瘦肉精、毒生姜、过期肉等事件，时有发生的食品安全事件一再表明，对食品安全风险的重视程度亟待提升。以影响较为巨大的三聚氰胺毒奶粉事件为例。据统计，事件曝光之前，三鹿集团在全国 31 个省份的 600 多个地市设立了经理部，在每个县城区域都建立了直销店，如此庞大的市场规模在不安全生产的作用下产生了巨大的食品安全风险。在这场奶制品危机之后，国家取消了食品质量免检制度，同时也推动了 2009 年《中华人民共和国食品安全法》的出台，但这起危机带来的影响深远，如何应对潜在的食品安全风险依然是目前食品安全监管中需要重点关注的问题。

　　据《中国食品安全发展报告 2017》统计，2016 年全国（未包括港澳台地区）共发生 18614 起食品安全事件，平均每天发生 51 起，食品安全风险的高压态势正逐渐形成（李锐等，2017）。从不同地区来看，2016 年食品安全事件发生数量排在首位的北京市共发生 1736 起，而同期的西藏地区仅发生 29 起，食品安全风险的地区差距明显。各地区频频爆发的食品安全事件一方面对公众的生命健康造成了巨大的危害，另一方面，严峻的食品安全形势降低了公众对本土产品的信心，这对本土食品产业的发展造成了巨大的冲击。更为严重的是，在食品安全事件频发的高压态势下，公众对政府的食品安全监管能力产生了信任危机，对政府提供公共服务的能力产生了质疑。

　　针对食品安全事件频发的问题，政府采取了一系列有针对性的措施。从食品安全法律变迁的角度来看，2009 年实施的《中华人民共和国食品安全法》明确提出要对食品生产、加工、包装等供应链的各环节信息进行记录。随后，2012～2015 年连续四年的中央一号文件中均提出要进一步加快食品安全追溯体系建设。2015 年新修订的《中华人民共和国食品安全法》明确提出要建立关于食品安全的全过程追溯制度，

39

以确保食品可追溯，同时增设了食品安全责任保险制度，从法律层面确定了对食品生产企业以及消费者的保护。2016 年，中共中央、国务院印发了《"健康中国 2030"规划纲要》，明确提出将食品安全风险监测评估作为食品安全监管中的重点工作，强调"健全从源头到消费全过程的监管格局，严守从农田到餐桌的每一道防线，让人民群众吃得安全、吃得放心"。党的十九大报告中也强调实施"健康中国战略"，并将食品安全战略作为三个关键环节之一，食品安全工作逐渐成为政府的重点工作之一，食品安全监管的法律环境正逐渐得到改善。从食品安全监管机构改革的角度来看，从 1950 年卫生部药物食品检验所开始，对于食品安全监管的机构设置及权利分配的争论从未间断。2004 年国务院出台确立了"分段监管为主、品种监管为辅"的食品安全监管体制，但"九龙治水"式的监管模式下，食品安全监管效果并不理想。2013 年，国家食品药品监督管理总局成立，食品安全监管迎来了统一监管时代。2018 年，国家整合了工商、质检、食药等部门的相关资源成立了国家市场监督管理总局，食品安全监管迎来了更为有利的契机。

事实上，食品安全问题不仅是中国经济社会发展需要面对的问题，还是世界各国普遍面临的公共卫生难题之一，全球范围内的消费者面临着不同程度的食品安全风险问题（Michiel and Krom，2009）。虽然政府在食品安全问题的治理上投入巨大，但各地区食品安全问题依然频发，其中一个重要原因是未能充分考虑食品安全风险的地区差距问题，未能做到因地制宜地采取处置策略。那么我们面临的问题是，如何选取适当的指标对食品安全风险进行衡量？食品安全风险的地区分布呈现怎样的特征？食品安全风险的地区差距来源何处？食品安全风险的分布动态演进过程是怎样的？这些问题的回答对缩小食品安全风险地区差距程度、进而全面提升食品安全水平具有重要意义。

2.4.2　研究方法与研究数据

1. 研究方法介绍

（1）Dagum 基尼系数及其子群分解方法。采用 Dagum 基尼系数法对食品安全风险的地区差距进行分析。由于 Dagum 基尼系数法可以有效地解决地区差距的来源问题，因此该方法在居民收入差距、农业现代化水平地区差距、经济发展地区差距等地区差距的研究中得到广泛应用。按照 Dagum 提出的基尼系数及其按子群分解方法，可以将基尼系数定义为如式（2-1）所示的形式：

$$G = \frac{\sum\limits_{j=1}^{k}\sum\limits_{h=1}^{k}\sum\limits_{i=1}^{n_j}\sum\limits_{r=1}^{n_h}|y_{ji}-y_{hr}|}{2n^2\bar{y}} \qquad (2-1)$$

式（2-1）中，G 表示总体基尼系数，k 表示总的地区个数，i、r 表示地区内省份个数，$n_j(n_h)$ 表示 j(h) 地区内省份的个数，$y_{ji}(y_{hr})$ 表示 j(h) 地区内任意一个省份的食品安全风险，n 表示省份的个数，$\bar{y}$ 表示食品安全风险值的平均值。此外，在进行基尼系数分解时，应先按照各地区食品安全风险值的均值对地区进行排序，如式（2-2）所示：

$$\bar{Y}_h \leqslant \cdots \leqslant \bar{Y}_j \leqslant \cdots \leqslant \bar{Y}_k \qquad (2-2)$$

根据 Dagum 基尼系数及其子群分解方法，可以将基尼系数分解为三个部分，即地区内差距的贡献 G_w、地区间差距的贡献 G_{nb}、超变密度的贡献 G_t，并且三者之间满足 $G = G_w + G_{nb} + G_t$ 的关系。式（2-3）和式（2-4）分别表示 j 地区基尼系数 G_{jj} 和地区内差距的贡献 G_w，式（2-5）和式（2-6）分别表示 j 和 h 地区的地区间基尼系数 G_{jh} 和地区间超变净值差距的贡献 G_{nb}，式（2-7）表示超变密度的贡献 G_t。

$$G_{jj} = \frac{\frac{1}{2\bar{Y}_j}\sum\limits_{i=1}^{n_j}\sum\limits_{r=1}^{n_j}|y_{ji}-y_{jr}|}{n_j^2} \qquad (2-3)$$

$$G_w = \sum\limits_{j=1}^{k}G_{jj}p_js_j \qquad (2-4)$$

$$G_{jh} = \frac{\sum\limits_{i=1}^{n_j}\sum\limits_{r=1}^{n_h}|y_{ji}-y_{hr}|}{n_jn_h(\bar{Y}_j+\bar{Y}_h)} \qquad (2-5)$$

$$G_{nb} = \sum\limits_{j=2}^{k}\sum\limits_{h=1}^{j-1}G_{jh}(p_js_h+p_hs_j)D_{jh} \qquad (2-6)$$

$$G_t = \sum\limits_{j=2}^{k}\sum\limits_{h=1}^{j-1}G_{jh}(p_js_h+p_hs_j)(1-D_{jh}) \qquad (2-7)$$

41

其中 $p_j = \dfrac{n_j}{n}$，$s_j = \dfrac{n_j \overline{Y}_j}{n \overline{Y}}$，（i = 1，2，…，30）；$D_{jh}$ 为 j、h 地区间食品安全风险的相对影响［定义式如式（2–8）所示］；d_{jh} 表示 j、h 两地区间食品安全风险值的差值，即 j、h 地区中所有 $y_{ji} - y_{hr}$ 的样本值加总的加权平均数，d_{jh} 定义式如式（2–9）所示；式（2–10）中的 p_{jh} 表示超变一阶距，表示 j、h 地区中所有 $y_{hr} - y_{ji}$ 样本值加总的数学期望。

$$D_{jh} = \frac{d_{jh} - p_{jh}}{d_{jh} + p_{jh}} \qquad (2-8)$$

$$d_{jh} = \int_0^\infty dF_j(y) \int_0^y (y - x) dF_h(x) \qquad (2-9)$$

$$p_{jh} = \int_0^\infty dF_h(y) \int_0^y (y - x) dF_j(x) \qquad (2-10)$$

（2）Kernel（核）密度估计。Kernel（核）密度函数作为非参数估计方法之一，可以通过对不同时间的对比分析，有效地考察样本分布动态的演变趋势，成为研究不均衡分布的较为成熟的研究方法，在经济学、社会学等研究中有着较为广泛的应用。Kernel 密度估计使用连续的密度曲线对随机变量的分布形态进行描述，进而对随机变量的概率密度进行估计。假设随机变量 X 的密度函数是 f(x)，在点 x 处的概率密度可以由式（2–11）得到：

$$f(x) = \frac{1}{Nh} \sum_{i=1}^{N} K\left(\frac{X_i - x}{h}\right) \qquad (2-11)$$

其中，上式中 N 为观测值的个数，h 为带宽，K（·）为 Kernel 函数，X_i 为独立同分布的观测值，x 为均值。Kernel 密度函数有不同的表达形式，可以分为三角核、四次核、高斯核等多种类型，常用的核函数为高斯核函数，本研究亦选择高斯函数对我国食品安全风险的分布动态演进过程进行分析，其表达形式如式（2–12）所示：

$$f(x) = \frac{1}{\sqrt{2\pi}} \exp\left(-\frac{x^2}{2}\right) \qquad (2-12)$$

2. 指标与数据

食品安全风险衡量指标的选取事关研究结论的可靠性。现有研究在衡量食品安全风险时多采用如下几种方法：

第一，构建食品安全风险评估指标体系。比如周乃元等（2009）采用食品卫生监测总体合格率、食品化学监测合格率等指标，构建了食品安全综合评估体系，对 2000～2005 年的食品安全风险进行了评估。朱淀和洪小娟（2014）构建了包括兽药残留抽检合格率、蔬菜农药残留抽检合格率等 11 个指标在内的食品安全风险评估指标体系，对 2006～2012 年的中国食品安全风险进行了评估。但是，构建指标体系的办法存在一定的局限。受研究者主观意识的影响，构造评估指标体系时容易出现指标选取不全面的问题。同时，受数据可得性的制约，多数省份并未有详细指标的统计数据。因此，本研究并未选择通过构造指标体系的办法去衡量食品安全风险。

第二，部分学者选择抽检合格率等指标作为衡量食品安全状况的指标，比如刘鹏（2010）选择年度食物中毒事件数、食物中毒人数、食物中毒死亡人数及食品抽检合格率作为食品安全形势的衡量指标；王能和任运河（2011）以监督频次、食品安全抽检合格率、行政处罚率作为投入指标，以食品中毒率、产品合格率作为产出指标，利用 DEA 方法对食品安全监管问题进行分析；李中东和张在升（2015）以抽检合格率作为食品安全规制效果衡量指标对食品安全规制效果问题进行了分析。考虑到我国的食品安全风险监测体系以最终产品为核心，忽略"从农田到餐桌"的全过程监管，而食品安全风险以非法添加非食用物质、非法使用违禁药物、降低安全生产的标准等违法行为为主，这些违法生产经营行为均未纳入食品安全监测体系内。并且，由于相当一部分的食品经营活动未得到有效监测。因此，抽检合格率等指标只能部分反映食品安全状况，基于风险监测数据进行的食品安全问题分析缺乏全面性。

也有学者提出以食品安全事件数作为食品安全风险衡量指标的观点。比如李清光等（2016）认为，已发生的食品安全事件是客观存在的食品安全风险的外在体现，基于历史数据研究较长时间段内的食品安全事件对食品安全风险研究具有重要意义。并且，由于食品"从农田到餐桌"全过程，任何环节监管不到位都有可能发生食品安全事件。考虑到食品安全事件发生的种类、地区和环节、主体等完全是随机的，不存在对某一方面的侧重。因此，选取食品安全事件作为风险的衡量指标具有合理性（张红霞等，2013）。此外，肖兴志等（2008）对煤矿安全规制的研究也为本研究的指标选取提供了思路。

参考这些研究，本研究选择亿元 GDP 食品安全事件数（食品安全事件数与地区生产总值之比）作为食品安全风险的衡量指标，这一指标具有两方面的优越性。首先，食品安全事件的统计范围覆盖了食品生产加工、流通、餐饮消费等全过程，与抽检合格率等指标相比，更能全面反映的食品安全状况。其次，本研究构建的指标同时考虑了经济发展水平，能够更加真实、客观地反映一个地区的食品安全状况。本研究所使用的食品安全事件数据主要来源于《中国食品安全发展报告 2016》和"掷出窗外"网站数据库，GDP 数据来源于国家统计局网站。考察时间段为 2005～2015 年。研究对象为除西藏及港澳台地区以外的中国大陆30 个省份。

2.4.3 食品安全风险的典型化事实

媒体具有传播信息的特征，可以引导消费者重视食品安全问题，增强消费者自我权益保护意识。媒体对食品安全事件的报道在一定程度上反映了我国食品安全风险的总体现状与发展态势，对已经发生的食品安全事件进行研究，对防范未来食品安全风险也具有重要意义。

对我国 2005 年和 2015 年食品安全风险的空间分布情况进行分析可发现，食品安全风险的空间分布呈现出显著的空间非均衡特征，但整体上食品安全风险呈下降趋势。从年均食品安全风险的角度看，西部地区的食品安全风险略高于东部地区，同时东部地区的食品安全风险略高于中部地区。焦贝贝和郑风田（2017）的研究同样证实了这一结论。出现这一现象的原因可能在于，西部地区由于经济社会发展相对落后，市场发育不完善，加之交通、通信等基础设施较为落后，使得食品安全状况不容乐观。而东部地区快速的经济发展使得居民对食品消费的需求日益多样化，精深加工化食品的供应体系变得日趋复杂。因此，东部地区食品安全风险也处于较高水平。具体来看，年均食品安全风险最高的10 个省份分别是北京、海南、宁夏、青海、上海、甘肃、天津、重庆、贵州、云南，其中 6 个省份位于西部地区，4 个省市位于东部地区。如果以 2005 年为基期，食品安全风险年均变化最快的是山东，年均提高6.18%，其次是甘肃，年均提高 4.5%，最低的是宁夏，年均下降6.52%。从具体年份来看，2005 年食品安全风险最高的省份是宁夏，达到 0.1355，其次是北京为 0.1294，最低的省份是江苏，为 0.0176。2015 年食品安全风险最高的省份是浙江，达到 0.1529，其次是宁夏为 0.1344，最低的省份是安徽，为 0.0148。

而从食品安全事件次数的角度来看，2005～2015 年，媒体报道的食品安全事件的空间分布如图 2-1 所示。总体来看，事件发生的数量与当地地区的经济发展水平呈显著的正相关关系。例如，以 2015 年各省 GDP 总量作为衡量其经济发展水平的依据，排名前五的省份分别是广东省、江苏省、山东省、浙江省和河南省，广东省十年间被报道的事件数量为 21763 起，占全国十年间被报道的事件总量的 8.93%，位居第二，山东省、浙江省、江苏省、河南省分别排第四、五、六、九名，可见全国的经济大省，同样也是食品安全事件曝光较多的省份。而在经济欠发达地区，被媒体报道食品安全事故的数量则大大减少，排名后五位的省区分别是西藏发生 688 起，占总量的 0.28%；青海省发生 1989 起，占比为 0.82%；宁夏回族自治区发生 2346 起，占比 0.96%；新疆发生 2558 起，占比 1.05%；贵州省发生 3639 起，占比 1.49%。这五个省份也都是 2017 年各省区 GDP 排名位于后七位的省份。

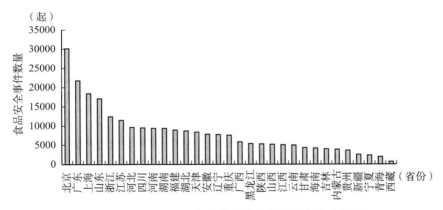

图 2-1 2006～2015 年食品安全事件的时空分布统计

对这一结果可能的解释是，一方面，由于经济实力较强的省区人口密度都非常高，如广东省是我国第一人口大省，山东省是我国第二人口大省，这类省区的人口流动性也强，容易发生食品安全乱象；另一方面，经济的发展状况也决定了该类地区的食品资源与供应链环节会更丰富,而丰富的资源与环节往往容易致使监管环节的疏漏(刘瑞新,2016)。此外,媒体对经济水平发展程度不同的地区关注程度也不同,这也会影响食品安全事件的报道数量,因此,在对媒体层面进行分析时,不能因为该地区报道事件数量少,就断定该地的食品安全发展现状更好。

图2-2描述的是食品安全事故发生次数在食品供应链链条上的数量分布情况。供应链的起始点是食品生产的初级主体,分为初级农产品生产、生产与加工、仓储与运输、批发与零售、餐饮与家庭食用五个环节,以流向消费者而告终。由图2-2可以看出,食品安全事件的多发领域是食品的生产与加工环节,在整个食品供应链条中所占比重为66.91%。其次分别是批发与零售,占比11.25%;餐饮与家庭食用,占比8.59%;初级农产品生产与仓储运输,则分别占比为8.24%和5.01%。这意味着把控食品生产与加工环节,对于防范食品安全问题具有重要意义。

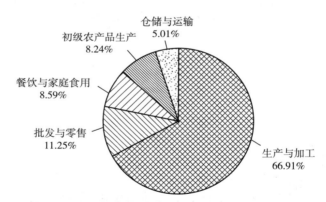

图2-2 2005~2015年食品安全事件在主要环节的分布与占比

图2-3总结了导致食品安全事件发生的风险因子,主要分为人为特征(图2-3上半部分)和自然特征(图2-3下半部分)两类风险因子。从图中可以清楚地看到,在过去十年间发生的食品安全事件中,具有人为特征即由生产者主观故意操作导致的风险因子如违规使用添加剂等共五种因素占比最高,达到72.33%。相对而言,具有自然特征的风险因子如农兽药残留超标等四种因素引发的相关事故数量则较少,仅

占总数量的 27.67%。从这一环节的分析中可以看出,社会中产生食品安全问题,会受到主、客观等多方面因素的影响。客观因素如气候变化、污染、食品生产加工技术的不成熟或不到位等,但最主要的还是人为因素。在食品的生产或经营过程中,生产经营主体缺乏守法经营观念,罔顾商业伦理与职业道德,只顾一己私利,为了追求利润最大化或成本最小化,采取不当生产或加工程序,导致食品的安全受到严重威胁;为了不让自己亏本,即使食品已经超过保质期,或是明明知道是劣质食品,经营者也会想尽一切办法将商品销售出去。由此可以看出,食品安全的风险防控问题,任重而道远。

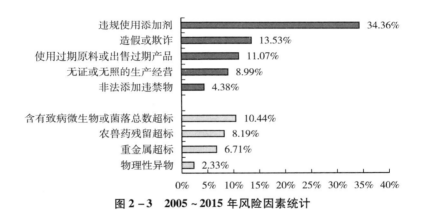

图 2-3 2005~2015 年风险因素统计

图 2-4 描述了食品安全事故主体的分布情况。其中,食品安全事故发生次数最多的主体为小企业,占比为 48.73%,这类企业的从业人员数量较少、一般低于 20 人;其次为小加工作坊,占比 19.76%;小商贩则为 11.82%。即"三小"食品主体在食品安全领域的问题最为频发,三者共占比 80.31%,其他食品安全主体,包括知名食品企业、跨国食品公司、农民和个人等,所占比例依次为 8.39%、4.92%、4.51% 和 1.87%。虽然大多数食品安全事件发生在小型食品主体中,但大型食品企业的食品安全问题依然需要重视,如 2008 年三聚氰胺事件和 2011 年震惊全国的双汇瘦肉精事件等。由于大型食品企业的知名度较高,一旦其发生食品安全事件,能够在全国乃至全球引发大型震动事故,可能会引起社会恐慌。

47

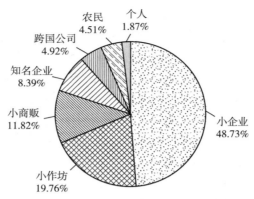

图 2 - 4　2005～2015 年事件主体的统计情况

2.4.4　食品安全风险的地区差距及其分解

按照 Dagum 基尼系数及其按子群分解的方法，在区域划分的基础上，分别测算了 2005～2015 年食品安全风险的基尼系数及其分解结果，如表 2 - 1 所示。

表 2 - 1　　　　食品安全风险的地区基尼系数及其分解结果

年份	总体	地区内基尼系数			地区间基尼系数			贡献率（%）		
		东部	中部	西部	东—中	东—西	中—西	地区内	地区间	超变密度
2005	0.3101	0.3682	0.1438	0.2667	0.3307	0.3355	0.2866	32.61	30.93	36.45
2006	0.3481	0.4372	0.0650	0.2646	0.4103	0.3888	0.2538	32.45	38.33	29.22
2007	0.3211	0.3943	0.0680	0.2511	0.3718	0.3572	0.2600	31.88	34.91	33.22
2008	0.2923	0.3880	0.0822	0.2153	0.3347	0.3280	0.2346	32.05	25.93	42.02
2009	0.3115	0.3512	0.1124	0.3013	0.2935	0.3532	0.2994	32.46	34.77	32.77
2010	0.3364	0.4047	0.0936	0.3389	0.3314	0.3841	0.2836	33.65	21.89	44.46
2011	0.2875	0.3549	0.0723	0.2487	0.3050	0.3276	0.2357	32.56	30.58	36.86
2012	0.3336	0.3352	0.1232	0.3534	0.3204	0.3551	0.3456	33.01	32.1	34.89
2013	0.3574	0.4077	0.1268	0.2692	0.4347	0.3954	0.2511	31.85	47.37	20.77
2014	0.3437	0.4349	0.0841	0.1711	0.4434	0.3861	0.2269	30.64	49.39	19.98
2015	0.2837	0.3990	0.0946	0.1901	0.3282	0.3368	0.1698	32.98	29.64	37.37

1. 食品安全风险空间分布的总体地区差距及其演变趋势

图 2 - 5 描述了食品安全风险总体地区差距的演变趋势。图 2 - 5 结果显示，食品安全风险总体地区差距在 2005 ~ 2015 年呈现"三升、三降"的变化趋势，但与 2005 年相比，2015 年总体地区差距呈下降趋势，说明食品安全风险总体地区差距在考察期内是在缩小的。具体来看，2005 ~ 2006 年、2008 ~ 2010 年、2011 ~ 2013 年食品安全风险总体地区差距呈上升趋势。2006 ~ 2008 年、2010 ~ 2011 年、2013 年以后，食品安全风险总体地区差距呈下降趋势。

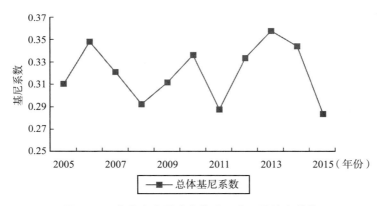

图 2 - 5　食品安全风险总体地区差距及演变趋势

食品安全风险总体地区差距呈现出的这种变化，可能与食品安全规制波动有很强的联系。政府在协调经济发展目标与社会性规制目标时，往往依据经济发展的需要采取相机抉择的方式进行，这造成了规制不足与规制过严的问题（肖兴志等，2011）。在食品安全监管中，"运动式"执法与"一刀切式"治理的现象广泛存在。较为典型的案例是三聚氰胺毒奶粉事件。1999 年《国务院关于进一步加强产品质量工作若干问题的决定》提出了食品质量免检政策，2000 年由原国家质量技术监督局正式设立免检制度。食品质量免检制度的初衷是支持行业领军企业更高效的发展，但在逐利目的的驱使下，这一政策成为部分违法违规生产企业谋取高额利润的重要渠道。事件爆发之前，由于食品安全监管体制的不完善，对食品安全的监管存在监管机构设置不合理、监管职责不明确等问题，在食品质量免检制度的影响下，对相关企业的监管多为"运动式"执法，致使危机的发生成为可能。在事件爆发之后，国家取消了食品质量免检制度，对乳制品全产业链进行整顿，并加快了对食品安全监管机构的整合重组，在一段时间内显著地提升了食品安全水平。但在危机过后，2010年初，陕西渭南等地含有三聚氰胺的毒奶粉重现市场，"运动式"执法的弊端再次显现（刘亚平，2011）。同时，"一刀切"式的监管执法，对无辜奶农的养殖产生了巨大的冲击，奶农的养殖信心出现危机（钱贵霞等，2010）。食品安全监管不到位甚至是监管缺失的"运动式"执法与"一刀切"式的监管，使得食品安全风险总体差距呈现不断波动的趋势。

2. 食品安全风险空间分布的地区内差距及其演变趋势

图2-6描述了东部地区、中部地区、西部地区食品安全风险地区内差距及其演变趋势。从图2-6可以看到，食品安全风险地区内差距整体上呈现出下降的演变趋势。地区内差距呈现的这种整体下降的变化，可能的原因一方面在于，随着公众食品安全意识的提升，催生了对安全食品的需求，政府为了满足这种需求加强了对食品安全的监管，致使地区内省份之间的差距不断缩小（郑风田，2003）。另一方面在于，同一地区内的省份由于具有地缘优势，省份之间的监管合作交流不断增多，食品安全监管水平均呈现提升的态势，地区差距自然减小。从地区内差距的演变过程来看，东部地区内食品安全风险差距最大，中部地区内食品安全风险差距最小，同时食品安全风险地区内差距的变化并不平稳，呈现反复的上升和下降的趋势。具体来看，西部地区内食品安全风险差距变化幅度最大，由2005年的0.2667下降到2008年的0.2153，连续三年保持了下降的态势，2008~2010年又保持了两年的连续上升，年均上升28.7%。2010~2012年经历了小幅度的变化过程，呈现出"V"字形变化趋势，并在2012年达到地区内差距的峰值0.3534。2012年之后西部地区内食品安全风险差距维持在0.1711~0.3534之间并呈现出稳定的缩小态势。出现这一变化可能的原因在于政府食品安全监管力度的变化。自西部大开发战略实施以来，西部地区在经济发展方面取得了重大的成就。但在诸如食品安全、环境污染等社会性问题上的重视程度有待提升，"运动式"执法现象较为普遍，这使得地区内食品安全

风险差距不断呈现出"扩大 - 缩小 - 再扩大 - 再缩小"的变化（焦贝贝和郑风田，2017）。东部地区内食品安全风险差距演变趋势较为平稳。但从整体来看，东部地区内食品安全风险差距有扩大的趋势。东部地区受改革开放影响的时间较早，地区内各省份已形成较为成熟的发展模式，因此食品安全监管力度也较为稳定。地区内食品安全风险较高的省份（比如北京）与风险较低的省份（比如江苏）之间的差距也因此保持在相对稳定的状态。但随着食品产业发展日益复杂化，在城镇化水平快速上升的催动下，食品安全事件在部分省份的发生次数明显的增加，这使得食品安全风险地区内差距呈现扩大的趋势。中部地区内食品安全风险差距变化幅度最小，基尼系数维持在 0.05 ~ 0.15，并且在近年呈现出缩小的趋势。由于中部地区既没有东部地区的区位优势，也没有西部地区的政策优势，因此中部地区内各省份发展模式较为固定，地区内差距也保持了相对稳定的状态，但受公众对安全食品需求的影响，地区内省份的食品安全监管水平在近年来不断提升，地区内差距也呈现出缩小的态势。

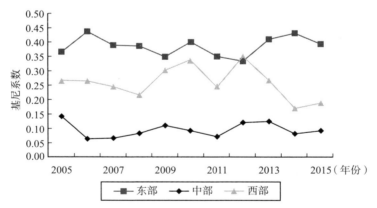

图 2 - 6　食品安全风险地区内差距及演变趋势

3. 食品安全风险空间分布的地区间差距及其演变趋势

图 2 - 7 描述了食品安全风险地区间差距及其演变趋势。可以看到，在样本考察期内，食品安全风险地区间差距虽然经历了反复的上升和下降，但整体上呈现出下降的趋势。从具体数值来看，在大多数年份中，

东部和西部食品安全风险地区间差距最大，中部和西部的地区间差距最小。食品安全风险地区间差距的这种结果与经济发展地区间差距结果基本相同。通过对比原始数据我们发现，在考察期内的大多数年份中，东部地区省份（比如北京）的食品安全风险处于一个较高的层次，而同期西部地区省份（比如新疆）的食品安全风险要低得多。其中可能存在的原因我们认为是经济发展水平的差异。东部地区无论是在经济发展速度还是在经济发展规模方面要远高于西部地区。快速的经济发展一方面表明政府对经济发展的关注过多，对食品安全监管的重视程度不够，另一方面，在复杂的社会分工和经济理性的作用下，食品的来源、生产过程、流通及消费等环节不再是一条可视化的链条，现代食物体系的每一个环节都有可能发生食品安全风险（许惠娇等，2017）。而随着西部大开发政策的贯彻实施，西部地区与中部地区的经济发展差距正逐渐缩小。同时，由于两个地区的省份分布具有地缘优势，相似的生活环境也对两个地区居民的食品安全需求产生了相似的影响，多种因素的综合作用使得中部地区和西部地区的食品安全风险差距不断缩小。从具体演变过程来看，东部和西部地区间差距经历了"三升、三降"之后在近年出现缩小趋势。2005～2006 年、2008～2010 年、2011～2013 年呈现上升态势，并在 2013 年达到峰值 0.3954，而在 2006～2008 年、2010～2011 年、2013～2015 年呈下降趋势，并在 2011 年达到最低值 0.3276。中部和西部地区间差距在经过 "W" 形波动之后呈现出明显缩小的演变

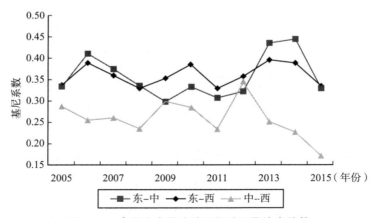

图 2-7　食品安全风险地区间差距及演变趋势

趋势，由 2005 年的 0.2866 反复升降变化之后，到 2012 年达到了峰值 0.3456。2012～2015 年经历了连续的下降并在 2015 年达到最低值 0.1698。东部和中部地区间差距由 2005 年 0.3307，2006 年上升至 0.4103，2006～2009 年连续下降，并在 2009 年达到最低值 0.2935，之后地区间差距连续上升，并在 2014 年达到峰值 0.4434。

4. 食品安全风险的地区差距来源及其贡献率

图 2-8 描述了食品安全风险总体地区差距的来源及其贡献率。从图形特征来看，超变密度贡献率与地区间差距贡献率变化曲线大致围绕地区内差距贡献率曲线呈对称分布。从演变过程来看，在考察期内，地区间差距的贡献率及超变密度的贡献率波动较大，地区内差距的贡献率变化趋势较为稳定。在考察期内，地区间差距的贡献率呈波动下降趋势，超变密度的贡献率呈波动上升趋势。具体来看，贡献率的变化大致可以分为两个阶段。2012 年之前的大多数年份中，超变密度的贡献率最大，2012 年之后的多数年份中，地区间差距成为地区差距的主要来源。从具体数值来看，2005 年地区间差距的贡献率为 30.9%，在经过"M"形波动变化之后在 2010 年达到最低值 21.89%，随后地区间差距的贡献率不断上升并在 2014 年达到峰值 49.39%，之后呈现下降趋势。超变密度的贡献率变化趋势与地区间差距的贡献率变化趋势相反，2005 年超变密度的贡献率为 36.45%，在经过"W"形波动变化之后在 2010 年达到峰值 44.46%，随后不断下降并在 2014 年达到最低值 19.98%，之后呈现上升态势。地区内差距的贡献率变化不大，在考察期内大致呈现小幅度上升的态势。如果以 2005 年为基期，2015 年地区间差距的贡献率下降 0.42%，而地区内差距的贡献率、超变密度的贡献率分别提升 0.11% 和 0.25%。贡献率来源由地区间食品安全风险交叉项向地区间差距的转变，体现的是我国食品安全监管改革的作用。2004 年，国务院出台的《国务院关于进一步加强食品安全工作的决定》，确立了"分段监管为主，品种监管为辅"的监管体制，虽然这一改变在很大程度上提升了食品安全监管效果，但是随着食品安全问题的日益复杂，这一监管体制的弊端也逐渐显现。缺少足够的协调拉动，分段监管的效率问题得不到保证，地区间食品安全风险交叉问题严重，并在多数年份中成为总体差距的主要来源。2013 年初，国家食品药品监督管理总局成

立，食品安全监管迎来了统一监管时代。在国家食药总局的统筹协调下，各地区食品安全监管效果明显提升，前期食品安全风险地区之间交叉的现象得到有效消除，食品安全风险总体差距来源进一步向地区间差距转变。随着国家对食品安全日益精细化监管程度的加深，食品安全风险总体差距的来源也将发生新的变化，贡献率来源会向更为具体的地区内差距转变。

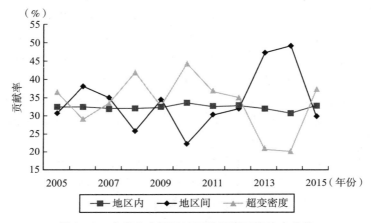

图 2 - 8　食品安全风险地区差距贡献率演变趋势

2.4.5　食品安全风险的分布动态演进过程

1. 各地区食品安全风险的 Kernel 密度估计

图 2 - 9 描述了 2005 ～ 2015 年全国 30 个省份食品安全风险 Kernel 密度估计结果。从图 2 - 9 可以看出，30 个省份食品安全风险的分布动态呈现出以下特征：第一，从整体来看，2005 ～ 2015 年食品安全风险 Kernel 密度函数的中心点呈向左移动趋势，意味着各省份食品安全风险在逐渐降低，食品安全形势不断好转。随着食品安全监管体制的不断改革，加之食品安全法律环境的不断改善，在全社会食品安全意识不断提升的影响下，食品安全监管效果不断提升。第二，样本考察期内 Kernel 密度函数的峰值不断增大，说明 2005 ～ 2015 年食品安全风险的分布越来越集中。这一变化表明，大部分省份的食品安全监管效果正不断向一

个稳定点靠拢。第三，食品安全风险分布的拖尾越来越长，说明食品安全风险的地区内差距正逐步扩大，同时也进一步说明一些食品安全风险高的省份（比如北京、宁夏）与食品安全风险较低的省份（比如安徽、江苏）之间的差距在逐步扩大。第四，波峰的数量由少变多，说明食品安全风险极化特征越来越明显。具体来看，2005 年食品安全风险 Kernel密度函数的波峰数量由一个主峰和一个侧峰组成，而 2008 年前后波峰数量变为一个主峰和两个侧峰，波峰数量增加，同时 Kernel 密度函数中心点向右发生移动，说明食品安全风险地区差距已经存在，并且各省份食品安全风险有所提高。2011 年 Kernel 密度函数波峰高度和宽度变化与 2008 年基本一致，2013 年与 2014 年 Kernel 密度函呈现出新的变化，主峰变得更加陡峭，波峰数量变为一个主峰和三个比较平稳的小波峰，说明食品安全风险地区差距由以往的两极分化特征演变为多极分化特征。这一变化可能与经济发展程度有关（李锐等，2017）。上海、浙江、广东等经济发达省份财政资源丰厚，在食品安全监管方面的投入领先于其他地区。同时，成熟的食品工业体系在提供更多安全的食品的同时，进一步为食品安全监管的投入提供了资金来源，使得这些省份成为食品安全监管中领先的地区。

55

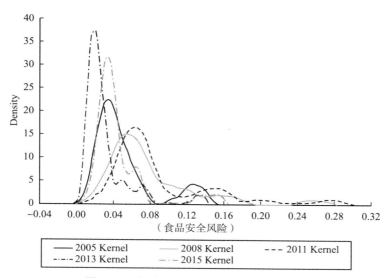

图 2 - 9　各地区食品安全风险核密度分布

2. 三大地区食品安全风险的 Kernel 密度估计

（1）东部地区食品安全风险的 Kernel 密度估计。图 2 – 10 描述了考察期内东部地区 11 个省份食品安全风险 Kernel 密度估计结果。从图 2 – 10 可以看出，东部地区食品安全风险的分布动态呈以下特征：第一，样本考察期内食品安全风险 Kernel 密度函数的中心点呈向左移动趋势，说明东部地区食品安全风险在逐渐降低，食品安全形势有所好转。出现这一变化可能的原因在于：一是东部地区省份近年来对食品安全监管的投入不断加大，食品安全监管能力不断提升；二是经济快速发展带来的用地、人工等成本因素不断上升，在监管持续加强的加速下，许多食品企业向中西部地区进行了转移；三是东部地区人均受教育程度不断上升，食品安全意识的不断提升客观上减少了食品安全风险的产生频率。第二，核密度函数的波峰越来越高，说明东部地区食品安全风险的分布越来越集中，这也表明随着监管力度的不断提升，东部地区内食品安全监管相对较弱省份的监管能力不断向地区均值靠近。第三，食品安全风险分布的拖尾越来越长，说明食品安全风险的地区内差距正逐步扩大，同时也进一步说明一些食品安全风险高的省份（比如北京、海南）与食品安全风险较低的省份（比如江苏、辽宁）之间的差距在逐步扩大。在地区内食品安全监管力度普遍提升的背景下，各地区具有的不同特征会使得地区内差距有新的变化。北京、上海等经济发展快速的地区，由于城镇化水平的极速上升，在食品消费量巨大的情况下，发生食品安全风险的概率提高（李锐等，2017）。而诸如海南等地，受教育水平、气候条件的影响，处置食品安全风险的难度也相对较大。第四，在考察期内，核密度函数在 2005 年、2011 年、2013 年、2015 年均出现了双峰形态，说明东部地区内食品安全风险已经出现两极分化现象，而2008 年核密度函数呈单峰形态，表明与其他时期相比，2008 年食品安全风险的极化现象有所减弱，整体食品安全风险差距变小，但随后食品安全的极化现象逐渐增强。波峰数量从由少变多，再到由多变少的变化，也体现了食品安全监管力度的变化。当食品安全监管力度普遍较强时，各地区食品安全风险差距相对较小，体现在波峰数量较少。而当一些省份监管力度下降之后，差距会呈现变大的趋势，波峰数量上升。如此循环往复，体现为波峰数量的不断变化。近年来出现的两极分化现象表明，在食品安全监管不断强化之下，各地区监管水平出现了显著的差异。

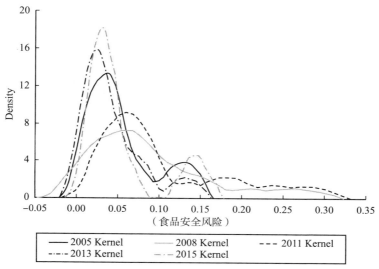

图 2 - 10　东部地区食品安全风险核密度分布

57

（2）中部地区食品安全风险的 Kernel 密度估计。图 2 - 11 描述了考察期内中部地区 8 个省份食品安全风险 Kernel 密度估计结果。从图 2 - 11 可以看出，中部地区食品安全风险的分布动态呈以下特征：第一，样本考察期内食品安全风险 Kernel 密度函数的中心点向右发生移动，意味着中部地区食品安全风险有上升的趋势。中部地区食品安全风险上升，一方面原因可能在于食品安全监管出现监管不到位或监管失位问题，另一方面与东部地区的产业转移有关。随着东部地区产业结构调整进程的加快，包括食品产业在内的许多产业向中部地区进行了转移。而中部地区省份出于维护地方经济发展的目的，会放松对食品企业的监管，甚至可能出现政企合谋问题，这使得食品安全形势在近年出现恶化趋势。第二，核密度函数的波峰高度逐渐变高，说明中部地区食品安全风险的分布越来越集中，这表明中部地区内食品安全监管相对较弱省份的监管能力不断向地区均值靠近。第三，食品安全风险分布的拖尾变短，说明中部地区食品安全风险的地区内差距有缩小的趋势。中部地区内省份无论是在经济发展程度、产业发展状况还是在政策实施环境方面，都存在着相似之处，食品安全发展形势较为类似，因此地区内差距有缩小的趋势。第四，核密度函数的波峰数量由少变多，说明食品安全风险极化特征越来越明显。具体来看，2005 年食品安全风险 Kernel 密度函数的波峰数量由一个主峰组成，而 2008 年前后波峰数量变为一个主峰和两个侧峰，波峰数量增加，同时 Kernel 密度函数中心点向右发生移动，说明食品安全风险地区差距已经存在，并且各省份食品安全风险有所提高。2011 年 Kernel 密度函数波峰高度和宽度变化与 2008 年基本一致，2013 年 Kernel 密度函呈现出新的变化，主峰变得更加陡峭，波峰数量变为一个主峰，说明食品安全风险的分布越来越分散，同时极化现象有所缓解。2015 年 Kernel 密度函数的波峰数量变为一个主峰加两个侧峰，同时主峰高度有所下降，这说明食品安全风险又呈现出多极分化特征。

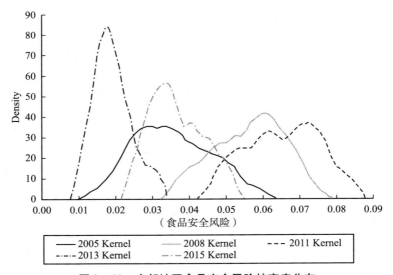

图 2 - 11　中部地区食品安全风险核密度分布

（3）西部地区食品安全风险的 Kernel 密度估计。图 2 - 12 描述了西部地区 11 个省份 2005 ~ 2015 年食品安全风险 Kernel 密度估计结果。从图 2 - 12 可以看出，西部地区食品安全风险的分布动态呈以下特征：第一，样本考察期内食品安全风险 Kernel 密度函数的中心点呈向左移动趋势，说明西部地区食品安全风险在逐渐变小，食品安全形势不断好转。在西部大开发政策的影响下，西部地区经济发展状况有了很大程度的改善，对于食品安全监管的投入也有了很大程度的提升，这使得食品安全状况有了进一步的改善。第二，核密度函数波峰高度的分布逐渐变低，说明西部地区食品安全风险分布有分散的趋势。在食品安全监管能力提升的同时，可以看到西部地区的食品安全意识还有很大的提升空间。食品安全监管缺少地区内统一的规划，致使各地区食品安全监管较为分散。第三，食品安全风险分布的拖尾变短，说明西部地区内食品安全风险的差距有缩小趋势。第四，核密度函数的波峰数量由多变少，说明食品安全风险极化特征越来越弱。具体来看，2005 年食品安全风险 Kernel 密度函数的波峰数量由一个主峰加三个平缓的小波峰组成，说明多极分化的特征已经存在。2008 年波峰高度有所下降，但波峰数量与 2005 年相比未发生明显变化。2011 年波峰数量变为一个主峰加两个侧峰，极化现象进一步减弱。随后的 2013 年和 2015 年波峰数量变为一个主峰加一个侧峰，两极化趋势更加明显。

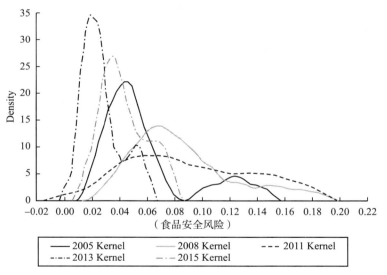

图 2 - 12　西部地区食品安全风险核密度分布

2.5　覆盖全过程的食品安全监管复杂系统

覆盖全过程的食品安全监管是一项复杂的系统工程，涉及社会各方面的力量，需要构建多中心监管复杂关系网络。在这个复杂网络中，各主体共同参与，形成相互合作的食品安全监管责任机制。基于供应链分解，我们将食品安全监管过程分为种养殖、生产、流通、餐饮消费四个环节，将参与主体和具体机制共同纳入，构造覆盖全过程的由政府、食品企业、社会层面主体、消费者四大主体组成的食品安全监管复杂系统，如图 2－13 所示。

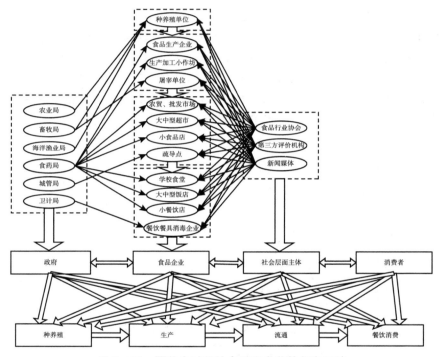

图 2－13　覆盖全过程的食品安全监管复杂系统

　　四大主体在监管过程中的角色职能不同。政府不再是食品安全监管的唯一主体，其职能由直接监管转向间接监管，强调其在政策制定、风险预判、决策分析等方面的作用；食品企业是直接被监管者，是相关规章制度的直接履行者，同时也是对食品安全监管进行事前控制的主要力量；社会层面主体主要包括食品行业协会、新闻媒体以及第三方评价机构等，其在食品安全监管过程中主要履行干预协调和社会监督的职能；消费者则需树立科学理性的消费观念，养成良好的消费习惯，进而引导企业的生产行为。

　　食品安全监管复杂系统的构建还必须落实到具体运作机制上，包括制度保障机制的建立，激励约束机制的建立和信息披露机制的建立。在此基础上，才能真正实现各中心主体的有机整合，形成一个统一完备的监管系统。

第3章 经济增长与食品安全

——食品安全库兹涅茨曲线 假说检验与政策启示

中国经济快速增长和大规模城镇化伴随食品安全事故频发的经验证据表明，食品安全与经济增长之间可能存在着某种相关关系。在理论上通过弥补食品供需缺口导致的技术滥用和非正式制度缺失导致的逐利行为两个层面分析食品安全事故频发的原因，提出食品安全库兹涅茨曲线（FKC）假说及相关命题，并进行实证检验。研究发现：经济增长水平、城镇化水平、食品工业产值与食品安全风险度之间存在着倒"U"形曲线关系。在倒"U"形曲线拐点之前，随着经济增长水平和城镇化水平的提升、食品工业规模的扩大，食品安全风险度是提升的；而当突破拐点之后，随着经济增长水平和城镇化水平的进一步提升、食品工业规模的继续扩大，食品安全风险度是不断下降的。市场化水平、市场产业集中度、人均受教育年限与食品安全风险度存在着负相关关系，市场化水平和集中度的提升、人均受教育年限的增加会降低食品安全风险度。

3.1 经济发展与食品安全

改革开放40多年来，中国经济快速增长，总量已跃升到世界第二位，但随着世界经济形势发生深刻的变化，中国经济增长速度持续放缓，经济社会发展成本不断上升，环境和资源矛盾日益突出。经济快速发展的同时，中国食品安全领域问题层出不穷，食品安全隐患凸显，严峻的食品安全问题带来了恶劣的经济和社会后果，严重制约了经济社会的可持续发展（周开国等，2016）。"民以食为天、食以安为先"，市场失灵和监管陷阱导致的违法经营活动，持续影响着人民生命安全和社会安危，食品安全问题已成为当前中国最大的民生问题，同时也成为世界性难题之一。"十三五"时期，食品安全问题已经上升为国家重大战略。党的十九大报告更是明确提出了实施"健康中国"战略，食品安全是这一战略的三个关键环节之一，也是满足人民日益增长美好生活需要的基本要求。简言之，党中央、国务院高度重视食品安全工作，已将其提升到了前所未有的高度，旨在彻底解决食品安全问题。

对比发达国家和中国的食品安全演进历程，可以发现一个国家或地区的食品安全形势与其经济增长水平的确密切相关（李先国，2011）。人们对食品的需求数量、偏好随着经济增长水平的变化而变化，这种变化会影响生产经营者的生产方式和行为模式，也影响着食品安全问题出现和传播的形式。以中国和美国的经济增长和食品安全发展历程进行对比，改革开放至今我国的经济增长水平大致与美国 1820～1950 年的水平相当，中国在这 40 多年经历的食品安全史，相当于浓缩了美国食品安全 100 多年的历史，二者有相似之处，却又因新技术的出现而呈现出一些新特点。当人均 GDP 在 1000～4000 美元时，由于经济增长水平低，食品生产技术和企业管理水平无法达到良好规范水平，一线从业人员的受教育程度和道德素质也参差不齐，普遍存在食品安全问题，掺杂使假是危及食品安全的主要问题；当人均 GDP 由 4000 美元上升至 10000 美元时，食品生产的产业化程度日益提高，科学技术对食品产业的影响迅速增大，农兽药残留超标等技术性因素带来的安全风险是食品安全领域面临的主要问题（旭日干和庞国芳，2015）。从我国食品安全形势的特殊性看，由于食品产业在一个较短的时期内快速发展，其安全隐患实际上不仅包含美国不同发展阶段的某些因素，而且包含滥用食品添加剂等新问题以及近 20 年才出现的转基因技术风险。所以，近年来我国所出现的大量食品安全问题，既有特定的历史阶段性特征，也有当今时代与食品相关的技术变革所带来的新特征。

人类的发展历史和食品生产、消费的规律显示，一个国家食品安全问题的主要诱因和突出表现均与其经济发展水平密切相关（朱晓峰，2002；王守伟等，2016），但现有的关于经济增长与食品安全关系的研究缺乏实证检验，结论的说服力不强（冯朝睿，2016；曹裕等，2017）。

理查兹等（Richards et al.，2009）认为政府监管具有滞后性，经济增长与食品安全之间的关系不会是一种简单的线性关系，而是一种非线性关系。中国经济快速增长伴随食品安全事故频发的经验证据表明，经济增长与食品安全之间存在着某种相关关系，由此我们尝试提出食品安全库兹涅茨曲线假说（Food-safety Kuznets Curve，FKC），即食品安全风险度与经济增长之间存在倒"U"形曲线关系。验证该假说成立并以此推断出拐点的位置，无疑对现阶段中国食品安全监管具有重要的政策启示。鉴于此，本章具体行文逻辑如下：在第 3.2 节中，本书提出食品安全库兹涅茨假说，并在理论分析的基础上提出支撑假说的相关假设，并分别用中国的时间序列数据和国际截面数据进行了纵向和横向的初步检验，以证明食品安全风险度与经济增长之间倒"U"形曲线关系的存在性；第 3.3 节对食品安全库兹涅茨曲线的具体形式进行估计，从而判断其拐点位置；第 3.4 节是稳健性检验，进一步加入假设中的相关变量作为控制变量，检验食品安全风险度与经济增长之间稳定的倒"U"形曲线关系；第 3.6 节在前面分析的基础上得出结论，并提出政策建议。

3.2　食品产业与食品安全规制

食品产业是我国国民经济的重要支柱，也是保障民生的基础产业，同时承担着实施健康中国战略、提供安全食品的重任。习近平总书记在党的十九大报告中指出，中国特色社会主义进入新时代，我国社会主要矛盾已经转化为人民日益增长的美好生活需要和不平衡不充分的发展之间的矛盾。表现在食品产业领域内：一方面，人们的生活方式、饮食习惯以及营养健康需求都在发生着巨大的变化，公众对食品安全的需求呈现出递增的态势；另一方面，食品产业凸显出结构趋同、资源浪费、产品质量良莠不齐等问题。食品安全问题与食品产业发展往往复杂交织，不仅影响着人民生命安全和社会稳定，还涉及政府公信力的实现，这就要求政府加强食品安全规制，推进食品产业结构调整，提高食品供给体系的质量和效率。

从当前中国食品产业的发展来看，东部沿海地区的食品产业主要是产业集群形式的，甚至西部的食用农产品产业也遵循集群发展的模式。

食品产业集群的形成和演进是一个动态演化的过程，经历了产生、发展、成熟三个阶段，在内外双重影响因素作用下，成熟之后的演进可能会出现升级、衰退和扩散转移三种路径与方向。内在影响因素主要来自资源要素及其结构以及企业间竞争与协作的相互作用所产生的产业自组织能力；外在影响因素主要来源于市场需求（与可支配收入、消费观念有关）、竞争对手、政府等。而政府的食品安全规制是食品产业集群演化主要的外在动力。有效的食品安全规制在一定程度上能够驱动食品产业集群结构的调整，对食品产业结构调整产生倒逼效应，进而影响食品产业集群的演化路径。

从微观层面上讲，规制者往往通过监督食品企业生产加工、流通和销售各环节或通过抽检产品的质量来规制食品安全。这就导致：其一，食品安全规制往往会加大食品企业的生产成本，企业在自身利益最大化目标的驱使下，会根据自身情况而调整生产行为，食品产业集群内的企业通过生产流程技术、管理模式等方面的革新，可以提高整个产业集群的素质和效率，最终实现产业结构升级。其二，食品产业集群内部，食品质量高的企业边际治理成本较低，因而会获得比较优势，其规模和市场份额会逐渐扩大。

从宏观层面看，地方政府在食品安全事故的压力下，一方面，会加大处罚甚至叫停出现质量问题以及失信的食品企业，加快食品产业集群中企业的兼并重组；另一方面，会通过产业政策引导企业加大生产投资和创新投入，发展高端技术食品产业。这两方面都会增加技术密集型食品产业的市场份额，从而促进食品产业集群转型升级。但在现实中，食品安全规制对食品产业集群演化的倒逼效应并不是简单的递增或递减，而是存在随着食品安全规制强度由弱变强，对产业集群结构调整产生先抑制、后促进、再抑制的影响。食品安全规制过强，会增加企业的生产成本，影响食品产业的竞争优势；过弱又会增加企业的道德风险，降低食品安全水平。

食品产业集群在其动态演化过程中，集群的行为也会影响食品安全规制的绩效。其一，食品产业集群的顺利转型升级，即从食品数量的扩张演进到质量的提升，再到技术的研发与品牌的创新，整个演化路径会促使产业集群内企业加大技术投入的力度，更加重视自身品牌的声誉价值，食品企业也会通过合同条款约束与监督上游食品原料供应商，从源头上提升食品安全水平，从而降低政府规制的成本，提高食品安全规制绩效。但在实践层面，一方面，如果政府部门有着充裕的公共执法资源，同时给予其足够的激励，仅依靠政府部门的强制力量就能解决食品产业中的安全问题。然而，我国的公共执法成本较高，基层规制对象面广、量大，基层规制人员数量以及基层执法规制装备和经费不足，难以满足日渐繁重的规制任务。另一方面，食品产业集群往往关系到地方经济的发展和社会的和谐稳定，承担着较重的政策性任务，如果发生食品安全事故，食品产业就会利用自身承担的政策性负担游说规制者进而干预规制执法，规制部门出于担心严格惩处会造成当地经济发展受阻、地方财政收入锐减、失业人口增加等负面影响，可能会在发现食品产业违规行为时难以客观公正地进行严格惩罚和信息披露，从而降低食品安全规制绩效。其二，在食品产业集群演化进程中，往往越是能顺利升级的产业集群越是拥有更加完备的信息技术及更加透明的信息公开制度，因而在食品安全规制中，政府也可以花费更少的信息成本来提高规制绩效。但在实践中，政府往往处于信息劣势，也不可避免存在着"有限理性"，规制手段和能力受限，无法有效规范食品产业，严格的规制又可能导致食品产业集群衰退或向其他地区转移，对当地经济发展和就业水平造成严重影响，政府此时的选择有可能是以牺牲食品安全为代价来换取地方经济的发展。以上原因就会导致食品产业集群内企业的行为能够较大地影响政府的决策，进而出现"规制俘获"。

食品安全规制和食品产业发展存在着天然的耦合关系。在解决食品安全问题的过程中，政府的规制手段和食品产业集群的演化进程并不是孤立的，而应该形成一种良性互动的耦合效应。即通过加强食品安全规制推动食品产业集群结构的优化升级，会进一步强化其升级带来的经济增长效应；通过食品产业集群的转型升级，来促使食品安全规制绩效的提高。

由此，我们提出一个有关食品安全的库兹涅茨曲线（FKC）假说，即食品安全风险度与经济增长之间是否存在一种倒"U"形关系？如果这一假说成立，那它的运行机理又是什么呢？食品安全风险度降低的拐点何时才能到来？就这些问题的回答，无疑对现阶段中国食品安全监管具有重要的政策启示。鉴于此，拟通过理论分析建立恰当的计量模型，提出与食品安全库兹涅茨曲线（FKC）假说及相关命题，并实证检验经济增长与食品安全风险度之间的关系及相关命题，为政府进一步加强食品安全规制提供针对性建议。

3.3　理论分析与模型构建

库兹涅茨（Kuznets，1955）在对经济增长与收入分配不公平程度之间关系进行研究时发现，收入不平等会随着经济增长先升后降，呈现倒"U"形曲线关系，由此提出了库兹涅茨曲线理论。随后，库兹涅茨曲线理论不断得到丰富更新，乃至扩展到环境等其他领域。格罗斯曼和克鲁格（Grossman and Krueger，1995）对环境质量与人均收入之间的关系进行了实证分析，研究发现污染与人均收入间的关系为"污染在低收入水平上随人均 GDP 增加而上升，高收入水平上随 GDP 增长而下降"，在环境治理领域提出并应用了库兹涅茨曲线假说。同样，食品安全风险度与经济增长之间亦有可能存在着倒"U"形关系。在社会发展初期，人们的食品基本自给自足，因此食品安全风险较小，且传播的风险和速度较慢。随着工业化和城镇化的发展，经济结构的改变，生活生产越来越聚集，无法为自给自足的生产保证提供应有的土地资源，加之食品安全监管体系也不够完善，信息不对称问题和"监管陷阱"的存在导致食品安全问题越来越突出，食品安全事件的发生率也不断上升（吴元元，2012；龚强等，2013；李想和石磊，2014；谢康等，2016）。但随着经济的不断发展以及产业结构的不断调整并且趋于合理，食品安全监管体制的完善，可能会出现食品安全风险不断下降并且趋于稳定，因此，食品安全风险度与经济增长之间呈现倒"U"形曲线。

3.3.1　FKC 拟合

为检验食品安全风险与经济增长之间是否具有倒"U"形曲线关系，我们用两组历史经验数据来观察二者的拟合线，其中一组是中国 2000～2015 年的时间序列数据，另一组是 2013 年全球 89 个国家的截面数据，看二者的二次拟合曲线是否在图形上能验证食品安全库兹涅茨曲线（FKC）的存在。

67

选取时间序列数据对中国经济增长水平与食品安全风险度之间关系进行拟合分析，结果（如图3-1所示）显示经济增长水平与食品安全风险度之间的确存在一个倒"U"形曲线关系，在倒"U"形曲线中拐点到达之前，食品安全风险度随着经济增长的加速而上升，而在到达拐点之后，食品安全风险度又会随着经济增长而逐渐下降。也有学者认为，食品产业发展水平或工业化水平与食品安全的逻辑关系更为紧密一些，而食品产业水平和经济增长强相关，故我们选取时间序列数据对食品工业总值和食品安全风险度之间关系进行拟合分析，发现食品工业总值和食品安全风险度之间亦存在明显的倒"U"形曲线关系（如图3-2所示），这初步印证了食品安全库兹涅茨曲线（FKC）的存在。

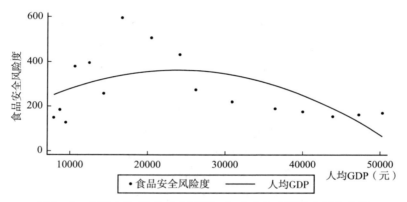

图3-1　中国人均GDP（人民币）与食品安全风险度拟合曲线

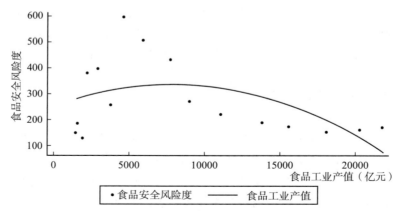

图3-2　中国食品工业产值与食品安全风险度拟合曲线

　　通过图 3 - 1 拟合曲线我们可以发现，食品安全风险度与经济增长
的拐点出现在人均 GDP 为 24000 元（人民币）附近。去除国际横截面
数据的异常值，选用人均 GDP 在 1000 ~ 11000 美元的国家，在对其经
济增长水平与食品安全度（正指标）之间的关系进行二次拟合之后显
示，全球经济增长水平与食品安全度之间呈现明显的"U"形曲线关系
（如图 3 - 3 所示），这与前面中国的时间序列数据拟合结果一致。① 即
在经济增长水平未达到相应的拐点时，食品安全度会随着经济增长水平
的提高而降低，而过了相应拐点之后，食品安全度又会随着经济增长水
平的提高而有一定的提高并且处于一个相对平稳的状态。

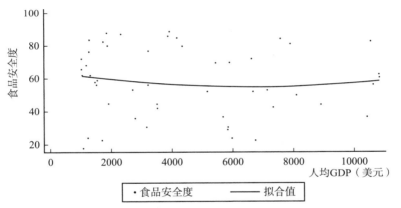

图 3 - 3　89 个国家经济增长水平与食品安全度二次拟合曲线

　　通过对中国时间序列和国际横截面数据的拟合，我们发现，食品安
全库兹涅茨曲线有可能是存在的。因为拟合的结果只是相关关系，而非
一定就是因果关系。在没有进行理论分析之前，不能武断地得出"FKC
存在"的结论，所以，只是"可能存在"。接下来，我们从理论上分析
经济增长与食品安全风险度之间的关系，以解释二者之间的因果关系。

---

　　① 在正指标（食品安全度）上，二者呈现"U"形关系，在负指标（食品安全风险度）
上，二者呈现倒"U"形关系，实际上是一致的，都强烈印证了食品安全库兹涅茨曲线
（FKC）的存在可能性。

3.3.2 分析框架

中国经济增长腾飞在时间上与大规模的城镇化是同步的，二者紧密相关，并且城镇化中的土地、人口问题也会以粮食安全的形式直接影响到食品安全。在城镇化与食品安全之间的关系问题上，已有的研究大多从城镇化与粮食安全的角度展开。马图施克（Matuschke，2009）认为，农业用地被非农业活动大量占用，使得粮食供给不足。城镇居民规模的迅速扩大，使得食品需求也迅速攀升，食品供需不匹配的矛盾，势必会影响食品安全。拉姆等（Lam et al.，2013）的观点与马图施克（Matuschke，2009）相近。拉姆等（Lam et al.，2013）认为，中国快速的工业化和现代化进程对食品供应和食品安全产生了深远的影响。在工业化和现代化进程中，农业用地向其他用途的转换、淡水资源的缺乏、土壤质量的下降等问题限制了农产品产量的提升。同时，对肉类产品的消费需求快速增加，使得更多的农产品被用作动物饲料，这将对食品供应产生挑战。非法的食品添加剂、受污染的有毒工业原料流入产品市场，也使得食品安全状况越发令人担忧。温班等（Wenban et al.，2016）认为，城市食品安全状况在很大程度上取决于城市食品供应系统和农村粮食生产潜力。快速扩张的城镇规模给食品安全工作带来了严峻的挑战。温班等（Wenban et al.，2016）对坦桑尼亚的城镇化过程进行了深入的分析并提出，为了避免粮食安全出现危机，应进一步提升城市食品供应系统的弹性，深化农村—城市的食品供应模式，同时要改变食品消费模式，进一步扫清农村小农部门的生产限定性条件。国内对城镇化与食品安全之间的关系问题研究成果并不多。刘玉和冯健（2016）以城乡接合部的农业地域功能作为分析的出发点，发现在城镇化规模快速扩张的背景下，城乡接合部的大量农田被占用，农业生产规模受到很大的冲击。由于可用于农业生产的土地减少，农业从业人员的生产和生活方式受到很大影响，无法满足居民的食品安全需要。在城镇化过程中，大量的农村劳动力进入城市，这使得原本用作农业生产的大量土地被荒废，粮食产量增长受到影响。同时，由于进入城市的流动人口处于经济上边缘地位，对价格的高度敏感性使得廉价食品有着广大的消费市场，这也在一定程度上推动了不安全食品的生产和加工活动。城镇化与粮食安全的研究表明，城镇化水平的提高使得用于粮食生产的土地、人力等资本减少，用于提升粮食生产能力的技术投资也有所不足。粮食安全问题的出现导致食品供需缺口的扩大，在规模庞大的市场需求引导下，掺假使假问题不断发生，致使食品安全问题出现（Chen et al.，2018）。

鉴于以上分析，运用索洛经济增长模型，从供需缺口及制度约束层面分析食品安全问题，并实证检验经济增长与食品安全之间的关系，分析食品安全的影响因素。索洛模型假定在劳动和资本一定的情况下，经济增长的根本动力来源于技术进步。假定食品生产也由技术进步、实物资本和人力资本三者决定，我们试图在索洛模型的基础上分析资本、劳动和技术进步对食品产量的影响：

$$Y = AF(H，K) = AH^{\alpha}K^{1-\alpha} \qquad (3-1)$$

其中，Y 表示总产出（食品产量），K 表示实物资本存量（土地资本），H 表示人力资本存量，A 是索洛余值，表示技术水平。由式（3-1）可知，该生产函数为规模报酬不变的。我们假定人力资本存量 H（农业劳动力）与简单劳动力之间呈倍数关系。对这个模型的分析如下：

一方面，随着城镇化的加快，土地资本（K）和农业劳动力（H）急剧减少，所以食品生产的产量会锐减，另一方面，随着经济增长和人均可支配收入的增加，人们对食品需求的种类和数量都在急剧增长，致使食品领域出现了食品供需缺口[①]，而在目前的生产水平下，供需缺口在很大程度上需要通过技术来解决，如化肥农药的广泛使用。为了满足不断上升的食品需求，只能通过技术进步来弥补食品供求缺口，如果运用得当，食品安全还处于可控和可接受的范围（刘小峰等，2010）。可见，为了满足高涨的需求，只能牺牲一部分质量，由供需缺口造成食品安全风险的第一层次因素。

71

———————————

① 食品供需缺口在一定程度上也可以通过进口的方式来解决，但根据国家统计局公布的数据测算，2006～2017 年，我国净出口食品总额占食品工业总产值的平均比重仅为 1.98%，其中食品进口总额占本国食品工业总产值的平均比重为 2.7%，食品出口总额占食品工业总产值的平均比重为 4.65%。这表明，虽然食品进出口总规模较大，但与食品工业总产值相比，食品进出口总额依然较小。因此，本书在进行问题分析时并未将所分析的问题置于开放经济框架之下。同时，由于进口食品或食品原材料的成本相对较高，对于食品生产企业，特别是那些规模比较小的企业来说，就会存在不安全生产的动机，使得以次充好、掺假使假等活动成为可能。因而，本书认为，随着经济的发展，食品产业会出现相对生产能力不足的问题，食品供需缺口问题客观存在。

由此我们提出以下两个假设：

H3-1：经济增长与食品安全风险度之间呈现显著的倒"U"形。随着经济增长水平的提升，人们的可支配收入提升，用于食品消费上的货币绝对量会增加（恩格尔系数上表现为相对量减少），从而提升了对食品数量上的需求。

H3-2：在食品供需缺口存在的情况下，食品的数量和质量可以部分替代。在一定经济和技术水平下，提高食品的生产数量会在一定程度上降低食品的质量；相反，只追求食品质量，生产的数量可能不能满足市场需求。

自由放任的市场经济可能会带来诚信缺失、以权谋私等问题，这成为食品安全问题产生的内因。非正式制度（如文化习俗、宗教信仰）的缺失和不完善，可能会对一个国家或地区的食品安全问题产生深远影响（姜琪，2014；费威，2019）。在解决了食品供需缺口的前提下，仍有食品生产个人和企业过量使用添加剂、工业原料、国家禁用药品等现象发生，这是整个社会道德诚信体系出现了问题，是引发食品安全问题的第二层次，也是深层次的因素（龚强等，2015）。由此可见，技术进步对食品安全风险度的影响效果受外生变量的约束。在制度约束良好的条件下，[①] 企业家具有社会责任感，企业将负外部性主动内部化，技术进步会降低食品风险度；反之，在制度约束缺失的条件下，企业为了短期盈利目标，会利用技术进步增大食品安全风险度。

以上分析可总结出经济增长影响食品安全的两条路径：一条路径是：经济增长—人均可支配收入提高—食品相对支出增加—食品需求增加—安全食品缺口；另一条路径是：经济增长—技术进步（外生变量制度约束不完善）—技术进步用于弥补食品缺口—牺牲食品质量[②]—利益驱动（技术进一步起到了推波助澜的作用）。最终两条路径汇合导致了目前中国的食品安全问题。

中国快速经济增长给食品安全带来了负面影响的同时，也会产生积极影响。从宏观方面看，经济增长会直接提升国家实力，使得国家能够

---

① 制度约束良好包含两方面因素：一是正式制度约束，即食品安全监管有力；二是非正式制度约束，即人们自身安全意识的增强，食品从业者和企业家的社会责任感增强。

② 食品质量与食品安全概念稍有不同，但为了后面理论分析，暂且将其等同。实际上，如果是将安全问题考虑进质量，二者并无很大差别。

增强保障食品安全的能力。随着经济水平的提高，中国用于发展食品生产的投入明显增长，食品生产技术推广得到切实重视和加强，用于提高食品储藏和流通设施现代化水平的投入也会进一步增加。从微观方面看，经济增长提高了居民收入水平，增强了居民的食品购买力，降低了低收入阶层的食品安全风险。经济增长还将促进人们食品安全观念的改变。随着经济增长和人们整体生活水平的提高，食品安全意识将在城乡居民和食品生产企业中得到强化和普及①，从而形成一个有利于提升食品安全水平的社会环境（张红凤和李萍，2017）。由此，我们提出第三个假设：

H3－3：经济增长引致的居民收入水平提高和受教育水平提高，会促进社会食品安全观念提升，包括民众的食品安全意识和食品生产企业的主体责任，这样的社会环境会促进食品安全程度的进一步提升。

经济增长除了对食品安全产生宏观和微观层面的影响外，在中观的产业层面依然能通过产业集中度影响食品安全。经济增长过程中，食品产业结构升级会促进产业集中度提高，这不但能从食品企业内部激励角度提高食品安全度，也能从外部政府监管效率提高中促进食品安全度的提升，食品产业集中度提高会直接导致食品安全风险度降低。食品生产企业"小、散、乱"的现状，加大了食品安全监管的成本和难度，也增加了食品安全风险度（谢康等，2017）。中国食品产业存在结构趋同、资源浪费、产品质量良莠不齐等问题，这需要政府推进食品产业结构调整，提高食品供给体系的质量和效率。监管者往往通过监督食品企业生产加工、流通和销售各环节的行为来进行食品安全监管（张红凤和刘嘉，2015）。这就导致：其一，食品安全监管往往会加大食品企业的生产成本，企业在自身利益最大化目标的驱使下，会根据自身情况而调整生产行为，产业集中度提升形成的大企业通过生产流程技术、管理模式等方面的革新，可以提高整个产业效率，最终实现产业结构升级。其

---

① 吴林海等（2014）的研究，从消费者视角出发，研究了受教育程度对可追溯食品属性的偏好问题，研究结果表明，受教育程度与收入水平越高的消费者，获取信息的能力越强，越重视较高的生活品质及国际机构认证标识所附带的高品质保证。李红和常春华（2012）的研究，从生产者视角出发，研究了奶牛养殖户质量安全行为的影响因素问题，研究发现，受教育程度、是否有技术指导、对食品安全知识的了解程度对饲养安全行为、消毒安全行为均有显著影响。以上两个例子可以证明，随着受教育程度的提升，消费者和生产者的安全消费、安全生产意识均会提升，这从侧面反映出"居民在受教育程度较低时，食品安全意识较低"。

二，食品质量高的企业边际治理成本较低，因而会获得比较优势，其规模和市场份额会逐渐扩大。地方政府在食品安全事故的压力下，一方面，会加大处罚甚至叫停出现质量问题以及失信的食品企业，加快食品产业集中度提高；另一方面，会通过产业政策引导企业加大生产投资和创新投入，发展高端技术食品产业。这两方面都会增加技术密集型食品产业的市场份额，从而促进食品产业转型升级。食品产业结构转型升级，即从食品数量的扩张演进到质量的提升，再到技术的研发与品牌的创新，整个路径会促使产业内大企业加大技术投入的力度，更加重视自身品牌的声誉价值，食品企业也会通过合同条款约束与监督上游食品原料供应商，从源头上提升食品安全水平，从而降低政府监管的成本，提高食品安全度（张红凤和李萍，2017）。

3.4 研究设计与变量选择

3.4.1 变量选取和数据来源

在理论分析的基础上，本书实证检验进一步来检验食品安全库兹涅茨曲线（FKC）的存在性和合理性。考虑到数据的可获得性，已有研究在选择食品安全度衡量指标时大多从食品安全的反向角度出发，选择以食品安全风险度作为食品安全的衡量指标，食品安全风险度越高，食品安全状况越差，反之亦然。现有的研究大多以食物中毒事件数、食物中毒死亡人数等指标作为食品安全风险度的衡量指标。参考已有研究，本书选取食物中毒事件数作为食品安全风险度的衡量指标，以符号 FPI 表示①。

在食品安全风险度影响因素指标的选取上，本书选择经济增长水平

---

① 选取食物中毒事件数作为食品安全风险度的衡量指标理由有二：第一，从食物中毒事件数的统计范围来看，该指标既包含了生产性风险也包含了非生产性风险，能够在很大程度上反映我国的食品安全风险；第二，从数据的可获得性来看，由于在食品安全领域尚未形成系统的统计制度，因而与食品安全有关的数据大多不可得，从目前可以获取的数据来看，仅有食物中毒事件数的数据较为完整。

（lnPGDP）、食品工业产值（lnFIO）两个变量作为影响因素指标。其中，以人均 GDP 作为经济增长水平的衡量指标，因为与总量 GDP 相比，人均 GDP 更能反映真实经济增长水平变化对食品安全的影响，本书对人均 GDP 进行了取对数处理。食品工业产值作为食品安全度影响因素的研究并不多见，本书认为食品工业产值的增加会影响食品安全监管的概率，进而影响食品安全度，因此将其作为影响因素之一，并进行了取对数处理。本书所选取的时间跨度为 2000 ~ 2015 年，其中食物中毒事件数指标来源于国家卫计委办公厅发布的历年《关于全国食物中毒事件情况的通报》；[①] 人均 GDP 数据来源于中国国家统计局网站；食品工业产值数据来源于历年《中国食品工业年鉴》。

3.4.2 变量描述与统计检验

1. 描述性统计

表 3 - 1 报告了变量的描述性统计结果。无论是解释变量还是被解释变量，均值均大于标准差，说明数据离散程度不高，可以进行进一步的分析。

表 3 - 1 描述性统计

变量名称	Obs	Mean	Std. Dev.	Min	Max
FPI	16	272.69	144.2857	128	596
lnPGDP	16	11.79	0.03	11.75	11.83
UL	16	0.47	6.3348	0.36	0.56
lnFIO	16	8.718	0.9481	7.27	9.99

2. 统计检验

（1）单位根检验。为了防止出现序列伪回归，在进行回归之前必

---

① 食物中毒事件数来源有两个，一个是中国卫生统计年鉴（《中国卫生和计划生育统计年鉴》），部分年份数据不全缺失，另一个是来自卫计委办公厅发布的历年《关于全国食物中毒事件情况的通报》，二者数值差异较大，为了保持数据来源的一致性，本书选用后者的数据。

须要对序列的平稳性进行检验，而检查序列平稳性的标准方法是单位根检验。本研究利用 ADF 检验方法对数据进行了平稳性检验，结果如表 3 - 2 所示。

表 3 - 2　　　　　　　　原始变量单位根检验结果

变量	检验类型 (c, t, q)	ADF 检验统计量	不同显著性水平下的临界值			P 值	结论
			1%	5%	10%		
FPI	(c, 0, 0)	- 0.762573	- 2.728252	- 1.966270	- 1.605026	0.3689	非平稳
lnPGDP	(c, 0, 1)	3.063933	- 2.740613	- 1.968430	- 1.604392	0.9980	非平稳
UL	(c, 0, 1)	1.713488	- 2.740613	- 1.968430	- 1.604392	0.9721	非平稳
lnFIO	(c, 0, 1)	1.223053	- 2.740613	- 1.968430	- 1.604392	0.9344	非平稳

注：检验类型 (c, t, q) 中，c, t, q 分别表示常数项、时间趋势和滞后阶数，滞后阶数按照 SIC 准则获取。

表 3 - 2 报告的结果显示，无论是解释变量还是被解释变量均为非平稳序列，需要进一步进行差分处理。表 3 - 3 报告了一阶差分后的变量单位根检验结果。

表 3 - 3　　　　　　　　一阶差分后变量单位根检验结果

变量	检验类型 (c, t, q)	ADF 检验统计量	不同显著性水平下的临界值			P 值	结论
			1%	5%	10%		
FPI	(c, 0, 0)	- 4.521102	- 4.004425	- 3.098896	- 2.690439	0.0040	平稳
lnPGDP	(c, 0, 0)	- 2.016681	- 2.740613	- 1.968430	- 1.604392	0.0454	平稳
UL	(c, 0, 0)	- 3.293178	- 4.004425	- 3.098896	- 2.690439	0.0356	平稳
lnFIO	(c, t, 2)	- 6.059334	- 4.992279	- 3.875302	- 3.388330	0.0024	平稳

表 3 - 3 结果表明，经过一阶差分之后，变量食物中毒事件数、食品工业产值在 1% 的显著性水平上拒绝存在单位根的原假设，而变量人均 GDP 和城镇化水平在 5% 的显著性水平上拒绝存在单位根的原假设。单位根检验的结果表明，本研究所选取的变量均为平稳序列。

（2）格兰杰因果检验。在进行单位根检验之后，为了进一步分析所选取的变量是否存在相关关系，需要对变量进行格兰杰因果检验。检验结果如表 3 - 4 所示。

表 3 - 4　　　　　　　　格兰杰因果检验结果

原假设	F 统计量	P 值	是否接受原假设
FPI 不是 lnPGDP 的 Granger 原因	3.54496	0.5458	接受
lnPGDP 不是 FPI 的 Granger 原因	0.64803	0.0732	拒绝
FPI 不是 UL 的 Granger 原因	0.99921	0.4188	接受
UL 不是 FPI 的 Granger 原因	0.96020	0.0079	拒绝
FPI 不是 lnFIO 的 Granger 原因	3.49453	0.2034	接受
lnFIO 不是 FPI 的 Granger 原因	1.91074	0.0753	拒绝

表 3 - 4 的结果表明，在 1% 的显著性水平上，城镇化水平是食物中毒事件数的格兰杰原因，反之则不成立；在 10% 显著性水平上，食品工业产值、人均 GDP 是食物中毒事件数的格兰杰原因，反之不成立。检验结果表明，所选取的三个解释变量均为被解释变量的格兰杰原因，解释变量的变化会引起被解释变量变化。

3.4.3　FKC 存在性检验

1. 模型设计

本研究在借鉴对环境库兹涅茨曲线分析思路的基础上，提出"食品安全库兹涅茨曲线"（FKC），以期对食品安全与其他相关变量之间的关系进行分析。参考张红凤（2009）对环境库兹涅茨曲线的分析思路，为了消除异方差影响，提高估计的准确度，本研究选择对数形式的回归方程进行分析，模型的基本形式如下：

$$\ln FPI_t = \beta_0 + \beta_1 \ln X_{it} + \beta_2 (\ln X_{it})^2 + \beta_3 (\ln X_{it})^3 + \varepsilon_{it} \qquad (3-2)$$

式（3-2）中，FPI_t 为第 t 年食品安全风险度，X_{it} 表示第 t 年食品安全风险度影响因素（包括人均 GDP、食品工业产值，对这两个变量进行了取对数处理），ε_{it} 为随机误差项。

2. 估计结果

本研究利用 2000～2015 年全国层面的数据，对所建立的模型进行了分析。在对包括食品安全风险度影响因素的平方项、立方项的方程进行估计时，如果立方项的系数不显著，那么将立方项剔除后重新估计，结果中立方项全部不显著，故估计结果不包含立方项，表 3 - 5 中模型（1）和模型（3）为包括立方项的回归结果，模型（2）和模型（4）为剔除立方项后重新估计结果，本部分以模型（2）和模型（4）估计结果作为分析的依据。

表 3 - 5　　　　　　食品安全风险度与其影响因素的估计结果

项目	人均 GDP		食品工业产值	
	模型（1）	模型（2）	模型（3）	模型（4）
常数项	- 953. 325 * (- 1. 9)	- 117. 976 *** (- 4. 65)	- 177. 296 (- 1. 69)	- 36. 602 *** (- 4. 22)
一次项	279. 041 * (1. 83)	25. 149 *** (4. 9)	59. 372 (1. 61)	9. 941 *** (4. 91)
二次项	- 26. 944 (- 1. 75)	- 1. 275 *** (- 4. 93)	- 6. 333 (- 1. 48)	- 0. 58 *** (- 4. 96)
三次项	0. 863 (1. 67)		0. 222 (1. 34)	
$R^2 \delta A - R^2$	0. 727 (0. 658)	0. 663 (0. 611)	0. 708 (0. 635)	0. 664 (0. 612)
F 统计值	10. 64 (0. 001)	12. 8 (0. 000)	9. 7 (0. 002)	12. 85 (0. 001)

注：* 、** 、*** 分别表示在 10%、5%、1% 水平上显著。变量估计结果括号内为 t 值。$R^2 \delta A - R^2$ 上方表示 R^2，括号内为调整的 R^2。F 统计值中括号内为伴随概率 p 值。

（1）经济增长水平与食品安全风险度。人均 GDP 与食品安全风险度的回归结果如式（3 - 3）所示：

$$\ln FPI = - 117. 976 + 25. 149 \ln PGDP - 1. 275 (\ln PGDP)^2 \quad (3 - 3)$$

回归结果表明，人均 GDP 与食品安全风险度存在着倒 "U" 形曲线关系。结合二者的关系拟合图（如图 3 - 4 所示）可知，倒 "U" 形曲线拐点出现在人均 GDP 为 24000 元（人民币）附近的位置，在此之前食品安全风险度随着人均 GDP 的增加而提升，在此之后食品安全风险度随着人均 GDP 的增加而不断下降。2018 年我国的人均 GDP 为 50251 元，已经突破了倒 "U" 形曲线拐点，说明当前我国的食品安全度是随着人均 GDP 的不断增加而上升的。

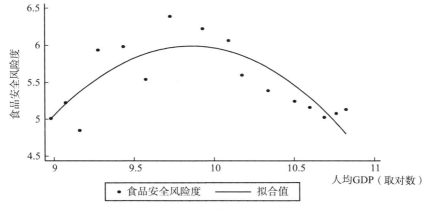

图 3 - 4 人均 GDP 与食品安全风险度拟合线

注：横轴为笔者处理后的人均 GDP（取对数），由拐点出现的位置倒推可知对应的人均 GDP 为 24000 元。

（2）食品工业产值与食品安全风险度的库兹涅茨曲线分析。食品工业产值与食品安全风险度的回归结果如式（3 - 4）所示：

$$lnFPI = -36.602 + 9.941lnFIO - 0.58 (lnFIO)^2 \qquad (3 - 4)$$

回归结果表明，食品工业产值与食品安全风险度存在着倒 "U" 形曲线关系。结合二者的关系拟合图（如图 3 - 5 所示）可知，倒 "U" 形曲线拐点出现在食品工业产值为 5920 亿元的位置，在此之前食品安全风险度随着食品工业产值的增加而提升，在此之后食品安全风险度随着食品工业产值的增加而不断下降。2018 年我国的食品工业产值为 21781 亿元，已经突破了倒 "U" 形曲线拐点，说明当前我国的食品安全度是随着食品工业产值的不断增加而上升的。

对全国层面时间序列数据的分析结果表明，经济增长水平、食品工业产值与食品安全风险度之间存在着倒 "U" 形曲线关系，说明食品安全库兹涅茨曲线（FKC）是客观存在的。

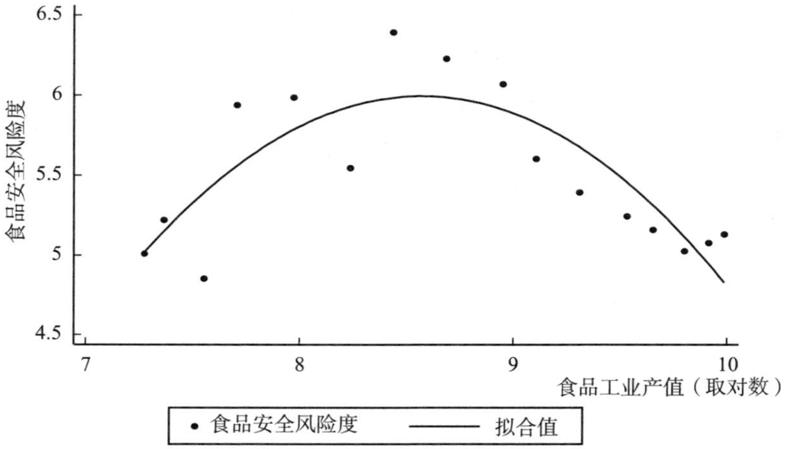

图 3 - 5　食品工业产值与食品安全风险度拟合线

注：横轴为处理后的食品工业产值（取对数），由拐点出现的位置倒推可知对应的食品工业产值为 5920 亿元。

3.5　FKC 的影响因素分析

本部分利用 2005～2014 年中国 30 个省份（不包括西藏、港、澳、台）的面板数据对食品安全库兹涅茨曲线的存在进行稳健性检验，并进一步检验相关假设的合理性。

3.5.1　变量选取及数据来源

本书选取食品安全事件数[①]作为被解释变量，数据来源于《中国食品安全发展报告 2015》。在选择解释变量时，根据第二节的理论分析可知，经济增长水平、食品工业发展程度、城镇化水平、人均受教育年限、产业集中度等因素会对食品安全产生影响。因此，解释变量选取经济增长水平（PGDP）、食品工业发展程度（EFI）、城镇化水平（UL）、人均受教育年限（ASY）、产业集中度（IS）等变量。本书以人均 GDP

① 根据 WTO 对食品安全的定义，当食品中含有的有毒或者有害物质超过一定限度而影响到人体健康所产生的公共卫生事件就可以定义为食品安全事件。

作为经济增长水平的衡量指标，数据来源与第三节相同。食品工业发展
程度指标用食品工业发展程度 = 食品工业产值/工业总产值计算获得，
其中食品工业产值数据来源于历年《中国食品工业年鉴》，工业总产值
数据来源于历年《中国工业统计年鉴》。城镇化水平按照城镇人口比总
人口计算得到。参考原毅军等（2016）的测度方法，人均受教育年限
按照如下公式计算：

$$Edu_{it} = (x_{i1} \times 0 + x_{i2} \times 6 + x_{i3} \times 9 + x_{i4} \times 12 + x_{i5} \times 16) \div x \quad (3-5)$$

其中 x_{i1}、x_{i2}、x_{i3}、x_{i4}、x_{i5} 分别表示第 i 省教育程度为文盲、小学、
初中、高中、大专及以上的就业人口数，相应的受教育年限为 0 年、6
年、9 年、12 年、16 年，x 为总就业人数，数据来源于中国国家统计局
网站。食品工业发展程度指标用食品工业发展程度 = 食品工业产值/工
业总产值计算获得，其中食品工业产值数据来源于历年《中国食品工业
年鉴》，工业总产值数据来源于历年《中国工业统计年鉴》。由于食品
安全事件大多源于生产环节，而食品生产属于第二产业，因此选择第二
产业占比作为产业结构的衡量指标，按照工业产值占地区生产总值的比
重得到了产业结构指标，数据来源为 2006 ~ 2015 年《中国统计年鉴》
及各省份统计年鉴。变量描述性统计结果如表 3 - 6 所示。

表 3 - 6　　　　　　　　　　　　描述性统计

变量名称	缩写	Obs	Mean	Std. Dev.	Min	Max
食物中毒事件数	lnFPI	300	6.248	0.892	4.007	8.411
经济增长水平	lnPGDP	300	10.222	0.615	8.528	11.563
食品工业发展程度	lnEFI	300	-3.22	1.672	-5.932	0.084
人均粮食缺口	lnFG	300	4.4	1.636	0.495	7.089
城镇化水平	UL	300	0.51	0.141	0.27	0.9
市场化程度	lnML	300	2.017	0.29	1.128	2.671
人均受教育年限	lnASY	300	2.136	0.116	1.853	2.487
产业结构	IS	300	0.483	0.077	0.223	0.615

3.5.2　回归分析

经验证据表明，食品安全事件数的发生是伴随着经济增长、城镇

化水平的提升而不断变化的，因此本书将经济增长水平作为核心解释变量，其他解释变量作为控制变量，分析对食品安全风险度的影响。同时，本书加入经济增长水平的二次项，采用面板双向固定模型进行回归，考察经济增长水平与食品安全风险度之间的曲线关系，结果如表3-7所示。

表 3-7　　　　　　　　　　　　基准回归

变量	（1）	（2）	（3）	（4）	（5）	（6）
lnPGDP	6.5133 *** (1.4899)	1.6423 * (0.8394)	1.7808 ** (0.8617)	1.8593 ** (0.8668)	1.6124 * (0.8902)	1.7017 * (0.9116)
lnPGDP^2	−0.2766 *** (0.0739)	−0.0862 * (0.0462)	−0.0930 ** (0.0472)	−0.0912 * (0.0473)	−0.0814 * (0.0479)	−0.0829 * (0.0481)
lnEFI			−0.0344 (0.0475)	−0.0328 (0.0475)	−0.0369 (0.0476)	−0.0345 (0.0480)
UL				−1.0472 (1.2007)	−1.2884 (1.2164)	−1.2193 (1.2271)
lnASY					−0.8942 (0.7452)	−0.8539 (0.7512)
IS						0.3122 (0.6654)
地区固定效应	N	Y	Y	Y	Y	Y
时间固定效应	N	Y	Y	Y	Y	Y
样本量	300	300	300	300	300	300
省份数量	30	30	30	30	30	30
Adj R - squared	0.3990	0.8618	0.8615	0.8614	0.8616	0.8612

注：括号中为省份层面聚类标准误差；*** 、** 、* 分别代表在 1%、5%、10% 的水平上显著。

表3-7中，第（1）列未控制地区和时间固定效应，估计结果显示经济增长水平二次项的估计系数显著为负，第（2）列在控制地区和时间固定效应的基础上，经济增长水平二次项的估计值虽有所下降，但依然显著为负，这初步表明，说明经济增长水平与食品安全风险度之间存

在着倒"U"形曲线关系。第（3）~（6）列中依次加入食品工业发展
程度（EFI）、城镇化水平（UL）、人均受教育年限（ASY）、产业集中
度（IS）等变量，估计结果依然稳健，这表明经济增长水平与食品安全
风险度之间的倒"U"形关系是稳健的、可靠的，不随地区和时间的变
化而变化，这部分印证了假设1的合理性。第（4）~（6）列回归结果
中，食品工业发展程度、受教育水平与食品安全风险呈现负相关关系，
也印证了假设2、假设3的合理性。

　　考虑到各地区的经济发展水平不同，食品安全受经济发展水平的影
响程度不同，本书将总样本划分为东部地区、中部地区和西部地区3类
子样本，估计结果报告在表3-8中。在东部地区和中部地区子样本中，
经济增长水平二次项的估计系数显著为负，这表明经济增长水平与东
部、中部地区的食品安全之间存在着倒"U"形曲线关系。表3-8中，
在东部和中部地区，食品工业发展程度、人均受教育水平与食品安全风
险呈现负相关关系，表明食品工业发展程度、人均受教育水平的提升，
有利于促进食品安全水平的提升，假设3得到验证。产业集中度与食品
安全风险之间呈现显著负相关关系，表明产业集中度与食品安全水平之
间存在正相关关系。西部地区的结果有些不同，在西部地区子样本中，
经济增长水平二次项的估计系数不显著，这表明经济增长水平对西部地
区的食品安全的影响不大，人均受教育水平及产业结构的系数与预期相
矛盾，其中存在的原因可能在于西部地区经济社会发展尚未突破食品安
全库兹涅茨曲线拐点。

表3-8　　　　　　　　　　　异质性分析

变量	东部	中部	西部
	（1）	（2）	（3）
lnPGDP	4.8817 ** (2.2161)	6.9145 ** (2.6599)	3.8015 (2.6109)
lnPGDP^2	-0.2193 ** (0.1096)	-0.2880 ** (0.1149)	-0.1928 (0.1362)
lnEFI	-0.0265 (0.0823)	-0.0897 (0.0733)	0.0342 (0.1096)

续表

变量	东部	中部	西部
	（1）	（2）	（3）
UL	0.5128 （1.5694）	-2.7100 （1.7009）	-1.3911 （4.6207）
lnASY	-1.6485 （1.3341）	-1.1500 （1.1718）	3.6339 ** （1.4677）
IS	-3.3501 ** （1.5348）	-0.3078 （1.3336）	0.6703 （1.4290）
地区固定效应	N	Y	Y
时间固定效应	N	Y	Y
样本量	110	90	100
省份数量	11	9	10
Adj R - squared	0.8739	0.9252	0.8415

注：括号中为省份层面聚类标准误差；***、**、*分别代表在1%、5%、10%的水平。

3.6 小 结

本章利用2000~2015年时间序列数据和2005~2014年中国30个省份的面板数据对经济增长、食品工业产值与食品安全风险度的关系进行了探究，得到了食品库兹涅茨曲线在中国经济增长过程中客观存在的结论。实证分析结果表明，经济增长水平、食品工业产值与食品安全风险度之间存在着倒"U"形曲线关系，在倒"U"形曲线拐点之前，随着经济增长水平、食品工业规模的扩大，食品安全风险度是提升的，而当突破拐点之后，随着经济增长水平的增加，食品安全风险度是不断下降的。这对我国现阶段的食品安全监管具有重要政策启示，根据研究结论本书提出如下政策建议：

（1）继续深化改革，实现经济高质量发展，为食品安全监管工作提供更多的资金支持。由于我国食品安全监管工作起步晚，财政投入力度不够，致使食品安全监管效果有待提升。本书分析表明，经济增长与食品安全风险度之间存在着倒"U"形曲线关系，在拐点之后随着经济增长水平的提升，食品安全度是趋于上升。因此，大力发展经济无疑是提升食品安全度的一种重要手段。经济增长可以为食品安全监管提供更多的资金支持，对于改善我国食品安全监管基础设施投入不足、财政保障不到位的局面有很大的帮助。

（2）提升消费者的整体教育水平，特别是重视食品安全教育的普及，促进食品工业科技创新。教育水平的提升有利于促进消费者食品安全意识的提高，提升对消费者的保护力度，在一定程度上有利于食品安全事故的减少。而食品安全教育的普及一方面能提高食品消费者识别食品安全风险的能力，另一方面对不遵守食品安全法进行生产和经营的业主形成震慑，从而减少潜在的食品安全风险。在食品工艺研发环节要加大科技创新投入力度，以技术创新推动食品产业升级，以安全食品的有效供给提升消费信心，营造有利于技术创新的社会氛围，利用人才驱动技术创新，推动食品工业供给侧结构性改革。

（3）加快食品产业升级，提高产业运行的规范化水平。食品安全问题的最终解决取决于食品产业自身的良好运转。食品产业涉及生产、加工和销售三个环节，食品安全监管效果依赖于三个环节的强化提升，任何一个环节出现问题都将使得食品安全问题的发生成为可能。因此，必须对生产、加工和销售三个环节进行升级和优化。在食品生产环节，规模化的发展模式使得食品安全监管可追溯化成为可能，因此，推进食品生产向规模化和集约化方向发展成为发展的趋势。在食品加工环节，应进一步提升食品加工产业集中度。在食品产业集中度提升的过程中，生产向那些规模大、技术先进的企业集中，这一方面易于食品可追溯体系的构建，实现规范发展。另一方面，食品产业集中度的提升使得部分高风险食品产业的准入门槛提升，这有利于淘汰落后和过剩产能及落后技术装备。在销售环节，要充分利用市场的杠杆作用，建立符合市场经济规律的食品价格机制，减少恶性价格竞争的出现。

（4）加强经济伦理教育，推动食品产业声誉机制的建立。经济伦理教育的加强，使得食品从业者的责任意识得以加强，有利于提高食品从业者的职业操守水平。尽快建立食品产业专门的声誉信息采集和管理机构，整合现有企业的各种声誉机制，形成食品产业的分级制专有声誉机制，同时完善与食品安全有关的信息采集与传递渠道，增强声誉机制的惩罚作用，提升市场对于声誉机制的认可度，增强声誉机制的激励作用。

（5）创新食品监管模式，提升对重点领域和关键环节的联动监管能力。将覆盖全过程的普适监管手段与分环节的特色监管手段相结合。在全过程监管中，推动食品安全监管执法规范化、标准化、公开透明化，加强食品安全联动监管，完善"互联网＋"智慧监管体系，提升食品安全监管部门执法效能；充分利用信息化技术，构建包括可视化监管、市场责任主体电子化信用档案、食品质量追溯等在内的全过程监管体系；发挥市场机制作用，倒逼企业诚信自律，落实主体责任。在生产环节，推动食品企业生产标准化、内部管理规范化；重构小作坊、食品摊点等分散型食品行业发展模式，建立产业园区，实行集约化管理，提高监管效率；实行产地准出检测，推行全区域、全品种、全产业链覆盖的食用农产品产地准出二维码追溯制度。在流通环节，实行市场准入制度，严格审查经营主体经营资格；强化供货方资质，建立不合格产品召回及处理机制；采用政府购买部分服务、市场开办者委托第三方检测机构进驻的快检新模式，保证产品质量。在消费环节，建立黑名单信息披露制度，强化对违法、违规行为的惩治力度；推广"笑脸食安地图"，建立动态星级评定制度；实施餐饮单位"明厨亮灶"工程，推动建立留样制度。

（6）依据"监管者—企业—社会组织—消费者"的合作治理理念，形成食品安全的社会共治新格局。政府作为食品安全监管的主要参与及实施者，应加快食品安全监管体系的优化和改进，加大对重要领域和关键环节的监管力度，完善监管法律体系，提升监管效率。企业作为食品生产的主体，应注重生产技术的改良升级，同时要提升自身的专业能力、责任意识，为市场提供更多安全、品质高的产品。媒体、行业协会等社会组织作为第三方，要发挥自身的宣传及引导作用，为食品安全监管创造良好的舆论氛围。消费者作为最终产品的体验及需求者，应增强自身的风险识别意识，提升食品安全消费信心，积极参与到食品安全监管工作中。这样的监管模式的构建，对食品安全监管社会共治格局的形成至关重要。

第4章 覆盖全过程的食品安全监管指数测度

为有效监测食品安全监管效果，评估食品安全质量状况，本章从主观（消费者）与客观（政府）两个维度，以山东省为研究对象，测度食品安全监管指数。首先，本章从理论上分析影响消费者食品安全风险认知的因素，明确消费者食品安全认知风险维度，进一步从种养殖环节、生产环节、流通环节和餐饮消费环节等四个环节设计调查问卷，采取问卷调研的形式，获取各地消费者对食品安全监管工作的认知情况、政府监管举措及工作成效的认可程度，进而从消费者维度评估食品安全监管效果指数；其次，从种养殖环节、生产环节、流通环节和餐饮消费环节等四个环节具体研究了政府行为与食品安全监管执行力的影响因素，在此基础上，采取随机调研抽查的方式展开，包括查阅相关食品安全监管资料、调研地区食品安全宣传情况以及餐饮单位、小作坊等的生产卫生状况等，从政府维度构建了食品安全监管效果评价指标体系，并应用该指标体系测算得出山东省食品安全监管指数。

4.1 消费者食品安全风险认知的经验特征

消费者食品安全风险认知指的是消费者对食品安全现状及其客观风险的主观判断。在食品安全问题中，消费者对食品安全风险的认知与现实中的食品安全风险存在一定偏差，这种认知偏差，可能是由心理因素、社会因素等多种因素共同造成的。一般而言，消费者风险认知水平越高，对食品安全状况就越为悲观、越不满意；消费者风险认知水平越低，对食品安全状况就越为乐观、越满意。本小节基于心理范式模型，考察了消费者参与程度、信任因子、了解程度、个体特征四个方面，同时利用公众参与理论、风险规制理论与信息不对称理论，探究消费者对食品安全的风险认知及其影响因素，以更好地把握食品安全监管的相关维度。

4.1.1　假设检验

1. 食品安全风险认知影响因素

关于参与程度，全世文和曾寅初（2011）认为，发生购买行为时，消费者与所购食品之间会产生一种紧密联系，常表现为消费者对食品的关心程度、偏爱喜好等。这种紧密的联系产生后，消费者会进一步萌生挖掘、探寻食品信息的兴趣与欲望，参与积极性就会提高，参与程度也会随之增强。消费者的参与程度越高，对食品可能会发生的不利影响或不良后果就会越担心，那么对食品安全的风险认知水平就会更高。

关于信任因子，周洁红（2004）认为人与人之间的信任主要分为三种类型，即社会信任、社区信任和个人信任，三种信任的范围由远及近。社会信任，即个人通过人际交往逐渐对陌生人或其他社会群体产生了认同与信任，与其他两种信任类型相比，社会信任时间成本最高，但获取的社会效益也是最多的（孟博和刘茂等，2010）。社区信任，即由于个体环境不同或个体主观认知不同而对社区产生了不同的主观评价，从而产生了不同的信任水平。个人信任，即是个人经过多次人际交往而与他人之间构建的信任。在这三类信任中，个体对社会的观点态度主要包括对政府、媒体、社会组织等的态度，如果对于这几类相关机构的信赖程度有所差异，也会导致其对风险认知水平的不同。

关于了解程度，以往研究的结论及数据表明，消费者掌握的食品知识越丰富，就越不容易产生食品安全的风险感受。如果消费者对食品的了解程度有差异，那么其对食品安全风险认知的水平也会有所不同。简而言之，消费者对食品的了解程度会对其食品安全风险认知水平产生一定的影响。

关于个体特征，性别、年龄、文化水平、收入水平等方面具有差异的消费者，在食品安全风险认知方面也会存在显著差异。王志刚

（2003）对天津市消费者的食品安全风险认知进行探究，发现性别、年龄、学历等个体特征显著影响消费者对食品安全质量的关心程度。另外，除了人口统计特征，人们的世界观、价值观、风险偏好、消费经历等，也会使消费者的食品安全风险认知产生差异。

2. 消费者食品安全风险认知的研究假设

消费者食品安全风险认知与自身特征有关，具有不同特征的消费者，其社会性心理因素不同，由此引起风险认知水平的差异。比如通常情况下，女性对食品安全重视程度和关注度更高；而在有 14 岁以下孩子的家庭中，家庭成员的食品风险认知一般会随着对食品安全重视程度和关注程度的提高而提高。据此，提出假设 4 – 1：

H4 – 1：个体特征不同的消费者，在食品安全风险认知方面存在差异。

如果消费者具备较高的知识水平或对食品安全有较高的了解，那么其对风险的不确定性与食品安全事件的严重性评估就会降低（李想，2011）。消费者关于食品方面的知识储备越充足，对食品安全的熟悉程度也会越高，对于如何运用食品特性评估食品安全也会更为擅长，因此应对安全事件的决策失误率也较小，这类消费者的风险认知水平也会较低（罗季阳和张晓娟，2011）。反之，如果消费者对食品的认识不够或不熟悉，其在做出购买决策时就很可能发生错误或失利，产生较高的风险认知。据此，提出假设 4 – 2：

H4 – 2：消费者食品安全了解程度与其风险认知呈负相关。

按照自身参与的深度和广度，消费者群体被划分为食品安全风险认知的高参与者与低参与者。高参与者与低参与者在参与活动中存在一系列差异，尤其当前社会正处于大变革、大发展、大调整时期，面对铺天盖地的信息观念与接踵而至的理论思潮，高参与者更倾向搜集食品相关信息，所获得的信息也会更加丰富，更容易产生"凡事并非空穴来风"的想法。消费者对食品可能带来的不利影响抱有一种必定会发生的悲观态度，更容易提高自身的风险认知水平（张国政和王钰玉，2012）。据此，提出假设 4 – 3：

H4 – 3：消费者的参与程度与其风险认知呈正相关关系。

食品安全信息良莠不齐，为了辨别或验证已获得信息的真实性，消费者需要的信息是多方面的，因此会进一步提高其参与程度，以搜寻更多的食品安全相关信息与资料，主动学习辨别食品特性、真伪的相关方法与技能。据此，提出假设4-4：

H4-4：消费者的参与程度与其对食品安全相关知识的了解程度呈正相关。

消费者对于食品安全风险的辨别能力与认知能力可能会受到多种因素的限制，此时，消费者就会转而寻求相关组织机构的帮助。当消费者对相关机构如政府监管或大众媒体的信任程度较高时，对于风险发生的不确定性就会减少，所感知到的食品安全风险就会减少。据此，提出假设4-5：

H4-5：消费者对相关组织机构的信任度与风险认知负相关。

如果消费者在购买食品时具有进一步了解食品相关信息的热情与积极性，在参与意愿的激励下，认知水平也会有所提高；如果消费者通过自身采取行动或其他途径去获得食品安全的信息与内容，就会拓宽眼界、提升自我思维层次，相应地会站在更高层面如政府决策机构层面去看待事物、思考问题，这也在一定层面上反映出消费者对相关组织部门的信赖水平有所提高，从而能够去理性判断风险（冯良宣，2013）。据此，提出假设4-6和假设4-7：

H4-6：消费者对相关组织机构的信任度与其参与程度具有相关关系。

H4-7：消费者的了解程度与其对组织机构的信任度具有相关关系。

本部分在上述7个研究假设的基础上，构建消费者食品安全风险认知影响因素的理论概念模型图，如图4-1所示。

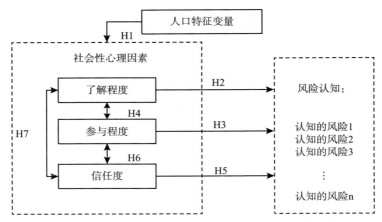

图4-1 消费者食品安全风险认知影响因素概念模型

4.1.2　问卷设计与统计分析

1. 问卷设计

在深入研究消费者食品安全风险认知相关文献的基础上，初步设计调查问卷。根据预调研的反馈结果，分析问卷的信效度，对问卷题项进行修正，最终得到了具有良好测量效果的《消费者食品安全风险认知调查问卷》。问卷主要分为五部分：一是消费者人口统计特征；二是消费者对我国食品安全现状的总体认知情况；三是消费者在食品安全中的主要参与情况；四是消费者在食品安全方面的主要了解情况；五是关于食品安全风险认知水平的衡量。

问卷直接对大众消费者进行询问。根据李克特5分量表法，将每个问题的选项设为五个区间。风险认知量表共有14个题项。每个题项由低到高，最不同意题项观点的得1分，非常支持题项观点的得5分，以此类推。

为确保问卷设计的合理科学，采用问卷预调研的方式进行检验。这一阶段采用调查软件"问卷星"进行问卷的发放与回收，共随机发放145份，全部回收成功，问卷回收率为100%。其中有效问卷136份，问卷有效率93.7%。随后采用SPSS 20.0检验预调研问卷的质量并据此进行修正。

首先，对问卷进行风险认知问卷的信度检验，信度分析（Reliability Analysis）是采取Cronbach's α系数来检验调查问卷各个题项是否做到设计一致。如表4-1所示，信度系数为0.883，表明设计题项与问卷数据可靠性比较高。

表4-1　　　　　　　　风险认知问卷的信度检验结果

Cronbach's α 系数	项数
0.883	14

接着对问卷进行效度分析，以检测问卷的准确性。如表4-2所示，KMO值为0.873，球形度检验为0.000，大于0.8即为"适合"，因此

该问卷适合做因子分析。

表 4-2　　　　风险认知测量问卷的 KMO 与球形度检验结果

取样足够度的 Kaiser–Meyer–Olkin 度量		0.873
Bartlett 的球形度检验	近似卡方	999.486
	Df	120
	Sig.	0.000

食品安全风险认知的测量，需采用划分多个层面（或维度）的方式来进行。由于形成的相关系数矩阵与单位矩阵存在明显差异，因此可以进行 EFA 操作。

如表 4-3 所示，抽取特征值后，运用最大方差法求出旋转解，一共提取出了四个特征值大于 1 的公共因子。四个公共因子总共解释了总体方差的 60.965%。第一个因子的特征值是 4.538，解释总体方差百分比为 32.416%；第二个因子的特征值为 1.735，解释总体方差的 12.396%；第三个因子的特征值是 1.244，解释总体方差贡献的 8.885%；第四个因子的特征值为 1.017，解释总体方差的 7.268%。该 4 个公共因子足够可以解释调研数据中 14 个题项所能表达的信息。

表 4-3　　　　　　　　　　特征值与方差贡献表

成分	初始特征值			提取平方和载入			旋转平方和载入		
	合计	方差的%	累积%	合计	方差的%	累积%	合计	方差的%	累积%
1	4.538	32.416	32.416	4.538	32.416	32.416	3.747	26.767	26.767
2	1.735	12.396	44.812	1.735	12.396	44.812	1.823	13.023	39.790
3	1.244	8.885	53.697	1.244	8.885	53.697	1.574	11.241	51.032
4	1.017	7.268	60.965	1.017	7.268	60.965	1.391	9.934	60.965
5	0.912	6.511	67.476						
6	0.772	5.517	72.994						
7	0.689	4.925	77.919						
8	0.587	4.190	82.109						
9	0.513	3.668	85.777						

成分	初始特征值			提取平方和载入			旋转平方和载入		
	合计	方差的%	累积%	合计	方差的%	累积%	合计	方差的%	累积%
10	0.492	3.515	89.292						
11	0.431	3.079	92.371						
12	0.399	2.850	95.222						
13	0.357	2.550	97.772						
14	0.312	2.228	100.000						

　　从表4-4旋转成分的结果中可以看到，14个题项的每一个项目都分别归入了不同的公因子。而结合表4-3中方差的解释程度与贡献度，表明每一个公因子都具有独立的代表能力与良好的解释能力。因此，没有可以删除的题项，此次预调研的风险认知量表被确定为正式调研的调查问卷。

表4-4　　　　　　　风险认知测量问卷的因子旋转载荷矩阵

项目	风险因子			
	1	2	3	4
S1	0.175	0.075	0.082	0.784
S2	-0.028	0.063	0.059	0.770
S3	0.659	0.060	-0.009	0.214
S4	0.728	0.070	0.205	0.022
S5	0.737	-0.018	0.083	0.011
S6	0.704	-0.035	0.236	0.287
S7	-0.131	0.833	0.081	-0.005
S8	0.159	0.719	0.067	0.187
S9	0.201	0.640	0.134	0.002
S10	0.787	0.035	0.057	-0.008
S11	0.730	0.316	0.095	-0.027
S12	0.586	0.121	0.222	-0.026
S13	0.340	0.242	0.740	0.101
S14	0.141	0.096	0.906	0.091

2. 问卷分析

正式调研以山东省各地市消费者为调查对象。根据调查样本的基本特征，调研区域涵盖了城区、乡镇，包括生活区、商业区、工业区以及各大高校。本次调研共发放调查问卷300份，回收277份，剔除无效问卷后，有效问卷率为92.33%。

调查样本分布情况如表4-5所示，从性别结构看，样本性别结构基本持平，女性比例稍高，为53.43%，男性占比46.57%；从年龄结构看，26~40岁的中青年样本比例最高，占比44.04%，65岁以上老年人占比最低，仅为1.81%，可能由于老年人日常出行的概率相对较低，导致街头随机访问的概率相对较小。41~65岁占比为15.88%，25岁以下人口占比38.27%；从受教育程度看，本科学历占比最高，为44.04%，高中/专科/技校学历占比为30.32%，研究生及以上占比15.53%，小学及以下占比为2.53%；从月平均收入看，4001~7000元收入占比最高，为37.91%；职业方面，企业职工占比最高，为35.38%，其次是学生群体，所占比例为27.07%；在家庭人口情况中，家庭人口数为1人的样本数量仅占1.80%，占比最高的为3口之家，比例为38.27%，2口人的家庭占比9.02%，4口人的家庭占比31.05%，5口及以上的家庭分别占比13.00%和6.86%；受访人的家庭住址分布情况占比相对较均衡，其中城市人口占比为32.49%，县及县级市占比25.99%，乡镇人口占比41.52%；从婚姻状况来看，未婚人口与已婚人口占比均衡，分别为49.82%和50.18%。

表4-5 样本分布特征的描述

类别		个案数	边际百分比（%）
性别	男	129	46.57
	女	148	53.43
年龄	25岁以下	106	38.27
	26~40岁	122	44.04
	41~65岁	44	15.88
	65岁以上	5	1.81

类别		个案数	边际百分比（%）
教育程度	小学及以下	7	2.53
	初中毕业	21	7.58
	高中/专科/技校	84	30.32
	本科	122	44.04
	研究生及以上	43	15.53
月收入	1000 元及以下	13	4.69
	1001~4000 元	69	24.91
	4001~7000 元	105	37.91
	7001~10000 元	54	19.49
	10000 元以上	36	13.00
职业	公务员或事业单位	43	15.52
	企业职工	98	35.38
	个体工商户	26	9.39
	农业劳动者	27	9.75
	下岗或待业	8	2.89
	学生	75	27.07
家庭人口数	1 人	5	1.80
	2 人	25	9.02
	3 人	106	38.27
	4 人	86	31.05
	5 人	36	13.00
	5 人以上	19	6.86
家庭住址	城市	90	32.49
	县及县级市	72	25.99
	乡镇	115	41.52
婚姻状况	未婚	138	49.82
	已婚	139	50.18
有效		277	
缺失		0	
总计		277	100

调查问卷收回后,首先要对问卷数据进行信度与效度检验,判断其质量是否符合标准。信度检验,也被称为可靠性检验,是验证问卷的各个题项是否具有同一方向内部联系的方法。问卷的可靠性高,则意味着该问卷无论在什么地点、什么场所以及面对何种类型的调查对象,都具有较高的普适性。本部分的信度检验采用 Cronbach's α 方法,对整个调查问卷进行验证,得到的 α 系数越接近于1,可靠程度越高。从表4-6中可以看到,风险认知部分,α 系数为0.903,三个影响因素的 α 系数分别为0.891、0.874、0.869,结果都接近于0.9,这表明整个调查问卷的信度可以被接受。

表4-6 正式调研问卷可靠性检验

项目	α 系数	项数
风险认知	0.903	14
了解程度	0.891	4
参与程度	0.874	4
信任程度	0.869	3

效度检验,是测量问卷中每一道题目的分类是否有效。具体来讲,运用 SPSS 软件中的 KMO 样本测度和巴特莱特(Bartlett)球形度检验,判断该问卷是否适合因子分析。在此分别对总体的风险认知量表及影响因素量表中的三个潜在变量进行测度的旋转分析,表4-7的结果显示,KMO 均值分别为0.897、0.829、0.835、0.730,Bartlett's 的球形度检验均在0.000,由此可见调查数据非常适合采用因子分析方法。

表4-7 量表及潜变量 KMO 值与 Bartlett's 球形查验

项目	变量	风险认知量表	参与程度	了解程度	信任度
KMO 样本测度	—	0.897	0.829	0.835	0.730
Bartlett 的球形度检验	卡方值	2038.045	547.806	626.378	413.928
	自由度	91	6	6	3
	显著性	0.000	0.000	0.000	0.000

本次调研问卷共收回 277 份有效问卷，在此对受访消费者的基本风险认知状况进行描述分析。本节主要从基本认知情况和对相关信息的依赖程度两方面进行统计分析，了解消费者对食品安全风险认知的基本现状。

消费者对食品安全风险的基本认知情况如表 4-8 所示。从总体层面来看，消费者认为目前所处的食品安全大环境状况不容乐观。其中，认为当前的食品安全状况处于严重程度的消费者占 47.29%，持有中立态度的人群比例也比较高，为 30.69%，仅仅只有 22.02% 的受访者认为当前的食品安全状况并不严重。

表 4-8　　　　消费者对食品安全风险的基本认知

项目	完全不严重	比较不严重	一般	比较严重	非常严重	总计
样本数	32	29	85	79	52	277
比例（%）	11.55	10.47	30.69	28.52	18.77	100

如表 4-9 所示，在分析被调查者对食品安全信息了解方面"是否听说过食品安全的相关信息"时发现，整体而言，消费者对食品的安全信息并不陌生，83.03% 的消费者都听说过食品安全信息，仅有 16.97% 的消费者表示没有听说过该类信息，而该部分受访者主要为学历程度较低的消费者以及相对缺乏与他人交流的老年人。相对而言，该类人群的食品安全信息来源会较少。

表 4-9　　　　消费者对食品安全信息的听说程度

是否听说过食品安全的相关信息	样本数	百分比（%）
从没听说过	47	16.97
只听说过一两次	64	23.1
偶尔听说	113	40.79
听说较多	41	14.8
听说得非常多	12	4.34

虽然约有 83.03% 的消费者知道日常生活中存在的食品安全信息，但具体到安全信息种类时，消费者的认知仍较为模糊。从图 4-2 中可

以清楚地看到，对于影响食品质量及食品安全的因素中，受访者对于农药残留的知晓程度最高，占比高达 20%，这应该与日常生活中对于农药残留方面的信息较为普及有关；其次是生长激素与防腐剂，分别为 16% 与 14%；还有 1% 的受访者表示对食品安全信息种类一无所知。

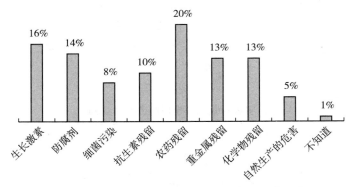

图 4 - 2   消费者对食品安全信息种类的知晓程度

为了进一步获取消费者对食品安全相关知识的了解程度，在调查问卷中，特别设计了与食品安全知识相关的判断题（如表 4 - 10 所示）。调查结果显示，消费者对食品安全相关知识的了解程度还是比较高的。

表 4 - 10   消费者对食品安全知识的判断   单位：%

选项	我国把食品分成一般食品、无公害食品、绿色食品和有机食品四个品级	无公害食品、绿色食品、有机食品统称为"安全食品"	有虫眼的蔬菜水果肯定是未喷洒过农药的安全食品	碱水浸泡可比较有效地去除蔬菜水果的残留农药
判断正确	84.1	68.9	81.9	63.5
判断错误	15.9	31.1	18.1	36.5
合计	100	100	100	100

对于我国的食品等级制度，有 84.1% 的消费者回答正确；对于"安全食品"的范围一题，有 68.9% 的消费者认知正确；对于"安全食品"的标准，有 81.9% 的消费者判断正确；而对于去除蔬菜水果表面残留农药的生活常识，消费者的知晓程度相对较低，有 63.5% 的消费者判断正确。

　　总体来说，消费者答对题目的概率较高，不存在一道题都未答对的情况。答对一道题的人占比为 6.5%；答对 3 道题的人最多，占比为 41.9%；四道题全答对的人占比为 31.0%（如表 4 – 11 所示）。由此可见，消费者对食品安全知识的了解程度还是比较高的。

表 4 – 11　　　　　　　消费者对食品安全知识的了解程度

4 道题答对的题目数	人数（人）	百分比（%）
未答对任何题	0	0
只答对 1 道题	18	6.5
答对 2 道题	57	20.6
答对 3 道题	116	41.9
答对 4 道题	86	31.0
合计	277	100.0

　　分析消费者搜集食品安全信息的路径发现，消费者获取食品安全信息的渠道主要是传统媒体和新兴网络媒体。在传统媒体中，电视和报纸占比最多，分别为 20% 和 10%。数据显示，电视依旧是消费者进行食品安全信息收集的最重要方式；而大众普适性较高的报纸，由于自身信息量大、信息更新周期短、受众面广等特征，也成为消费者搜集食品安全信息的重要路径；同时，网络作为一种新兴舆论媒体，近年来在大众中的普及率越来越高，在食品安全信息中的角色也越来越重要，因此有 19% 的消费者把互联网作为获取食品安全信息的重要渠道。其他媒体渠道，如广播、杂志、学校或书籍等，在传播食品安全信息中的作用大体一致，具体结果报告如图 4 – 3 所示。

　　另外，通过统计分析发现，消费者获取食品安全信息的渠道相对来说比较单一。绝大多数消费者都是从某一种或两种、三种或四种渠道获取食品安全信息的。从 1～2 种渠道获取食品安全信息的受访者，所占比例为 26.7%，从 3～4 种渠道获取信息的占比最高，为 31.4%；从 5～6 种渠道获取的被调查者占比仅为 13.0%。而信息获取渠道为 7 种及以上的消费者占比最低，为 11.6%（如表 4 – 12 所示）。由此可知，若想推进政府在食品安全监管和信息沟通方面的相关工作，就必须拓展宣传渠道、提高宣传力度，运用多种有效途径宣传报道食品安全信息。

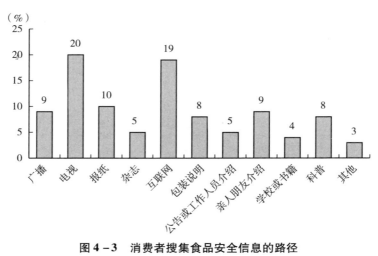

图 4 - 3   消费者搜集食品安全信息的路径

表 4 - 12   消费者获取食品安全信息的渠道数量

食品安全信息渠道数量	人数（人）	百分比（%）
0	48	17.3
1~2 种渠道	74	26.7
3~4 种渠道	87	31.4
5~6 种渠道	36	13.0
7 种及以上	32	11.6
合计	277	100.0

在分析消费者对所获取的食品安全信息的评价时发现，有 26.0%
的受访者认为自己获取的信息正负数量相对持平，有 21.3% 的消费者
认为正面报道多于负面信息，而恰恰相反的受访者为 45.1%（如表 4 - 13
所示）。这可能是由于消费者存在"凡事并非空穴来风"的悲观心态，
在传递食品安全信息时，会把可能导致的不利后果也传播出去，甚至会
夸大可能产生的食品安全风险。

从消费者对媒体报道的食品安全信息层面上看，总体上消费者持中
立态度。对于大众媒体报道的信息，持信任态度的消费者占比 27.9%，
表示中立态度的消费者为 65.3%，而并不相信媒体及其报道信息的受
访者为 6.8%（如表 4 - 14 所示）。从这一数据中可以看出，消费者对

于媒体总体上的态度较为理性与客观，会根据个人的知识或经验对媒体报道的食品信息进行判断与评估，而不是盲目从众或跟风夸大风险。但从另一层面来看，只有 27.9% 的消费者比较信任与完全信任媒体报道的信息，这反映出大众对媒体的信任状况其实一般。

表 4 – 13　　　　　　　　　对收集到信息的评价情况

对信息的评价情况	人数（人）	百分比（%）
都是负面的	14	5. 1
负面信息多于正面	125	45. 1
正负面信息相当	72	26. 0
正面信息多于负面	59	21. 3
都是正面的	7	2. 5
合计	277	100. 0

表 4 – 14　　　　　　消费者对媒体报道食品安全信息的信赖程度

媒体信息的信任度	人数（人）	百分比（%）
完全不可信	10	3. 6
比较不可信	9	3. 2
一般	181	65. 3
比较可信	47	17. 0
完全可信	30	10. 9
合计	277	100. 0

　　消费者对从事食品安全相关研究的专业科研机构的信赖度则相对较高，表示比较可信和完全可信的占比 45.8%，还有 48.4% 的被调查者态度中立，比较不可信和完全不可信的仅占 5.8%（如表 4 – 15 所示）。这表明消费者对我国专业的科研机构有一定的信任度。

　　就政府发布的食品质量监督信息而言，持有不信任态度的被调查者有 9.0%，持有信任态度的消费者占比为 44.4%，同时，有 46.6% 的消费者对于政府的信任度处于一般水平，这说明目前消费者对政府在食品安全方面的管理工作期待度有所提升。

表4-15　　　　消费者对专业机构、政府发布安全信息的信任度

项目	对专业研究机构的信任度（%）	政府质量安全认证的信任度（%）
完全不可信	4.0	4.3
比较不可信	1.8	4.7
一般	48.4	46.6
比较可信	26.4	20.2
完全可信	19.4	24.2
合计	100.0	100.0

4.1.3　消费者食品安全风险认知的经验分析

根据前侧探索性因子分析结果（如表4-3所示）显示，消费者对食品安全的风险认知主要集中在四个方面。第一，公因子1的特征求得结果是4.538，方差贡献程度最高，为32.416%，主要涵盖"担心危害身体健康""担心导致家人生病""担心可能食物中毒""担心生病影响工作学习""担心对健康引发不良影响""担心食品中的化学物质""担心食品质量安全问题"7个题项，因此可以将其命名为"健康风险"；第二，公因子2的特征根为1.735，对方差的贡献度是12.396%，涉及的三个问题主要集中在时间成本流失、经济成本的损耗与浪费方面，因此将该因子确定为"时间金钱风险"；第三，公因子3被称为"社会损失风险"，特征根为1.244，解释了8.885%的总体方差，包括"担心亲友看法"和"担心家人抱怨"两个项目。第四，公因子4主要包括"破坏营养成分"和"口味变差"两个项目，可命名为"性能损失风险"，特征根为1.017，解释了7.268%的总体方差。目前，消费者认知的食品安全风险主要来源于健康风险，这与胡卫中（2008）的研究是基本一致的。

如表4-16所示，在消费者食品安全风险认知各个维度的均值中，各均值结果都超过了中间值3，但都处在"一般"值3和"比较同意"值4中间，这也反映出从总体来看，消费者的食品安全风险认知水平是比较高的。

为了明确食品安全认知风险维度，并对风险认知量表的测量模型是否与所收集的数据相适配进行验证，接下来，利用正式调研数据，在EFA方法的基础上，运用AMOS 20.0软件对消费者食品安全风险认知

四个维度模型进行 CFA 分析，构建 CFA 分析的一阶模型。一阶测量模型如图 4 - 4 所示。

表 4 - 16　　　　　　　消费者食品安全风险认知各量表 α 系数

量表	项目数	α 系数	均值
风险认知	14	0.883	—
健康风险	7	0.849	3.946
时间金钱风险	3	0.617	3.292
社会损失风险	2	0.738	3.151
性能损失风险	2	0.609	3.087

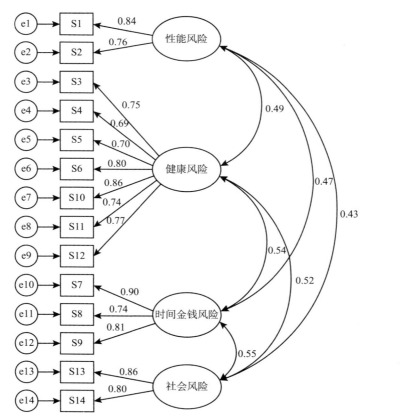

图 4 - 4　消费者食品安全风险认知一阶验证性因子分析模型

表 4 - 17 显示, 一阶测量模型的拟合指标都通过了标准检验, 表明所构建的测量模型的原始数据的拟合程度较好。

表 4 - 17 一阶测量模型的拟合检验标准

统计检验量	X^2/df	GFI	AGFI	NFI	IFI	CFI	RMSEA
参考值标准	<5	>0.9	>0.8	>0.9	>0.9	>0.9	<0.5
一阶模型检验结果数据	1.363	0.952	0.930	0.953	0.987	0.987	0.036
模型适配判断	是	是	是	是	是	是	是

二阶验证性因子分析模型的构建是以一阶模型为基础, 属于一阶验证性因子分析模型的特例。因为要用四个维度去衡量整体的风险认知水平, 同时先前构建的一阶维度都会受到一个更高水准特质的影响, 也就是说, 存在一个更高一层的结构可以被用来去解释原先四个一阶维度。因此, 假定构建一个更高一阶的测量变量。接下来, 在构建一阶测量模型的基础上, 构建风险认知的二阶验证性因子分析模型, 如图 4 - 5 所示。

表 4 - 18 报告了二阶验证性因子分析模型中各个指标的检验情况。从表中可以看出, 方差与自由度的比值为 1.333, 小于 5, GFI 为 0.952, AGFI 为 0.931, NFI 为 0.953, IFI 与 CFI 均为 0.988, RMSEA 为 0.035 < 0.5, 所有统计值均符合既定的检验标准。由此可以得出, 构建的该二阶验证性因子分析模型具有较好的拟合度。

因此, 可以把消费者的食品安全风险认知区分为健康、时间金钱、社会和性能四个风险维度, 并且四个维度之间彼此独立, 这说明对这四个认知维度的测量具有很好的区别效度, 可以被用作结构方程模型分析的正式测量工具。同时, 在下文影响因素结构方程模型的构建中, 采用二阶验证性因子分析模型的结果来进行测量。

由表 4 - 19 可知, 把性别分为男、女两分类。通过独立样本 t 检验, 不同性别的受访者在健康风险、时间金钱风险、社会风险上具有显著性差别, P 值小于 0.05; 而在性能风险上不具有显著性差别, P 值大于 0.05, 表明性能风险不会因为性别差异而有较大区别。

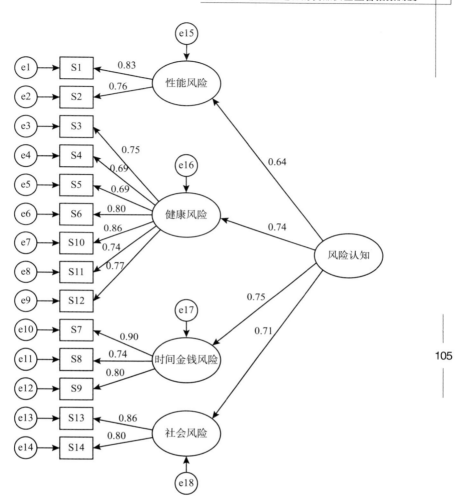

图 4 - 5　食品安全风险认知二阶验证性因子分析模型

表 4 - 18　　　　　　　　　二阶测量模型拟合检验标准

统计检验量	χ^2/df	GFI	AGFI	NFI	IFI	CFI	RMSEA
参考值标准	<5	>0.9	>0.8	>0.9	>0.9	>0.9	<0.5
二阶模型检验结果数据	1.333	0.952	0.931	0.953	0.988	0.988	0.035
模型适配判断	是	是	是	是	是	是	是

表 4-19　　　　　　　性别与食品安全风险认知的独立样本 T 检验

变量	性别	人数	均值	标准差	t 检验	P 值
性能风险	男	129	3.818	0.921	-0.026	0.979
	女	148	3.821	1.030		
健康风险	男	129	3.537	0.982	-2.053	0.041
	女	148	3.787	1.033		
时间金钱风险	男	129	3.902	0.965	4.066	0.000
	女	148	3.390	1.131		
社会风险	男	129	3.678	1.104	-2.276	0.024
	女	148	3.973	1.049		

对此可能的解释是，在对身心健康的影响以及对外界亲友的看法方面，女性明显会更在乎这两个层面的风险；而在时间成本与经济损失方面，男性则显著比女性要高。这与中国传统的家庭结构"男主外、女主内"有关，虽然现在职业女性的数量已经逐年上升，但相对而言，女性在家庭中承担的劳动比率还是更大一些，因此关于家庭内的日常衣食住行，女性更具有发言权；男性由于性格特征、职业意向等原因，对于日常的时间损耗及金钱方面的敏感度则更高一些，因此在食品安全风险相关的时间金钱维度层面，男性认知的风险会高于女性。

在所从事的职业方面，由于在大学城区收集到的样本数量比较高，因此本部分将样本进一步区分为就业人群与还未正式接触社会的学生群体。通过采用独立样本 t 检验方法，分析结果显示，社会风险变量 t 检验的 P 值小于 0.05，表明不同职业的受访者在社会风险上具有显著性差异；在其他风险维度上 t 检验的 P 值均大于 0.05，表明性能风险、健康风险、时间金钱风险不会因为职业不同而有较大差异。此外，学生风险认知的维度均低于就业人群，这与学生长时间处于较为封闭的学校环境、接收的信息较为单纯和正面密不可分。

在年龄方面，单因素方差法的分析结果如表 4-21 所示，各风险变量 F 检验的 P 值均大于 0.05，这表明不同年龄的受访者在食品安全风险认知方面不具有显著性差异。这一结果意味着，消费者的食品安全风险认知不会因为年龄差距而有所区别。

表 4 - 20　　　　职业与食品安全风险认知的独立样本 T 检验

变量	职业	人数	均值	标准差	t 检验	P 值
性能风险	上班族	202	3.871	0.863	1.234	0.220
	学生	75	3.680	1.235		
健康风险	上班族	202	3.716	0.994	1.218	0.224
	学生	75	3.549	1.068		
时间金钱风险	上班族	202	3.698	1.009	1.596	0.113
	学生	75	3.440	1.258		
社会风险	上班族	202	3.928	1.009	2.145	0.034
	学生	75	3.587	1.234		

表 4 - 21　　　　年龄与消费者食品安全风险认知的差异性分析

变量		平方和	df	均方	F 检验	P 值
性能风险	组间	3.105	3	1.035	1.081	0.357
健康风险	组间	5.058	3	1.686	1.647	0.179
时间金钱风险	组间	0.869	3	0.290	0.244	0.866
社会风险	组间	5.048	3	1.683	1.441	0.231

在受访者受教育程度方面，表 4 - 22 报告了不同受教育程度消费者的食品安全差异。按照小学及以下、初中、高中（专科/技校）、本科和研究生及以上划分受访群体。通过对五种类别消费者食品安全风险认知均值比较发现，小学及以下教育程度的受访者，均值最低即食品安全风险认知较低，这可能是由于对食品安全相关信息了解不多，反而出现"无知亦无畏"的心理特征；而均值普遍最高的是研究生及以上学历的受访者，即各个风险维度的普遍认知均高于其他受访者，原因可能是高文化层次的消费者对食品安全的关注程度更高，由此产生了潜在的食品安全风险恐惧。

为了判别不同文化程度的消费者在食品安全风险认知方面是否存在差异，通过单因素方差进行分析，如表 4 - 23 所示，消费者除了对于时间成本和经济的损耗不敏感外，其他维度均存在显著的不同。

在月收入方面，采用单因素方差分析发现（如表 4 - 24 所示），若被调查者平均月收入有区别，在总体的风险认知层面就会具有非常明显的差别，P 值小于 0.05。

表 4 - 22   消费者教育水平不同的食品安全风险认知程度

受教育程度	性能损失	健康损失	时间金钱损失	社会损失
小学及以下	3.000	2.429	3.000	3.143
初中	3.714	3.293	3.381	3.690
高中/专科/技校	3.863	3.633	3.687	3.774
本科	3.742	3.778	3.596	3.799
研究生及以上	4.140	3.827	3.829	4.244

表 4 - 23   受教育程度的风险认知方差分析表

变量	平方和	df	均方	F	显著性
性能风险	10.234	4	2.558	2.737	0.029
健康风险	16.371	4	4.093	4.151	0.003
时间金钱风险	6.203	4	1.551	1.322	0.262
社会风险	11.463	4	2.866	2.496	0.043

表 4 - 24   不同月收入的消费者食品安全风险认知程度

月收入均值	性能风险	健康风险	时间金钱风险	社会风险
1000 元以下	3.346	3.110	3.205	3.808
1001 ~ 4000 元	4.159	3.884	3.923	3.971
4001 ~ 7000 元	3.762	3.746	3.610	3.814
7001 ~ 10000 元	3.741	3.603	3.642	3.333
10000 元以上	3.625	3.345	3.250	4.406

由表 4 - 24 可得，对食品安全风险认知最高的是家庭月收入在 1001 ~ 4000 元的被调查者。这可能是因为较低收入的消费者，在物价普遍上涨的社会经济大环境下，由于其所购买食物的价格成本花费较少，这种认知就使其在食品安全方面的风险认知有所减小；对于社会风险维度，10000 元以上消费者的风险认知最高，结合恩格尔系数进行思考，原因可能是高收入群体已经很少受食品需求问题的影响，因此他们会有更多的时间去了解社会层面的现象问题，对社会风险的认知更高。

108

　　基于上述分析，我们可以发现，性格、年龄、职业、教育水平、收入等因素均会显著影响对食品安全风险的认知，假设 4 - 1 得到验证。接下来，本书将运用 AMOS 软件构建结构方程模型，验证前文提出的其他理论假设。采取结构方程模型方法（SEM）来检验概念模型时，如果结构方程模型具有理想的适配度，则可以进行路径分析。模型适配度的指标包括 CMIN/DF、GFI、AGFI、RMSEA、NFI、TLI、IFI、CFI，当绝大部分验证性指标都符合标准时，则认定该模型与量表数据相拟合。在此构建 CFA 路径模型，模型包括八个潜在变量：风险认知的四个维度指标、三个影响因素指标与风险认知二阶潜在变量本身；根据问卷题项，另外选取了 25 个观察变量。具体的路径系数分析如图 4 - 6 所示。

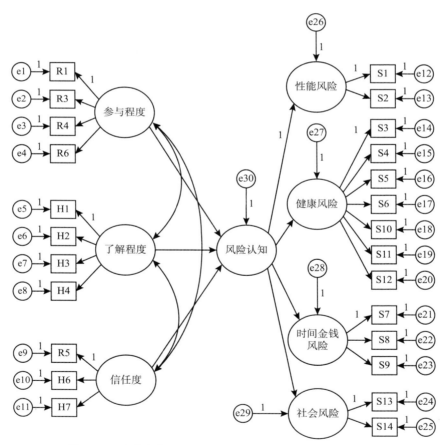

图 4 - 6　消费者食品安全风险认知影响因素的结构方程模型

由表 4 - 25 可知，GFI 值为 0.921，大于标准值 0.9；AGFI 值为 0.903，大于标准值 0.8；NFI 值为 0.925，IFI 值为 0.990，CFI 值为 0.989，数据值都符合标准数值；RMSEA 数值为 0.023，显著低于 0.5。因此总体看来，该模型与实际数据契合度比较好。

表 4 - 25　　　　　　　　　结构方程模型拟合指数

统计检验量	χ^2/df	GFI	AGFI	NFI	IFI	CFI	TLI	RMSEA
参考值标准	<5	>0.9	>0.8	>0.9	>0.9	>0.9	>0.9	<0.5
模型检验结果	1.150	0.921	0.903	0.925	0.990	0.989	0.988	0.023
模型适配判断	是	是	是	是	是	是	是	是

从表 4 - 26 中可以看出，模型中绝大部分路径系数都大于 0.7，且都在 $P < 0.0001$ 的程度上是显著的，仅有少部分介于 0.4 ~ 0.7，表明整个模型具有良好的聚合效果。

表 4 - 26　　　　　　　　　影响因素模型的路径系数

项目	路径		Estimate（标准）	Estimate	S. E.	C. R.	P
风险认知	←	参与程度	0.676	0.384	0.064	5.999	***
风险认知	←	了解程度	0.465	- 0.253	0.054	- 4.668	***
风险认知	←	信任度	- 0.261	- 0.128	0.040	- 3.203	0.001
性能风险	←	风险认知	0.626	1.000	—	—	
健康风险	←	风险认知	0.738	1.412	0.208	6.785	***
时间金钱风险	←	风险认知	0.747	1.543	0.223	6.922	***
社会风险	←	风险认知	0.723	1.382	0.211	6.548	***
购买参与度	←	参与程度	0.859	1.000	—	—	
食品安全关注度	←	参与程度	0.789	1.010	0.066	15.212	***
环境关注度	←	参与程度	0.780	0.898	0.062	14.542	***
食品安全担心程度	←	参与程度	0.757	0.942	0.068	13.902	***
专业知识	←	了解程度	0.793	1.000	—	—	

项目	路径		Estimate（标准）	Estimate	S. E.	C. R.	P
听说程度	←	了解程度	0.795	0.973	0.070	13.976	***
知晓程度	←	了解程度	0.862	1.071	0.070	15.362	***
信息数量	←	了解程度	0.830	0.988	0.066	15.044	***
政府信任	←	信任度	0.858	1.000	—	—	
媒体信任	←	信任度	0.867	0.942	0.060	15.782	***
专业机构信任	←	信任度	0.768	0.870	0.063	13.922	***
S1	←	性能风险	0.821	1.000	—	—	
S2	←	性能风险	0.771	1.048	0.127	8.277	***
S3	←	健康风险	0.751	1.000	—	—	
S4	←	健康风险	0.694	0.834	0.072	11.507	***
S5	←	健康风险	0.694	0.979	0.085	11.575	***
S6	←	健康风险	0.803	1.042	0.077	13.560	***
S10	←	健康风险	0.863	1.087	0.073	14.835	***
S11	←	健康风险	0.735	0.851	0.069	12.413	***
S12	←	健康风险	0.770	0.931	0.072	12.998	***
S7	←	时间金钱风险	0.900	1.000	—	—	
S8	←	时间金钱风险	0.747	0.874	0.063	13.838	***
S9	←	时间金钱风险	0.806	0.900	0.059	15.313	***
S13	←	社会风险	0.850	1.000	—	—	
S14	←	社会风险	0.802	0.941	0.088	10.634	***

消费者食品安全风险认知影响因素的路径系数分析图，如图4-7所示，包括三个影响因素之间相互关系的路径系数。根据路径分析的拟合检验结果，现对研究假设做出验证分析。从路径分析的结果来看，消费者的了解程度标准化系数为-0.465，在P<0.001的水平下，与其食品安全风险认知存在显著负相关。这与以往的研究结论是一致的。当消费者对食品安全的相关知识了解程度比较高时，就不易产生盲目的恐慌心理，从而使风险认知水平得以降低。因此，假设4-2得以验证。

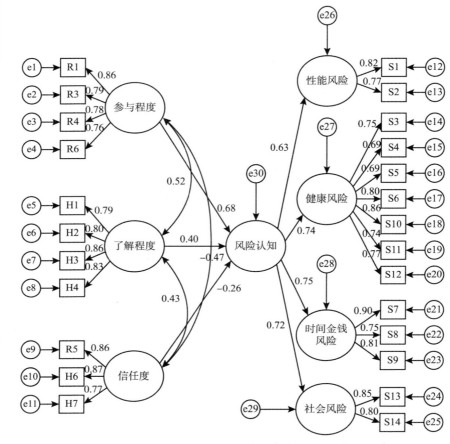

图 4-7　结构方程模型影响因素路径分析系数

从分析结果中可以看出，消费者参与程度标准化后的系数为0.676，在 P<0.001 上显著，与其对食品安全的风险认知水平呈正相关关系。这表明如果消费者积极地参与到食品安全中去，感知到的风险会变大。这可能是由于参加的积极性越高，消费者的探索兴趣就越强，由此会增加搜集食品安全相关信息和参与监管的意向，受到"凡事并非空穴来风"的心理暗示影响，消费者关于食品安全产生不利影响的恐惧感就会加大，因而导致风险认知水平提高（李梅和周颖，2011）。一旦与某种食品产生密切关联，人们对食品进行评估的想法会更加强烈，由此会导致对食品安全的参与程度增强；进而，当消费者参与到某种食品的消费购买中时，该种食品可能会引发的不确定性或严重后果，就会使消

费者产生不安甚至恐慌，随即导致食品安全认知风险的产生。消费者参与程度越高的食品，消费者对其的风险认知水平就越高（Boccaletti，2000）。这与假设 4－3 的预期相一致。

消费者对政府食品安全监管情况的信任程度、对专业科研机构的信任度以及对大众媒体发布信息的信任度，标准化路径系数为 －0.261，P值为 0.001，即对消费者的食品安全风险认知有显著负向影响，这表明消费者感知到的风险随着对相关机构信任的增加而降低。这与假设 4－5 的预期相一致。对此可能的解释是在于大众在进行食用产品购买时，因为自身判断能力有限，会利用政府监管部门和相关组织机构提供的食品安全信息来进行分析判别。如果消费者获取的信息众多且良莠不齐，就不能准确客观地对食品安全信息做出判断，这时消费者就会利用除信息自身之外的因素对风险进行评价。政府作为信息之外的因素，消费者对其信任度越高，对食品安全风险的可控制感就会越强，对风险产生的不确定性认知就会降低（范春梅和李华强，2012）。

从路径分析图中可得，三个潜在变量彼此都在 0.001 水平下显著。由此可得，了解程度、参与程度、信任度之间存在显著的影响关系。这与假设 4－4、假设 4－6、假设 4－7 的预期相一致。分析原因，可能是参与程度高的消费者，会更集中于收集食品安全相关信息，由此对食品安全相关信息和知识的了解程度越深；当食品安全了解程度提高时，对于食品安全风险的可控性会增强，进而使其认知水平有所下降；同时，当消费者对可能产生的风险进行评判时，为了提高评估的准确性与客观性，消费者会对获取的信息进行验证，参与程度会进一步提高；另外，消费者如果比较信任政府食品安全监管部门、专业科研组织及大众媒体，他们会更乐意参与到食品安全监管中去，随即参与程度会提高；若消费者掌握足够知识，对于食品安全领域的观点会更加系统客观，对于政府决策和专业机构工作会更能理智看待，从而会提高信任度。

4.2　食品安全监管效果指数测度
——消费者维度

食品安全不仅关系着每一个人身体健康，还关系着人类公共卫生事业的进步发展。消费者对食品安全监管效果的主观评价，能够在一定程度上反映食品安全监管效果。因此本小节针对消费者展开食品安全群众满意度调查，获取数据，从消费者维度测度食品安全监管效果指数。

4.2.1 指标构建与问卷设计

1. 指标构建

（1）样本选取原则及抽样规模确定。本书以山东省 17 地市作为评价指标体系的应用对象，测算各地市消费者维度的食品安全监管效果。考虑到此次应用涉及地区较多，无法获取包括山东省 17 个地市所有区县的抽样框，采取在综合考虑当地经济发展水平、地区人流量、社会事业等方面因素，确定调查地点的抽样框（乡镇、街道所辖的村委会或居委会及食品行业企业、学校等），并在调查前随机抽取的做法。在问卷数量上，消费者维度调研按照每地市 500 份的要求，进行食品安全消费者维度调研。其中线上（微信版）问卷共 150 份，占 30%；线下（纸质版）问卷共 350 份，占 70%。

（2）样本特性。

①性别结构。性别比在 1:1 左右，保证男性样本与女性样本数量相当。

②年龄结构。按照 35 岁及以下、36~55 岁、56 岁及以上的年龄结构分类。

③城乡结构。调研的样本包含城镇人口和农村人口，各占 50%。

④人员类型结构。调查对象包括学生、食品从业人员和普通市民。

2. 问卷设计

（1）设计原则。

①目的性：每个评价指标应能独立反映城市食品安全消费者维度的某一方面特征；

②可量化：每个评价指标值都可通过拟定的测度方法获得，定性指标应具有可分级比较的条件；

③应用性：充分考虑当地实际情况，对评价指标进行删减或增补；

④可比性：同一评价指标规划值与实际值的前后含义、数据统计口径等保持一致；

⑤易处理：保证完成评价目标的前提下，评价指标数量尽可能少，过多的指标会增加收集资料的难度，使评价过程复杂化。

（2）设计流程。

调查问卷的设计流程如图 4 - 8 所示。

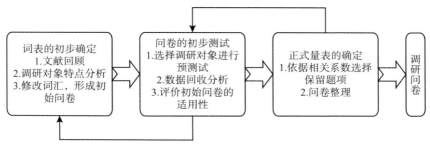

图 4 - 8　调查问卷设计流程

①调查问卷词表的初步确定。调查问卷原始词表的确定是消费者维度调查问卷设计的基础。在大量阅读文献的基础上，通过对文献的总结概括及调研对象的深度访谈，选择具有可理解性的词汇和题干内容，形成初始问卷。

②调查问卷的初步测试。针对所选取的原始词表，选择多位食品安全行业专家、地方部门领导以及普通群众进行座谈和试测，评估问卷中每个词汇的可理解性及所描述该题项的适切程度。

③调查问卷试测。采用李克特 10 点量表，"1" 表示 "非常不重要或非常不满意"，"10" 表示 "非常重要或非常满意"。选取 100 位各类型群众进行调查问卷试测，进一步了解被调查者对各题项的期望与态度，评估初始测量词表的适用性。

④正式问卷的确定。根据问卷试测数据，利用相关性分析，检验指标相关性，挑选保留词汇和语句。被访者可根据自己对食品安全相关事项的满意感知程度，在 "1 ~ 10" 之间进行整数赋分。正式问卷如表 4 - 27 所示。

本部分将 Q1 ~ Q19 共 19 个问题纳入食品安全满意度测评中，分别刻画了群众对食品安全的总体满意评价，对政府监管满意评价，对食品生产、流通、餐饮、消费等行业工作绩效的满意评价，以及对社会参与、媒体宣传、群众投诉和执法处置等方面的满意评价。调研数据获取后需要利用验证性因子分析（CFA）方法，验证这些指标的结构效度，如图 4 - 9 所示。

表 4 - 27　　　　　　　食品安全监管消费者维度问卷

打分情况说明：请您根据对每个问题的认识或理解打分。对于"评价如何"，10 分表示很满意或很好，1 分表示很不满意或很不好。	
1. 我市进行农贸市场升级改造，引导小作坊、小摊贩进入集中交易市场、店铺，您对这些举措的评价如何？	很好………………………………很不好 10 9 8 7 6 5 4 3 2 1
2. 我市针对餐饮单位实行量化分级管理（寻找笑脸就餐）和推行"明厨亮灶"等监管举措。您对此做法评价如何？	10 9 8 7 6 5 4 3 2 1
3. 我市对病死畜禽进行无害化处理，杜绝病死畜禽进入市场；逐步推行餐厨废弃物集中处理，严防地沟油流入餐桌等。您对我市这些工作评价如何？	10 9 8 7 6 5 4 3 2 1
4. 对高毒剧毒农药应严格执行定点经营和实名购买制，兽用抗菌类、饲料添加剂应规范生产经营和使用。您对我市开展这项工作的评价如何？	10 9 8 7 6 5 4 3 2 1
5. 您对我市打击食品安全违法犯罪方面的工作成效评价如何？	10 9 8 7 6 5 4 3 2 1
6. 我市相关管理部门进行食品及食用农产品的监督抽检，您对这项工作评价如何？	10 9 8 7 6 5 4 3 2 1
7. 您对我市开展的食品安全科普宣传工作评价如何？	10 9 8 7 6 5 4 3 2 1
8. 您对我市食品安全抽样检验、监管执法信息公开等工作评价如何？	10 9 8 7 6 5 4 3 2 1
9. 您对我市食品安全的舆论监督氛围评价如何？	10 9 8 7 6 5 4 3 2 1
10. 在我市，反映解决食品安全问题的投诉举报渠道（如 12331、12345、12315 举报电话和信函等）是否畅通，您的评价如何？	10 9 8 7 6 5 4 3 2 1
11. 您对我市肉、蛋、鱼、果、蔬等农产品的安全状况评价如何？	10 9 8 7 6 5 4 3 2 1
12. 您对购买的米、面、油、馒头、豆腐等常用食品的安全状况评价如何？	10 9 8 7 6 5 4 3 2 1
13. 您对本地互联网销售、网上订餐等形式的食品安全状况评价如何？	10 9 8 7 6 5 4 3 2 1
14. 您对了解或接触过的本地食品生产企业和（或）农产品种养殖单位的产品安全评价如何？	10 9 8 7 6 5 4 3 2 1
15A. 您对了解或常去的饭店食品安全状况评价如何？ 15B. 您对了解或常去的食堂食品安全状况评价如何？ （学生回答）	10 9 8 7 6 5 4 3 2 1

续表

打分情况说明：请您根据对每个问题的认识或理解打分。对于"评价如何"，10 分表示很满意或很好，1 分表示很不满意或很不好。											
16. 您对了解的或常去的商场、超市食品安全状况评价如何？	很好·························很不好										
	10	9	8	7	6	5	4	3	2	1	
17. 总体上说，您对本地食品安全重点领域监管与执法工作评价如何？	10	9	8	7	6	5	4	3	2	1	
18. 总体上说，您对本地食品安全信息公开和社会共治评价如何？	10	9	8	7	6	5	4	3	2	1	
19. 总体上说，您对本地食品安全企业主体责任落实评价如何？	10	9	8	7	6	5	4	3	2	1	

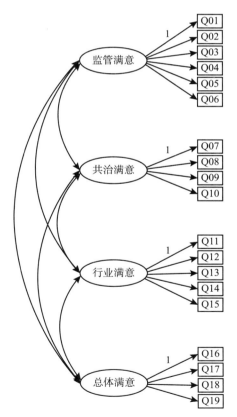

图 4－9　食品安全满意度测评指标效度估计的 CFA 模型

群众对食品安全的总体满意度评价，不仅受到其自身对食品安全的期望影响，还受到群众对食品安全相关的政府监管、行业生产、社会共治等方面工作绩效的满意评价的影响。鉴于此，本节构建了满意度测评结构方程模型如图4－10所示。

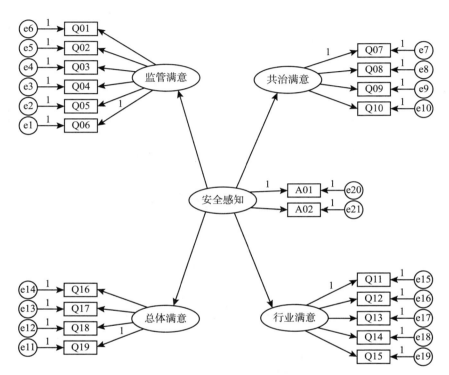

图4－10　食品安全满意度测评结构方程模型

4.2.2　指标权重

1. 权重确定方法：层次分析法（AHP）

（1）构造判断矩阵。判断矩阵是由本层中所有因素针对上一层某一个因素的相对重要性的比较值组成的矩阵，判断矩阵元素标度对照表如表4－28所示。针对上一层指标体系，将下一层指标与之运用两两项比较的方法，对各相关元素进行比较评分，可得到若干判断矩阵。

表 4 – 28　　　　　　　　　判断矩阵元素标度对照表

标度	含义
1	表示两个因素相比，具有同样重要性
3	表示两个因素相比，一个因素比另一个因素稍微重要
5	表示两个因素相比，一个因素比另一个因素明显重要
7	表示两个因素相比，一个因素比另一个因素强烈重要
9	表示两个因素相比，一个因素比另一个因素极端重要
2、4、6、8	上述两相邻判断的中值
倒数	因素 i 与 j 比较的判断 a，则因素 j 与 i 比较的判断 a = 1/a

（2）层次单排序及其一致性检验。层次单排序可以归结为计算所有判断矩阵的特征值和特征向量。对应于判断矩阵最大特征根 λ_{max} 的特征向量，经归一化（使向量中各元素之和等于1）处理后记为 W，而 W 的每一个分量，即为对应元素单排序的权值。

为确定判断矩阵是否合理，需要对判断矩阵进行一致性检验，检验公式为：

$$CR = \frac{CI}{RI} \tag{4-1}$$

其中，

$$CI = \frac{\lambda_{max} - n}{n - 1} \tag{4-2}$$

n 为相应判断矩阵的阶数，RI 为判断矩阵的平均随机一致性指标，如表 4 – 29 所示。当 CR < 0.1 时，判断矩阵的不一致性在可以容许的范围之内，通过了一致性检验；否则应当重新修改判断矩阵，直到满足条件为止。

表 4 – 29　　　　　　　　平均随机一致性指标对照表

n	1	2	3	4	5	6	7	8	9	10	11
RI	0	0	0.58	0.90	1.12	1.24	1.32	1.41	1.45	1.49	1.51

（3）层次总排序及其一致性检验。计算指标层所有因素对于目标

层相对重要性的权值，称为层次总排序。

设准则层的第 i 个因素对于目标层的权值为 a_i，指标层对准则层 B_i 的层次单排序一致性指标为 CI_i、随机一致性指标为 RI_i；设准则层包含 m 个指标，则层次总排序的一致性比率为：

$$CR = \frac{\sum_1^m a_i CI_i}{\sum_1^m a_i RI_i} \qquad (4-3)$$

当 CR < 0.1 时，认为层次总排序通过一致性检验，具有满意的一致性；否则需要重新调整一致性比率高的判断矩阵的元素取值。

2. 题项权重体系设计

本书使用 YAAHP 软件计算各地市食品安全监管消费者维度指标权重体系。

首先根据 AHP 测算规则，构造测评指标层次结构。其中，"食品安全"为最高层，二级指标"重点领域监管与执法""信息公开与社会共治""企业主体责任落实""总体满意"为中间层，具体题项（Q1 ~ Q19）为最底层（如图 4 – 11 所示）。

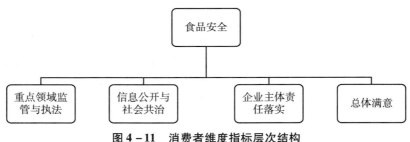

图 4 – 11　消费者维度指标层次结构

其次基于层次结构，依次构造中间层和最底层对应的判断矩阵，包含 1 个中间层判断矩阵和 4 个最底层判断矩阵（如表 4 – 30 ~ 表 4 – 34 所示）。进一步可计算出判断矩阵对应的一致性比例分别为 0.0061、0.0058、0.0077、0.0000、0.0053，全部小于 0.10，通过一致性检验。

表4-30　　　　　　　层次分析法中间层判断矩阵

食品安全	信息公开与社会共治	企业主体责任落实	总体满意	重点领域监管与执法	权重
重点领域监管与执法	1.5	2	1.5	1	0.3524
信息公开与社会共治	1	1.5	1.5	0.6667	0.2671
企业主体责任落实	0.6667	1	1	0.5	0.1829
总体满意	0.6667	1	1	0.6667	0.1976
一致性比例：0.0061；对"食品安全"的权重：1.0000；λ_{max}：4.0164。					

表4-31　　　　　层次分析法最底层判断矩阵（Q1~Q6）

重点领域监管与执法	Q2	Q1	Q3	Q4	Q5	Q6	W_i
Q2	1	0.3333	0.3333	1	1	0.3333	0.0867
Q1	3	1	1	2	2	1	0.2273
Q3	3	1	1	2	2	1	0.2273
Q4	1	0.5	0.5	1	1	0.3333	0.0993
Q5	1	0.5	0.5	1	1	2	0.0393
Q6	3	1	1	3	0.5	1	0.2602
一致性比例：0.0058；对"食品安全"的权重：0.3524；λ_{max}：6.0366。							

表4-32　　　　　层次分析法最底层判断矩阵（Q7~Q10）

信息公开与社会共治	Q7	Q8	Q9	Q10	W_i
Q7	1	3	1	2	0.3629
Q8	0.3333	1	0.5	1	0.148
Q9	1	2	1	2	0.3261
Q10	0.5	1	0.5	1	0.163
一致性比例：0.0077；对"食品安全"的权重：0.2671；λ_{max}：4.0206。					

表4-33　　　　　层次分析法最底层判断矩阵（Q11~Q16）

企业主体责任落实	Q11	Q12	Q13	Q14	Q15	Q16	W_i
Q11	1	1	1	1	1	1	0.1667
Q12	1	1	1	1	1	1	0.1667
Q13	1	1	1	1	1	1	0.1667
Q14	1	1	1	1	1	1	0.1667
Q15	1	1	1	1	1	1	0.1667
Q16	1	1	1	1	1	1	0.1667
一致性比例：0.0000；对"食品安全"的权重：0.1829；λ_{max}：6.0000。							

表4-34　　　　　层次分析法最底层判断矩阵（Q17~Q19）

总体满意	Q17	Q18	Q19	W_i
Q17	1	1.2	1.5	0.4013
Q18	0.8333	1	1	0.3105
Q19	0.6667	1	1	0.2882
一致性比例：0.0053；对"食品安全"的权重：0.1976；λ_{max}：3.0055。				

由表4-30~表4-34可知，二级指标"重点领域监管与执法""信息公开与社会共治""企业主体责任落实""总体满意"权重分别为0.3524、0.2671、0.1829、0.1976。各题项权重等于题项所在二级指标权重与该题项 W_i 值的乘积。以Q1为例，指标权重等于所在二级指标"重点领域监管与执法"权重0.3524，乘以Q1的 W_i 值0.2273，等于0.0801（如表4-35所示）。其余指标权重依此类推。

表4-35　　　　　消费者维度问卷指标权重体系

维度	题项	权重
重点领域监管与执法	Q1. 我市进行农贸市场升级改造，引导小作坊、小摊贩进入集中交易市场、店铺，您对这些举措的评价如何？	0.0801
	Q2. 我市针对餐饮单位实行量化分级管理（寻找笑脸就餐）和推行"明厨亮灶"等监管举措。您对此做法评价如何？	0.0306

续表

维度	题项	权重
重点领域监管与执法	Q3. 我市对病死畜禽进行无害化处理，杜绝病死畜禽进入市场；逐步推行餐厨废弃物集中处理，严防地沟油流入餐桌等。您对我市这些工作评价如何？	0.0801
	Q4. 对高毒剧毒农药应严格执行定点经营和实名购买制，兽用抗菌类、饲料添加剂应规范生产经营和使用。您对我市开展这项工作的评价如何？	0.035
	Q5. 您对我市打击食品安全违法犯罪方面的工作成效评价如何？	0.035
	Q6. 我市相关管理部门进行食品及食用农产品的监督抽检，您对这项工作评价如何？	0.0917
信息公开与社会共治	Q7. 您对我市开展的食品安全科普宣传工作评价如何？	0.0969
	Q8. 您对我市食品安全抽样检验、监管执法信息公开等工作评价如何？	0.0395
	Q9. 您对我市食品安全的舆论监督氛围评价如何？	0.0871
	Q10. 在我市，反映解决食品安全问题的投诉举报渠道（如 12331、12345、12315 举报电话和信函等）是否畅通，您的评价如何？	0.0435
企业主体责任落实	Q11. 您对我市肉、蛋、鱼、果、蔬等农产品的安全状况评价如何？	0.0305
	Q12. 您对购买的米、面、油、馒头、豆腐等常用食品的安全状况评价如何？	0.0305
	Q13. 您对互联网销售、网上订餐等形式的食品安全状况评价如何？	0.0305
	Q14. 您对了解或接触过的本地食品生产企业或农产品种养殖单位的产品安全评价如何？	0.0305
	Q15. A. 您对了解或常去的饭店食品安全状况评价如何？ B. 您对了解或常去的食堂食品安全状况评价如何？（学生回答）	0.0305
	Q16. 您对了解的或常去的商场、超市食品安全状况评价如何？	0.0305
总体满意	Q17. 总体上说，您对本地食品安全重点领域监管与执法工作评价如何？	0.0793
	Q18. 总体上说，您对本地食品安全信息公开和社会共治评价如何？	0.0613
	Q19. 总体上说，您对本地食品安全企业主体责任落实评价如何？	0.0569

123

4.2.3　统计分析

在调研问卷的基础上，以山东省 17 个地市作为调研对象，共回收问卷 8480 余份。首先，使用 EpiData 软件录入测评数据；抽取 1% 的问卷进行复核，保证录入准确率在 99% 以上。对于准确率较低的，进行重新录入；其次删除其中未作答题项比例超过 15% 的问卷，并对剩余缺失题项使用平均值进行填补；另外，对于存在部分满分或高分的问卷，即 19 个问题全部答 10 分，也进行剔除；经过处理后，无效问卷为40 份，故有效问卷量为 8440 份。最后对"清洗"后的调研数据进行特征分析，样本人口统计学分析如下：

从调查对象类型来看（如图 4 - 12 所示），样本以普通市民为主，占样本总量的 68.52%；其次为学生，约占 16.92%；食品从业人员约占样本总量的 14.56%。总体来看，普通市民、食品从业人员和学生的比例分布符合 1∶1∶3 的调研要求，样本具有代表性。

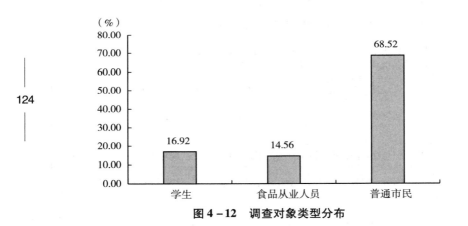

图 4 - 12　调查对象类型分布

从调查对象性别分布（如图 4 - 13 所示）来看，男女分布比较均衡。其中，男性占样本总量的 48%，女性占 52%，总人口性别比接近1∶1，符合调研样本的要求。

从调查对象年龄结构（如图 4 - 14 所示）来看，消费者维度的食品安全监管效果测度中被调查者多数为中青年人。57.37% 的被调查者年龄在 36 岁以下，37 ~ 54 岁的中年人占 37.68%，4.95% 的被调查者年龄在 55 岁以上。总体来看，调查样本符合年龄结构要求，具有代表性。

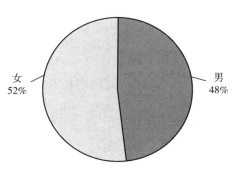

图 4 - 13　调查对象性别分布

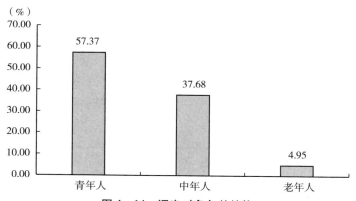

图 4 - 14　调查对象年龄结构

　　调查问卷收回后，首先要对问卷数据进行信度与效度检验，判断其质量是否符合标准。信度检验，也被称为可靠性检验，是验证问卷的各个题项是否具有同一方向内部联系的方法。问卷的可靠性高，则意味着该问卷无论在什么地点、什么场所以及面对何种类型的调查对象，都具有较高的普适性。本部分的信度检验采用 Cronbach's α 方法，对整个调查问卷进行验证，得到的 α 系数越接近于 1，可靠程度越高。从表 4 - 36 中可以看到，"重点领域监管与执法""信息公开与社会共治""企业主体责任落实""总体满意"部分，α 系数分别为 0.875、0.816、0.835、0.889，结果都接近 0.9，这表明整个调查问卷的信度可以被接受。

　　效度检验，是测量问卷中每一道题目的分类是否有效。具体来讲，山东省城市食品安全群众满意度测评设计采用 Q1 ~ Q19 共 19 个题项纳入满意度指数的测算。本部分运用 AMOS20，我们构建了针对山东省群众对食品安全"重点领域监管与执法""信息公开与社会共治""企业主体责任落实""总体满意"部分四个潜变量的"Q1~Q19"19个题项的验证性因子分析模型。表4-37汇报了山东省群众满意度测评指标体系的CFA模型的各种检验指标估计值和判断标准。其中，此CFA模型没有违反"出现负的误差方差、协方差之间的标准化估计值大于1、协方差矩阵非正定、标准化系数非常接近于1"等情况。尽管$\chi^2/df = 12.9554$相对于"5~10"的一般标准有些偏高，其他指标值均符合判断标准要求，山东省群众满意度测评指标体系的CFA验证模型结构对实际观测数据的契合程度可接受。

表4-36 正式调研问卷可靠性检验

项目	α系数	项数
重点领域监管与执法	0.875	6
信息公开与社会共治	0.816	4
企业主体责任落实	0.835	6
总体满意	0.889	3

表4-37 CFA模型的拟合指数

拟合指标	实际值	判断标准
χ^2	1593.5167	越小越好
p	0.000	$p > 0.05$
df	123	—
χ^2/df	12.9554	—
RMR	0.056	< 0.05
SRMR	0.021	< 0.08
RMSEA	0.0353	< 0.05
GFI	0.9814	> 0.90
AGFI	0.9742	> 0.90
CFI	0.9842	> 0.90
NFI	0.9829	> 0.90

拟合指标	实际值	判断标准
TLI	0.9804	>0.90
PNFI	0.7902	>0.50
PGFI	0.7059	>0.50

4.2.4　消费者维度食品安全监管效果分析

1. 满意度测算分析

根据各题项权重设计及相关要求，各地市消费者维度总分 F，等于每个题项平均得分 F_i 与相应指标权重 w_i 的乘积之和，即：

$$F = \sum_{i=1}^{19} F_i \times w_i \qquad (4-4)$$

最后对原始得分 F 进行百分制转换，得到各地市满意度得分，如图 4-15 所示。

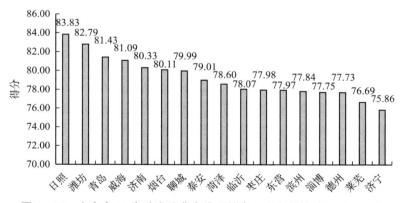

图 4-15　山东省 17 个地市消费者维度的食品安全监管效果测度得分

由山东省 17 个地市消费者维度得分情况（如图 4-15 所示）可知，山东省的食品安全状况总体较好，得分均高于 75 分，说明消费者对山东省的食品安全监管效果整体较为满意。17 个地市最高得分与最低得分相差 8 分，说明山东省 17 个地市消费者对食品安全监管的满意存在一定的差距。其中，日照、潍坊的得分较高，说明这些地区的消费者对食品安全监管效果的满意度较高，这与各地市对食品安全的重视程度相关，食品安全监管机构较为完善，食品安全监管力度较大；青岛、济南、烟台三地消费者维度的食品安全监管效果测度得分名列第三、第五和第六，这说明，经济发展水平是影响食品安全监管效果的主要因素；淄博、德州、莱芜、济宁四地的得分较低，处于山东省的后几位，说明四个地方的食品安全监管效果未得到消费者的充分认可，这与其食品安全监管投入、政府的食品安全监管水平等有关。

2. 空间特征分析

为反映山东省 17 个地市食品安全监管效果的空间分异特征，采用自然断裂点法将济南市、青岛市、淄博市、烟台市、潍坊市、泰安市、威海市、日照市、德州市、滨州市等 17 个地市得分分为高分值、中分值和低分值三类，研究山东省 17 个地市在消费者维度食品安全监管得分的空间格局。①

从消费者维度食品安全监管效果的空间分布来看，山东省食品安全监管效果存在明显的东部高于西部的规律性特征。首先，潍坊、日照两个城市的食品安全监管效果普遍高于其他地区，处于第一等级阶梯内，这与潍坊市食品安全监管工作中所取得的优异成绩以及在国家级食品安全城市先进县（市、区）创建工作中取得全国第一名的现实相符合。其次，青岛、烟台、威海、济南、聊城、泰安等地区处于第二等级阶梯内，这表明，经济发展水平是食品安全监管效果消费者维度的重要影响因素，地处东部沿海的青岛、烟台、威海以及省会济南等四地的经济发展水平较高，食品安全监管体系完善，监管能力较强，并且，近年来随着济南都市圈的形成、经济辐射能力的增强，聊城和泰安等周边地区逐步融入济南都市圈，提升了公共资源与公共服务的共享性，也在一定程度上提升了聊城市和泰安市的食品安全监管效果。最后，其余地区的食品安全监管效果略低于周边地区，处于第三等级阶梯内，而这些地区均为经济发展水平较为低的地区，也进一步印证了经济发展对食品安全监管的影响作用。

---

① 限于篇幅，本部分未报告山东省食品安全监管效果空间分布图，有需求者请联系作者索取。

4.3　政府食品安全监管执行力的经验分析

本章上一节，以消费者维度测算山东省 17 个地市食品安全监管效果，是从主观层面对不同地市的食品安全监管效果的测度。在接下来的两节，将从政府维度即客观层面上对山东省 17 个地市食品安全监管效果进行测度。食品安全监管效果在客观上受到政府食品安全监管执行力的直接影响，因此在正式测度之前，从政府监管执行力着手，研究其与食品安全监管效果的相互联系，既是对影响食品安全监管效果因素的进一步探究，又为政府的食品安全监管行为提供指南，对提升各地市食品安全监管效果具有重要意义。

4.3.1　政府行为与食品安全监管执行力

近年来，我国政府从多方面采取措施不断加强对食品安全的监管力度。2013 年 12 月，中央农村工作会议强调："用最严谨的标准、最严格的监管、最严厉的处罚、最严肃的问责，确保广大人民群众'舌尖上的安全'。"2015 年 4 月 24 日新修订的《中华人民共和国食品安全法》中，丰富了政府食品安全监管的内容。党的十九大提出要加大食品安全执法力度，实施食品安全战略，让人民吃得放心。严管食品安全问题，针对当前食品安全面临的挑战，各地方各部门从制度建设等多个方面持续发力，确保人民群众舌尖上的安全。山东省省长龚正指出"全域推进食品安全、农产品质量安全市县创建，建立健全源头可溯、去向可查、风险可控、责任可究的质量安全保障体系，打造食品安全放心省"①。

食品安全监管可以从广义和狭义两个层面进行探究，广义的食品安全监管是指政府部门、第三部门、私人等主体为了规范食品生产、加工、保存、运输、销售等环节，基于法律基础防止上述环节威胁到食品安全而进行的一系列干预活动，最终提供符合食用标准的食品。狭义的食品安全监管是指从国家到地方自上而下的食品安全监管部门为维护人

---

① 　数据来源：2018 年《山东省政府工作报告》。

民群众的生命安全与健康，依照相关法律、法规或标准采取行政许可、抽样检查等措施引导、规范食品市场主体的监督管理活动。狭广义主要区别在于食品安全监管主体。食品安全监管具体包括：实施严格的准入制度，例如颁发生产许可；强制对食品从业人员身体健康状况进行检查；对生产、流通、销售等环节的食品进行日常检测；对存在质量不合格问题的食品相关企业、个人实施行政处罚。

新公共管理理论主张将企业的管理理念和竞争机制带入政府部门，把提高行政效率放在重要位置。同时，政府应提高解决社会问题、满足公众需求的能力，使政府为公众提供更加优质服务。新公共管理理论提倡建立健全绩效考核制度，这就要求将食品安全监管人员的行为和其自身利益相连，提高监管人员主动工作的积极性，从而直接提高政府食品安全监管执行力水平。此外，不断变化的外部环境和公众需求也要求食品安全监管人员不断更新知识、提高能力，从而提高落实食品安全监管计划的能力，提高实现食品安全监管目标的能力，进而提高政府食品安全监管执行力。

影响政府执行力的因素很多，学者们对此有不同的认识。莫勇波（2009）指出，执行主体、执行资源、执行机制以及生态环境等都对政府执行力有着深远影响。其中，由执行人员以及政府组织结构组成的执行主体在众多影响因素中占据关键地位；政府执行力的现实保障是执行资源，政府执行力制度保障是执行机制。陈康团（2000）指出，政府执行力水平的高低，主要受到政府工作人员的素质、组织结构、资源等因素的影响。具体到政府食品安全监管执行力，刘萍（2013）认为食品安全监管部门的"硬件"要素人力、财力以及"软件"要素工作计划、运行机制等对食品安全监管执行力有着深刻的影响。尹凡（2016）提出在食品安全监管过程中，执行主体、执行客体、执行资源、执行制度以及执行环境，都影响着食品安全监管执行力。

4.3.2 假设检验

1. 监管计划与执行力

监管计划在政府食品安全监管过程中具有重要的作用，食品安全监管计划对监管人员的职责和任务进行了合理划分，明确了监管人员在一定时期内的工作方向与工作要求。监管计划指导食品安全监管人员遵循计划进行工作，能够有效地避免监管人员工作中的随意性，确保监管执行落实到位。此外，监管计划还为组织内部的监督以及考核提供了依据。食品安全监管计划如果能够符合本地区食品安全的现状，体现本地区食品安全监管的实际需求，并能够详细描述监管工作各个环节的具体要求以及时间要求，那么，食品安全监管工作开展就更顺利，并能在执行食品安全监管计划的过程中依据现实变化及时调整计划。因此，对于政府食品安全监管部门来讲，科学合理的监管计划是完成食品安全监管目标的必要手段，是提高食品安全监管执行力的必要前提。

H4 - 8：食品安全监管计划对食品安全监管执行力具有正向影响。

2. 监管人员与执行力

监管人员对食品安全监管执行力的影响更为直接，监管人员在影响食品安全监管执行力的众多因素位于关键地位。食品安全监管人员是监管工作的直接实施者，一般而言，食品安全监管工作需要监管人员具有良好的教育背景、丰富的专业知识储备、端正的工作态度以及较强的责任心与行动力。食品安全监管组织内部不同的岗位，对监管人员的要求也不尽相同，需要根据具体的岗位进行具体的分析，匹配合适的人选。在现实的食品安全监管实践中，监管人员专业素养较高，有助于及时快速地发现问题、解决问题；监管人员责任心强、工作态度好、综合素质高，能够确保监管人员合理利用自身权力，切实为公众考虑，不做违法乱纪的事情。反之，如果监管人员的专业素养较低，综合素质等较为薄弱，监管人员在具体的工作中可能会出现监管方式方法不对、沟通不到位、资源利用率低下等问题，阻碍食品安全监管目标的实现，拉低食品安全监管执行力。

H4 - 9：食品安全监管人员对食品安全监管执行力具有正向影响。

3. 监管组织结构与执行力

与监管人员密切相关的是监管组织结构，其对食品安全监管执行力的作用不容忽略。在食品安全监管过程中，监管部门组织力是指合理有效运用权力，调和组织内部各种关系，合理利用组织内资源，调动组织成员积极性，完成组织目标过程中所具备的能力。而组织力是影响组织力的重要因素，组织结构内岗位设置否合理、内部的权责关系是否明确、管理幅度等是否科学是影响政府食品安全组织执行力的关键因素。合理的组织结构，可以提高食品安全监管的工作效率，减少组织内部矛盾，促进执行力提升。如果组织结构设计有问题，组织内部沟通会受阻，也无法形成组织成员的向心力，影响食品安全监管执行力的提升。因此，合理的组织结构是提高食品安全监管执行力的有效保障。

H4－10：食品安全监管组织结构对食品安全监管执行力具有正向影响。

4. 监管资源与执行力

监管资源在很大程度上支持着监管部门，为食品安全监管执行活动提供资源保障。在食品安全监管的过程中，如果各种资源不到位，不能满足监管的实际需要，那么即便其他各种因素都能满足监管工作的需求，食品安全监管工作也不能顺利开展，因为没有各种资源做保障，食品安全监管工作将无从下手，食品安全无缝隙监管也就无从谈起。充足的监管资源，可为食品安全监管工作提供财力上的保障，满足监督抽检的需要；为食品安全监管提供基础设施保障，确保日常监管工作的正常开展，确保食品安全监管人员可以游刃有余地开展监管执行活动。监管资源的配置水平很大程度上决定着监管人员在食品安全监管活动中的执行效果，所以，提高食品安全监管执行力必然要丰富各项监管资源。

H4－11：食品安全监管资源对食品安全监管执行力具有正向影响。

5. 监管机制与执行力

监管执行需要制度来保证，没有完备的监管执行机制，食品安全监管在执行过程中必然会出现监管工作不得力和不均衡的现象，制约执行力水平的提升。良好的机制是确保监管方向准确、监管操作规范的重要基础。政府监管机制是指由政府权威部门拟定或有关方面认可的、要求组织内所有人员必须遵循的正式制度。各项监管机制具有一定的整合作用，能够构建组织的整合力，从理论上讲，整合力量有时是有正向作用的，有时是无作用的，在有些情况下也可能会产生负向影响。也就是说，如果食品安全监管机制科学合理并且协调，并且能够有效对食品安全监管组织以及监管人员施加影响，那么，监管机制可以增强食品安全监管执行力量，提高食品安全监管执行力。

H4 - 12：食品安全监管机制对食品安全监管执行力具有正向影响。

4.3.3　问卷设计与统计分析

本部分将在政府食品安全监管执行力概念模型的基础上，针对模型中所涉及的变量提出可操作性题项。并进行预调研，利用 SPSS20.0 对预调研数据进行信度分析以及探索性因子分析，删除一些不符合要求的题项，形成正式的调研问卷，为后面的正式样本调查和实证分析做好准备工作。

1. 问卷设计

在实际的食品安全监管实践中，影响食品安全监管执行力的因素都是不能直接测量的潜在变量，所以需要使用能够测量的具体指标来描述这些潜变量下的显变量，从而获得可以用来做统计分析的数据。

（1）问卷基本结构。调查内容由三个部分构成，第一部分是被调查对象的基本情况，包含 5 个题项，问题设置包括调查对象的基本情况如性别、年龄、政治面貌、学历以及行政级别。第二部分是政府食品安全监管执行力的影响因素，采用量表形式进行测量，测量项均采用李克特五级量表，1 代表非常不同意，2 代表不同意，3 代表一般，4 代表同意，5 代表非常同意。内容主要是根据前文的理论分析，从监管计划、监管人员、监管组织结构、监管资源、监管机制五个方面设计 20 个题项来调研食品安全监管执行力的影响因素。第三部分为执行力的评价。这一部分同样采用李克特 5 级量表采用 3 个小指标来衡量食品安全监管的执行力。

（2）研究变量测量指标的选择。鉴于国内外食品安全监管执行力影响因素的相关研究文献有限，尚无可以直接使用的成熟量表。本书在已有研究的基础上，并结合政府食品安全监管执行力的实际情况，初步设计出一份问卷，如表 4 - 38 所示。

133

表 4-38 测量量表

标识	变量	测量项目
JH1	监管计划	本地区制定的食品安全监管计划符合本地区食品安全监管实际
JH2		本地区制定的食品安全监管计划有详细的任务描述
JH3		本地区制定的食品安全监管计划有明确的时间进度安排
JH4		本地区能够根据监管执行过程中暴露的问题及时调整监管计划
RY1	监管人员	本地区食品安全监管人员教育背景良好（文化程度和知识结构）
RY2		本地区食品安全监管人员工作经验丰富
RY3		本地区食品安全监管人员对待工作始终充满热情
RY4		本地区食品安全监管人员拥有与自己职位相关的知识和技能
RY5		本地区食品安全监管人员创新能力高（创新思维和创新方法）
JG1	监管组织结构	本地区食品安全监管组织内部岗位设置合理
JG2		本地区食品安全监管部门内部责任分工明确
JG3		本地区食品安全监管组织内部管理幅度合理
ZY1	监管资源	本地区用于食品安全监管的经费资源充足
ZY2		本地区食品安全监管信息化程度高
ZY3		本地区用于食品安全监管的基础设施资源充足
ZY4		本地区食品安全监管工作能得到上级部门的大力支持
JZ1	监管机制	本地区食品安全监管设有合理有效的激励机制
JZ2		本地区依据岗位责任和目标责任对食品安全监管工作进行考核评估
JZ3		本地区食品安全监管执行的全过程都能接受相应的监督
JZ4		本地区食品安全监管设有公众参与机制
ZX1	执行力	食品安全监管既定目标全部完成
ZX2		食品安全监管目标全部在经费预算范围内完成
ZX3		食品安全监管目标全部在预定时间内完成

第一，执行力影响因素的测量。根据关键影响因素以及研究假设设计了执行力影响因素的测量变量。对于监管计划，设计了监管计划符合本地区食品安全监管实际、详细的任务描述、明确的时间进度安排以及及时调整监管计划四个测量题项；对于监管人员，用教育背景、工作经验、工作态度、专业知识以及创新能力来测量；对于监管组织机构，设

计了岗位设置合理、权责关系明确、管理幅度合理三个题项；对于监管资源因素，采用经费资源、信息资源、基础设施资源、权威资源四个题项进行测量；对于监管机制，设计了激励机制、考核机制、监督机制以及公众参与机制四个题项进行测量。

第二，执行力的测量。对于执行的测量，国内外学者有不同的见解，主要形成了两种观点。第一种观点是用是否达到预期的目标来衡量执行力，第二种观点是主张用细节（措施）完成情况来测量执行力。执行力的衡量可从如下三个方面展开：一是全部战略目标是否都能得到执行；二是战略目标是否在规定的时间内完成；三是战略目标是否在规定的预算范围内完成。综上所述，在参考相关学者研究成果的基础上，结合本研究实际，将食品安全监管执行力测量题项概括为3项，即食品安全监管既定目标全部完成，食品安全监管目标全部在经费预算范围内完成，食品安全监管目标全部在预定时间内完成。

2. 预调研结果分析

（1）调研对象的描述分析。根据前文设计的问卷开展预调研，通过预调研找出问卷中存在的问题或错误，完善问卷题项。本研究选取了部分地区对问卷进行了预调研，对回收的预调研数据运用 SPSS20.0 进行信度以及效度分析，并根据预调研数据的分析结果，对问卷进行修改，最终得到正式问卷。

本次预调研对象主要是济宁市邹城市、德州市陵城区、济南市章丘区的食安办工作人员以及食品药品监督管理局的工作人员，利用网络问卷发放平台（问卷网）向其发放问卷 115 份，回收问卷 115 份。删掉题目漏选以及连续多个题目答案一致的问卷 9 份，保留有效问卷 106 份，问卷有效率 92.17%。

根据表 4-39，从样本性别结构看，预调研样本中男性样本比例较高，为 60.38%，女性样本比例为 39.62%。从样本年龄结构看，预调研中 31~40 岁的样本最多，比例为 37.74%，30 岁以下的比例为 28.30%，41~50 岁占比为 26.42%，50 岁以上的比例最低，比例为 7.54%。总体来看，样本的年龄结构符合当前食品药品监督管理局的工作人员的基本情况。从样本教育结构看，大专及以下所占比例为 18.87%，本科所占比例最高，达到 64.15%，研究生及以上所占比例为

16.98%。从样本的行政级别来看，科员及以下的样本比例最高，为72.64%，科级占比为26.42%，处级及以上的样本数占比为0.94%。从样本的政治面貌来看，中共党员（含预备党员）所占比例为66.98%，共青团员占比9.43%，群众的样本比例为22.64%，民主党派占比为0.95%。这一样本结构基本符合当前县级食品药品监督管理局的工作人员的基本情况。

表 4-39　　　　　　　　　预调研人口统计特征

		频数	频率（%）
性别	男	64	60.38
	女	42	39.62
年龄	30 岁以下	30	28.30
	31~40 岁	40	37.74
	41~50 岁	28	26.42
	50 岁以上	8	7.54
教育结构	大专及以下	20	18.87
	本科	68	64.15
	研究生及以上	18	16.98
行政级别	科员及以下	77	72.64
	科级	28	26.42
	处级及以上	1	0.94
政治面貌	中共党员（含预备党员）	71	66.98
	共青团员	10	9.43
	群众	24	22.64
	民主党派	1	0.95

（2）预调查数据的描述统计分析。根据调查问卷的设计，政府食品安全监管执行力影响因素的各研究变量均采用五级李克特量表（Likert scale），在此使用 SPSS 20.0 对各个题项进行描述性统计分析。

从表 4-40 来看，问卷填写良好，22 个测量题项的最小值都是 1，最大值都是 5，没有出现遗漏以及过高过低分数，标准差均大于 0.75，表明数据有明显的鉴别力。

表 4 - 40　　　　　　　　预调研数据描述统计

项目	N	极小值	极大值	均值	标准差
JH1	106	1	5	3.79	1.084
JH2	106	1	5	3.93	0.949
JH3	106	1	5	3.89	1.027
JH4	106	1	5	3.77	0.969
RY1	106	1	5	3.65	0.936
RY2	106	1	5	3.69	0.999
RY3	106	2	5	3.79	0.993
RY4	106	1	5	3.59	1.003
RY5	106	1	5	3.48	1.035
JG1	106	1	5	3.65	1.060
JG2	106	1	5	3.68	1.056
JG3	106	1	5	3.70	1.088
ZY1	106	1	5	3.62	1.158
ZY2	106	1	5	3.42	1.294
ZY3	106	1	5	3.53	1.173
ZY4	106	1	5	3.69	1.090
JZ1	106	1	5	3.15	1.372
JZ2	106	1	5	3.76	1.126
JZ3	106	1	5	3.67	1.012
JZ4	106	1	5	3.64	1.007
ZX1	106	1	5	3.78	1.060
ZX2	106	1	5	3.66	1.170
ZX3	106	1	5	3.79	1.119
有效的 N（列表状态）	106				

　　（3）预调查数据的信度分析。信度分析俗称可靠性分析，就是采用相同的方法对同一对象多次测试，并通过科学的数据统计工具（如

SPSS）对采集到的数据信息进行检测，通过检测来评定所采集数据的一致性和稳定性。一般来说，误差越小，信度越高。对政府食品安全监管执行力影响因素数据进行信度分析是为了测评问卷设置的问题是否可靠。Cronbach's α 信度系数法是目前使用最广泛的信度系数，使用 SPSS 软件进行统计分析得 α 系数，其取值范围在 0 ~ 1，数值越高，说明信度越好。通常情况下，总量表的信度系数标准如表 4 - 41 所示。

表 4 - 41　　　　　　　　总量表信度系数判别标准

α 值	总量表的信度判别标准
α < 0.5	非常不理想，量表舍弃不用
0.5 ≤ α < 0.6	不理想，需修正或重新编制量表
0.6 ≤ α < 0.7	勉强接受，量表仍需增加题项或修改题目
0.7 ≤ α < 0.8	可以接受
0.8 ≤ α < 0.9	总量表信度高
α ≥ 0.9	总量表信度很高，非常理想

138

一般情况下，凡属于社会科学研究领域的问卷量表均包含多个构面，所以，对量表的信度分析除了要求总量表信度良好，各构面的信度也必须达到良好水平，各构面的信度系数标准如表 4 - 42 所示。

表 4 - 42　　　　　　　　各构面的信度系数判别标准

α 值	各构面的信度判别标准
α < 0.5	不理想，舍弃该构面
0.5 ≤ α < 0.6	可以接受，该构面尚需增加或修改题目
0.6 ≤ α < 0.7	尚佳
0.7 ≤ α < 0.8	佳
0.8 ≤ α < 0.9	理想
α ≥ 0.9	非常理想

将有效问卷按照要求进行编码和录入，使用 SPSS 对搜集数据进行信度分析。信度分析包括对预调查问卷总量表的信度分析和各构面量表

的信度分析。输出的 α 系数结果，如表 4 – 43、表 4 – 44 所示。

表 4 – 43　　　　　　　　　预调查总量表信度检验

Cronbach's α	项数
0.944	23

表 4 – 44　　　　　　　　　预调查量表各构面信度检验

构面	项数	Cronbach's α
监管计划	4	0.900
监管人员	4	0.856
监管组织结构	3	0.891
监管资源	3	0.831
监管机制	4	0.915
执行力	3	0.921

结合表 4 – 43 给出的总量表信度评价标准，可看出总量表的 Cronbach's α 系数为 0.944，大于 0.9，总量表信度很高，非常理想。

结合表 4 – 44 给出的各构面信度判别标准，可看出监管计划、监管机制、执行力效果三个构面量表的 α 系数分别为 0.900、0.915、0.921，均大于 0.9，表明这三个构面量表的信度非常理想；监管人员、监管组织结构、监管资源构面量表的 α 系数分别为 0.856、0.891、0.831，均大于 0.8，表明该构面量表的信度理想。

（4）预调查数据的探索性因子分析。通过问卷效度分析，研究所设计问卷的各个题项能否真实反映影响政府食品安全监管执行力的各变量的含义。效度越高，表明调查问卷所设计的各个题项有效性越高。运用 SPSS 软件对问卷中的所有题项进行因子分析，首先通过 KMO 样本测度和 Bartlett 球体检验验证判断是否适合做因子分析。Bartlett 球体检验结果要求 Sig. 显著水平小于 0.05，KMO 值判别标准如表 4 – 45 所示。

使用 SPSS 20.0 对问卷搜集数据进行 KMO 值和 Bartlett 球体检验，结果如表 4 – 46 所示。结合表 4 – 45 判别标准，预调查问卷的 KMO 值为 0.878，大于 0.7，表明该问卷非常适合做因子分析，Sig. 显著水平为 0.000，小于 0.05，同样表示该问卷适合做因子分析。

表 4 - 45　　　　　　　　调查问卷 KMO 值判别标准

KMO 值	各构面的信度判别标准
KMO < 0.5	非常不适合做因子分析
0.5 ≤ KMO < 0.6	不适合做因子分析
0.6 ≤ KMO < 0.7	勉强可做因子分析
0.7 ≤ KMO < 0.8	尚可做因子分析
0.8 ≤ KMO < 0.9	适合做因子分析
KMO ≥ 0.9	非常适合做因子分析

表 4 - 46　　　　预调查问卷的 KMO 值和 Bartlett 球体检验

取样足够度的 Kaiser - Meyer - Olkin 度量		0.878
Bartlett 的球形度检验	近似卡方	1987.026
	df	253
	Sig.	0.000

对预调研数据进行探索性因子分析，采取主成分分析方法进行因子提取，随后采取方差最大化正交旋转法进行因子旋转，尽量做到更少的公因子数可以包含丰富的数据信息，在获取的因子矩阵中进行筛选，保留因子载荷量大于 0.5 的题项。结果如表 4 - 47、表 4 - 48 所示。

表 4 - 47　　　　预调查问卷探索性因子分析解释的总方差

成分	初始特征值			提取平方和载入			旋转平方和载入		
	合计	方差的%	累积%	合计	方差的%	累积%	合计	方差的%	累积%
1	10.443	45.403	45.403	10.443	45.403	45.403	3.359	14.603	14.603
2	2.230	9.696	55.099	2.230	9.696	55.099	3.261	14.180	28.783
3	1.765	7.676	62.774	1.765	7.676	62.774	3.030	13.172	41.955
4	1.461	6.354	69.128	1.461	6.354	69.128	3.000	13.044	54.999
5	1.165	5.066	74.194	1.165	5.066	74.194	2.976	12.940	67.939

成分	初始特征值			提取平方和载入			旋转平方和载入		
	合计	方差的%	累积%	合计	方差的%	累积%	合计	方差的%	累积%
6	1.001	4.352	78.546	1.001	4.352	78.546	2.440	10.607	78.546
7	0.765	3.325	81.871						
8	0.635	2.762	84.633						
9	0.553	2.403	87.036						
10	0.443	1.927	88.963						
11	0.374	1.626	90.589						
12	0.300	1.303	91.892						
13	0.276	1.199	93.092						
14	0.262	1.140	94.232						
15	0.245	1.066	95.299						
16	0.211	0.919	96.217						
17	0.202	0.880	97.097						
18	0.151	0.659	97.756						
19	0.122	0.529	98.285						
20	0.116	0.503	98.788						
21	0.108	0.469	99.257						
22	0.103	0.448	99.705						
23	0.068	0.295	100.000						

由表 4 - 47 结果可知，预调查问卷探索性因子分析解释的总方差共提炼出 6 个共同因子，累计贡献率为 78.546%，即 6 个共同因子解释所有观察变量的总变异量为 78.546%，符合 "社会科学领域要求的共同因子联合解释变异量须达到 60%" 的要求，具有良好的解释率。

表 4 - 48 是各个题项的因子载荷量，数值的大小反映了该题项与某个因素的关系，所以可以将划分在同一因素下的所有题项作为一个构面。因素 1 包括 RY1、RY2、RY3、RY4 四题，归属到预先假设的 "监管人员" 构面；因素 2 包括 JH1、JH2、JH3、JH4 四题，归属到预先假设的 "监管计划" 构面；因素 3 包括 JZ1、JZ2、JZ3、JZ4 四题，归属

到预先假设的"监管机制"构面；因素4包括ZY1、ZY3、ZY4三题，归属到预先假设的"监管资源"构面；因素5包括ZX1、ZX2、ZX3三题，归属到预先假设的"执行效果"构面；因素6包括JG1、JG2、JG3三题，归属到预先假设的"监管组织结构"构面。

表4-48　　　　　预调查问卷探索性因子分析旋转成分矩阵

成分	因素1	因素2	因素3	因素4	因素5	因素6
JH1	0.090	0.796	0.171	0.319	0.155	0.135
JH2	0.160	0.808	0.031	0.267	0.198	0.138
JH3	0.161	0.793	0.192	0.149	0.312	0.120
JH4	0.168	0.779	0.268	-0.060	0.123	0.144
RY1	0.811	0.078	-0.055	0.183	0.040	0.227
RY2	0.806	0.088	0.095	0.172	0.130	0.110
RY3	0.714	0.156	0.399	0.011	0.013	0.160
RY4	0.766	0.229	0.054	0.279	0.179	0.266
RY5	0.475	0.315	0.492	-0.042	-0.065	-0.036
JG1	0.309	0.047	0.273	0.240	0.082	0.741
JG2	0.251	0.298	0.164	0.127	0.116	0.820
JG3	0.252	0.215	0.220	0.335	0.264	0.698
ZY1	0.182	0.156	0.163	0.733	0.161	0.282
ZY2	0.441	0.151	0.421	0.237	0.388	0.094
ZY3	0.309	0.204	0.234	0.755	0.061	0.095
ZY4	0.185	0.159	0.266	0.757	0.110	0.167
JZ1	0.065	0.224	0.636	0.427	0.234	0.240
JZ2	-0.002	0.129	0.570	0.479	0.331	0.308
JZ3	0.070	0.173	0.766	0.391	0.211	0.183
JZ4	0.153	0.180	0.710	0.253	0.141	0.365
ZX1	0.128	0.113	0.236	-0.049	0.886	0.065
ZX2	0.080	0.311	0.043	0.269	0.827	0.190
ZX3	0.078	0.243	0.099	0.180	0.875	0.108

注：提取方法：主成分分析。旋转法：具有 Kaiser 标准化的正交旋转法。旋转在 11 次迭代后收敛。

由表 4－48 可知，ZY2 和 RY5 题项在 6 个因素上的标准因子载荷都没有达到 0.5，则无法确定 ZY2 和 RY5 题项归属哪个因子，因此说明这两个题项不适合做因子分析，因此，最终选择删除 ZY2 和 RY5 两个题项。

（5）正式量表形成。通过对预调研数据的信度分析以及探索性因子分析，删减 2 个题项，最终确定了正式的调查问卷。正式调查问卷共有 21 个题项，如表 4－49 所示。

表 4－49　　　政府食品安全监管执行力影响因素正式调查量表

题号	变量	测量项目
JH1	监管计划	本地区制定的食品安全监管计划符合本地区食品安全监管实际
JH2		本地区制定的食品安全监管计划有详细的任务描述
JH3		本地区制定的食品安全监管计划有明确的时间进度安排
JH4		本地区能够根据监管执行过程中暴露的问题及时调整监管计划
RY1	监管人员	本地区食品安全监管人员教育背景良好（文化程度和知识结构）
RY2		本地区食品安全监管人员工作经验丰富
RY3		本地区食品安全监管人员对待工作始终充满热情
RY4		本地区食品安全监管人员具备与自己职位相关的知识和技能
JG1	监管组织结构	本地区食品安全监管组织内部岗位设置合理
JG2		本地区食品安全监管组织内部责任分工明确
JG3		本地区食品安全监管组织内部管理幅度合理
ZY1	监管资源	本地区用于食品安全监管的经费资源充足
ZY2		本地区食品安全监管信息化程度高
ZY3		本地区用于食品安全监管的基础设施资源充足
JZ1	监管机制	本地区食品安全监管设有合理有效的激励机制
JZ2		本地区依据岗位责任和目标责任对食品安全监管工作进行考核评估
JZ3		本地区食品安全监管执行的全过程都能接受相应的监督
JZ4		本地区食品安全监管设有公众参与机制
ZX1	执行力	食品安全监管既定目标全部完成
ZX2		食品安全监管目标全部在经费预算范围内完成
ZX3		食品安全监管目标全部在预定时间内完成

4.3.4　政府食品安全监管执行力的影响因素

实证检验政府食品安全监管执行力影响因素的概念模型，首先，对正式调研数据进行描述性统计分析，以了解调查对象的基本情况；其次，运用 AMOS 20.0，对政府食品安全监管执行力影响因素的概念模型进行估计与检验，验证前文提出的假设是否合理成立，最终得出研究结论。

1. 正式调研样本人口统计特征分析

根据研究设计，以山东省 17 个地市作为对象，开展实地调研工作。正式调研采用网络问卷发放平台（问卷网）向调查对象共发放问卷1000 份，删除题目漏选以及连续多个题目答案一致的无效问卷 75 份，收回有效问卷 925 份，问卷有效率达 92.5%。正式调研样本的人口统计特征如表 4-50 所示。

表 4-50　　　　　　　　　正式调研人口统计特征

项目		频数	频率（%）
性别	男	564	60.97
	女	361	39.03
年龄	30 岁以下	287	31.03
	31~40 岁	351	37.95
	41~50 岁	222	24.00
	50 岁以上	65	7.02
教育程度	大专及以下	185	20.00
	本科	574	62.05
	研究生及以上	166	17.95
行政级别	科员及以下	666	72.00
	科级	250	27.03
	处级及以上	9	0.97
政治面貌	中共党员（含预备党员）	527	56.97
	共青团员	185	20.00
	群众	204	22.05
	民主党派	9	0.98

　　由表 4 - 50 可知，从样本性别结构看，正式调研样本中男性样本比例较高，为 60.97%，女性样本比例为 39.03%。从样本年龄结构看，正式调研中 31～40 岁的样本最多，比例为 37.95%，30 岁以下的比例为 31.03%，41～50 岁占比为 24.00%，50 岁以上的比例最低，比例为 7.02%。总体来看，样本的年龄结构符合当前食品药品监督管理局的工作人员的基本情况。从样本教育结构看，大专及以下所占比例为 20.00%，本科所占比例最高，达到 62.05%，研究生及以上所占比例为 17.95%。从样本的行政级别来看，科员及以下的样本比例最高，为 72.00%，科级占比为 27.03%，处级及以上的样本占比为 0.97%。从样本的政治面貌来看，中共党员（含预备党员）所占比例为 56.97%，共青团员占比 20.00%，群众的样本比例为 22.05%，民主党派占比为 0.98%。

2. 正式调研数据的信度分析

　　将 925 份有效问卷按照要求进行编码和录入，使用 SPSS 对收集数据信度分析。输出 α 值，如表 4 - 51、表 4 - 52 所示。

表 4 - 51　　　　　　　　正式调研总量表信度检验

Cronbach's α	项数
0.935	21

　　结合表 4 - 51 给出的总量表信度评价标准，总量表的 Cronbach's α 系数为 0.935，大于 0.8，表明具有较高的信度水平。

表 4 - 52　　　　　　　　正式调研量表各构面信度检验

构面	项数	Cronbach's α
监管计划	4	0.903
监管人员	4	0.856
监管组织结构	3	0.937
监管资源	3	0.805
监管机制	4	0.921
执行力	3	0.911

结合表 4－52 给出的各构面信度判别标准，监管组织结构、监管计划、监管机制、执行力、监管人员、监管资源构面量表的 α 系数分别为 0.937、0.903、0.921、0.911、0.856、0.805，均大于 0.8，表明量表的信度较高。

3. 正式调研数据的验证性因子分析

对所构建模型的五个影响因素变量与一个执行力变量进行验证性因子分析。影响因素变量验证性因子分析如图 4－16 所示。

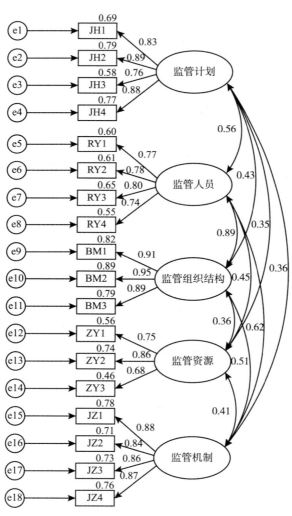

图 4－16　影响因素变量的验证性因子分析

由表4-53可知，在影响因素变量的验证性因子分析中，各个变量的标准化路径系数介于0.681至0.946之间，均大于0.5，符合标准，且路径系数均是显著的；同时，所有变量AVE值介于0.589到0.837之间，均大于0.5，表明影响因素的测量量表具有较好的收敛效度。各个变量的CR值介于0.810至0.939之间，均大于0.7的标准，表明模型质量良好。

表4-53　　　　　　　影响因素变量验证性因子分析结果

题号		变量	非标准化路径系数	S.E.	C.R.	P	标准化路径系数	SMC	CR	AVE
JH4	←	监管计划	1.000				0.879	0.778		
JH3	←	监管计划	0.901	0.060	15.056	***	0.759	0.713	0.906	0.707
JH2	←	监管计划	1.031	0.053	19.536	***	0.888	0.732		
JH1	←	监管计划	1.032	0.058	17.859	***	0.831	0.762		
RY4	←	监管人员	1.000				0.741	0.564		
RY3	←	监管人员	1.048	0.081	12.899	***	0.804	0.740	0.858	0.601
RY2	←	监管人员	1.118	0.091	12.300	***	0.784	0.464		
RY1	←	监管人员	1.121	0.092	12.227	***	0.773	0.822		
JG3	←	监管组织结构	1.000				0.891	0.894		
JG2	←	监管组织结构	1.025	0.041	24.841	***	0.946	0.794	0.939	0.837
JG1	←	监管组织结构	1.045	0.046	22.512	***	0.906	0.598		
ZY3	←	监管资源	1.000				0.681	0.614		
ZY2	←	监管资源	1.308	0.124	10.559	***	0.860	0.646	0.810	0.589
ZY1	←	监管资源	0.997	0.097	10.329	***	0.751	0.548		
JZ4	←	监管机制	1.000				0.873	0.691		
JZ3	←	监管机制	1.046	0.056	18.547	***	0.856	0.789	0.921	0.746
JZ2	←	监管机制	0.971	0.053	18.284	***	0.844	0.576		
JZ1	←	监管机制	1.066	0.054	19.749	***	0.882	0.773		

通过验证性因子分析，执行力变量的各项测量指标均达到标准，这说明数据与模型之间具有良好的适配度，证明可以利用收集到的数据进

行下一步分析（如图 4 – 17、表 4 – 54 所示）。

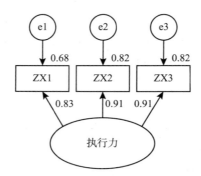

图 4 – 17　执行力变量验证性因子分析

表 4 –54　　　　　　　执行力变量验证性因子分析结果

题号		变量	非标准化 路径系数	S. E.	P	标准化 路径系数	SMC	CR	AVE
ZX1	←	执行力	1. 000	0. 058		0. 879	0. 778		
ZX2	←	执行力	1. 057	0. 056	***	0. 759	0. 713	0. 906	0. 707
ZX3	←	执行力	1. 017	0. 058	***	0. 888	0. 732		

4. 正式调研数据的结构方程模型分析

运用结构方程模型对政府食品安全监管执行力影响因素模型的理论假设进行验证。选取结构方程模型分析软件对数据进行分析。主要步骤包括构建模型、拟合模型、评价模型。

（1）结构方程模型建立。依据对正式调研数据的信度分析以及验证性因子分析，并根据构建的政府食品安全监管执行力影响因素概念模型，在 AMOS 20.0 中构建本研究的结构方程模型，包括监管计划、监管人员、监管组织结构、监管资源以及监管机制 5 个影响因素变量以及一个执行力变量。最终所建立的结构方程模型的结果如图 4 – 18 所示。

（2）结构方程模型评估。运用 AMOS 20.0 软件，构建政府食品安全监管执行力影响因素模型，并对所构建的模型进行拟合，得到主要拟合指标如表 4 – 55 所示。

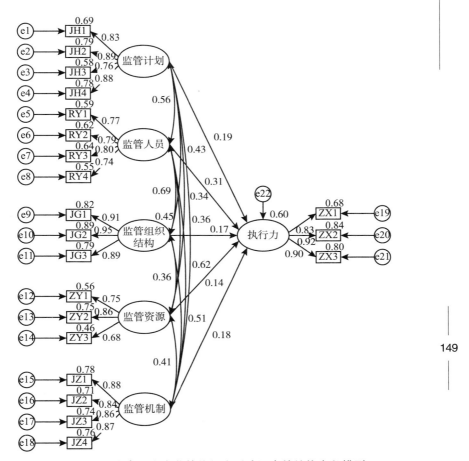

图 4 - 18　政府食品安全监管执行力影响因素的结构方程模型

表 4 - 55　　　　　　　　　　模型拟合效果

项目	统计检验量	参考值标准	检验结果数据	模型适配判断
绝对适配度	χ^2	越小越好	240.533	是
	χ^2/df	介于 1~3	1.382	是
	RMR 值	<0.05	0.026	是
	GFI 值	>0.9	0.926	是
	RMSEA 值	<0.08	0.038	是
	AGFI 值	>0.9	0.901	是

149

项目	统计检验量	参考值标准	检验结果数据	模型适配判断
增值适配度	NFI 值	>0.9	0.945	是
	RFI 值	>0.9	0.934	是
	IFI 值	>0.9	0.984	是
	TLI（NNFI）值	>0.9	0.981	是
	CFI 值	>0.9	0.984	是
简约适配度	PGFI 值	>0.5	0.697	是
	PNFI 值	>0.5	0.783	是
	PCFI 值	>0.5	0.815	是

通过选取多个拟合指数，深入探讨各变量之间的关系，各拟合指数的经验判别标准如下：根据表4－55，绝对适配度指标中 χ^2/df 值为1.382，小于2，表明模型的拟合度良好；RMR 值为0.026，小于0.05，RMSEA 值为0.038，小于0.08，表明模型适配度良好；GFI 为0.926，大于0.9，AGFI 为0.901，大于0.9，表明模型路径图与实际数据有良好的适配度。增值适配度指标中，NFI 值为0.945、RFI 值为0.934、IFI值为0.984、TLI 值为0.981、CFI 值为0.984，均大于0.9，亦说明模型具有良好的适配度；PGFI 值为0.697，PNFI 值为0.783，PCFI 值为0.815，均大于0.5，同样可以证明模型的适配度良好。由上述结果可知，各项拟合指标均达到要求，模型契合度较高，拟合较好。

（3）模型假设检验及结论。使用 AMOS20.0 软件对政府食品安全监管执行力影响因素模型进行假设检验的路径系数如表4－56所示，假设检验结果如表4－57所示。

表4－56　　　　　　　　结构方程模型的路径系数

项目		变量	非标准化路径系数	标准化路径系数	S. E.	C. R.	P
执行力	←	监管计划	0.185	0.186	0.058	3.160	0.002
执行力	←	监管人员	0.347	0.310	0.104	3.339	***
执行力	←	监管部门	0.177	0.170	0.071	2.481	0.013
执行力	←	监管资源	0.168	0.139	0.070	2.417	0.016
执行力	←	监管机制	0.197	0.184	0.068	2.897	0.004

注：*** 表示 P<0.001。

表 4 – 57　　　　　　　　　　　假设验证

假设	作用关系	C. R.	P	标准化路径系数	验证结果
H4 – 8	食品安全监管计划对食品安全监管执行力具有正向影响	3. 160	0. 002	0. 186	支持
H4 – 9	食品安全监管人员对食品安全监管执行力具有正向影响	3. 339	***	0. 310	支持
H4 – 10	食品安全监管组织结构对食品安全监管执行力具有正向影响	2. 481	0. 013	0. 170	支持
H4 – 11	食品安全监管资源对食品安全监管执行力具有正向影响	2. 417	0. 016	0. 139	支持
H4 – 12	食品安全监管机制对食品安全监管执行力具有正向影响	2. 897	0. 004	0. 184	支持

由表 4 – 57 第 (1) 行统计结果可知, C. R. = 3. 160, 大于 1. 96, P 值为 0. 002, 小于 0. 05, 表明 H4 – 8 成立, 即食品安全监管计划正向影响食品安全监管执行力。食品安全监管计划对食品安全监管执行力影响系数为 0. 186。具体来讲, 在制定食品安全监管计划时, 计划与本地区实际情况相符、有详细的任务描述、有明确的时间进度安排并且能够根据监管执行过程中暴露的问题及时调整, 那么政府食品安全监管执行效果越好。

第 (2) 行统计结果可知, C. R. = 3. 339, 大于 1. 96, P 值小于 0. 05, 表明 H4 – 9 成立, 即食品安全监管人员正向影响食品安全监管执行力。食品安全监管人员与食品安全监管执行力影响系数为 0. 310, 在执行效果的路径系数中得分最高, 表明监管人员是影响执行力的最重要的因素。即如果监管人员具有较好教育背景, 丰富的工作经验, 热爱工作并且具有监管工作所需要的专业知识, 政府食品安全监管执行力也会相应得到提升。

第 (3) 行统计结果可知, C. R. = 2. 481, 大于 1. 96, P 值为 0. 013, 小于 0. 05, 表明 H4 – 10 成立, 食品安全监管组织结构正向影响食品安全监管执行力。食品安全监管部门对食品安全监管执行力的影响系数为 0. 170, 表明食品安全监管部门岗位设置合理、权责分工明晰、管理幅度合理, 对政府食品安全监管执行力提高有正向促进作用。

151

第（4）行统计结果可知，C. R. = 2.417，大于 1.96，P 值为 0.016，小于 0.05，表明 H4 - 11 成立，食品安全监管资源正向影响食品安全监管执行力。食品安全监管资源对食品安全监管执行力影响系数为 0.139，即食品安全监管经费资源、信息资源、基础设施资源越充足，政府食品安全监管执行效果越好。

第（5）行统计结果可知，C. R. = 2.897，大于 1.96，P 值为 0.004，小于 0.05，表明 H4 - 12 成立，食品安全监管机制正向影响食品安全监管执行力。食品安全监管机制对食品安全监管执行力影响系数为 0.184，表明合理有效的激励机制、监督机制、考核机制以及公众参与机制可以有效地增强政府的食品安全监管执行力。

4.4 食品安全监管指数测算
——政府维度

食品安全监管是实现高质量发展的重要内容，也是事关经济社会稳定发展的重要问题。虽然群众食品安全满意度能在一定程度上反映食品安全监管效果，但通常情况下，食品安全本身的风险与消费者的风险认知水平一般并不统一，甚至有时会发生严重偏差。由此看来，消费者对食品安全风险的认知还存在局限性，从消费者维度来测算的食品安全监管指数带有一定的主观性。而政府维度的食品安全监管效果测度是基于食品生产企业的主体责任落实情况、政府监管措施等的客观反映，因此，本部分从政府维度构建了食品安全监管效果评价指标体系，并应用该指标体系测算得出山东省食品安全监管指数。

4.4.1 指标构建

1. 指标体系理论来源

本部分从政府维度构造了覆盖全过程的食品安全监管效果测度模型，从工作业绩、相关环节、内部管理、学习与成长四个维度构建相应的食品安全监管效果评价体系。

在进行组织管理绩效评价时，常用的有关键业绩指标（KPI）法及平衡计分卡（BSC）法等方法，由于平衡计分卡的理论精髓在于追求组织长期目标与短期目标、结果和过程目标、组织绩效和个人绩效之间的均衡，这与公共部门绩效管理的价值取向相符，因此平衡计分卡理论越来越受到学者们的推崇（张定安，2004）。目前，平衡计分卡理论在地方政府外资政策执行力评价、地方审计机关业务部门绩效考核等方面得到了较为广泛的应用（何向荣，2015；刘畅，2016）。而在应用平衡计分卡理论分析中国的食品安全监管效果时，刘鹏（2013）和李长健等（2017）从监管业绩、相关利益人、内部管理、学习与成长四个维度构建了食品安全监管效果评价指标体系。在此类研究的基础上，按照自上而下与自下而上相结合的原则，确定了食品安全监管效果评价指标体系的一级、二级指标。考虑到与相关利益人维度相比，相关环节维度的覆盖面更加广阔，更能全面体现与工作业绩维度的衔接，因此将一级指标中的相关利益人维度替换为相关环节维度，并在相关环节维度中设置生产加工环节监管、流通环节监管、餐饮消费环节监管三个二级指标。同时，考虑到食品安全监管能力出色与监管积极性强存在高度相关的关系，因此，本部分将内部管理维度中的监管积极性强与监管能力出色两个指标进行了合并，并以监管能力出色作为衡量指标，最终构建如图 4 – 19 所示的食品安全监管效果评价指标体系。

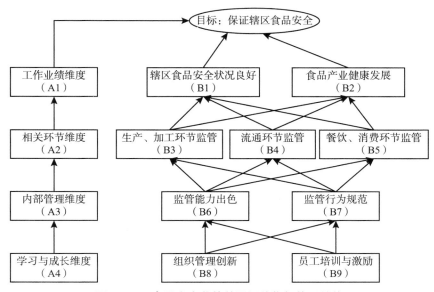

图 4 – 19　食品安全监管效果评价指标体系结构

2. 指标体系说明

评价食品安全监管效果，必须厘清监管资源、监管能力与监管效果之间的逻辑关系，否则极易出现片面评价的问题。食品安全监管效果的提升依赖于食品安全监管资源的大量投入以及监管能力的提升，监管资源与监管能力共同决定了监管效果的高低。由于本部分设置的一级指标涉及范围较广，如果将监管资源与监管能力指标分置，可能会出现无法全面衡量一级指标的问题。因此，本部分根据一级指标覆盖范围将监管资源与监管能力指标进行了灵活处置。在已有研究的基础上，确定用以评价食品安全监管效果的三级指标。具体指标如表 4 - 58 所示。

表 4 - 58　　　　　　　食品安全监管效果评价指标体系

基本维度	战略目标	评价指标	评价方法
A1 工作业绩维度	B1 辖区食品安全状况良好	C11 食品抽检力度	D11 查看年度抽检是否达到平均 3 份/千人的标准
		C12 问题食品的召回及处理	D12 查看问题食品召回、处理记录
		C13 辖区餐饮质量提升	D13 查看餐饮质量提升具体实施方案数量
	B2 食品产业健康发展	C21 规范化食品生产	D21 持有 HACCP 或 ISO22000 证书情况
		C22 食品安全品牌建设	D22 查看促进食品安全品牌创建文件的数量
		C23 诚信体系建设	D23 查看促进食品安全诚信体系建设文件数量
A2 相关环节维度	B3 生产、加工环节监管	C31 种、养殖环节规范化管理	D31 查看农兽药定点经营、使用记录
		C32 病死畜禽无害化处理	D32 查看病死畜禽无害化处理委托协议及台账
		C33 畜禽屠宰管理	D33 查看定点屠宰证书、环评材料等材料
		C34 经营单位实现全过程管理	D34 查看全过程管理管理记录
		C35 建立企业信用档案	D35 查看信用档案及监管记录
	B4 流通环节监管	C41 农贸及批发市场升级改造	D41 查看升级改造计划
		C42 放心肉菜示范超市创建	D42 查看相关文件并与现场检查相结合
		C43 明确市场开办者主体责任	D43 查看入场协议及市场日常检查记录
		C44 农贸及批发市场准入制度	D44 查看入场销售者信用档案、市场自查记录
		C45 农贸及批发市场自检能力	D45 查看检验设备及检验记录

基本维度	战略目标	评价指标	评价方法
A2 相关环节维度	B5 餐饮、消费环节监管	C51 餐厨废弃物处理情况	D51 抽查餐饮单位餐厨废弃物处理协议及台账
		C52 餐饮具集中消毒情况	D52 抽查餐饮单位餐饮餐具集中消毒记录
		C53 小餐饮、食品疏导点管理	D53 抽查小餐饮、食品摊点档案及管理记录
		C54 餐饮企业规范化经营	D54 抽查餐饮单位进货索证索票及经营台账
A3 内部管理维度	B6 监管能力出色	C61 政府重视	D61 政府将食品安全工作纳入政府工作报告
		C62 明确职责、落实责任	D62 明确监管事权，签订责任书
		C63 考核评议	D63 将食品安全纳入政府年度综合考核
		C64 乡镇派出机构到位	D64 派出机构人员编制平均不少于 5 人
		C65 基层协管员及公安专职队伍	D65 食品安全协管员制度落实情况，公安机关配备打击食品安全犯罪的专门机构和人员
		C66 基层监管所装备配备到位	D66 查看固定资产登记表、房屋面积规划图
		C67 监管经费保障	D67 查看食品安全监管经费下达文件
	B7 监管行为规范	C71 建立信息公开制度	D71 抽查食品安全监管部门信息公开有关资料
		C72 应急管理规范到位	D72 查看应急预案、演练文件资料
		C73 推动食品安全社会共治	D73 查看推动社会共治文件
A4 学习与成长维度	B8 组织管理创新	C81 食品安全问题专项整治	D81 查看专项整治记录
		C82 食品安全问题行刑衔接	D82 查看案件移送有关材料
		C83 专职机构设置情况	D83 规模以上经营单位设置食品安全专职机构
	B9 员工培训与激励	C91 监管人员培训	D91 查看培训记录及培训内容材料
		C92 食品从业人员培训	D92 查看培训记录及培训内容材料
		C93 中小学生食品安全培训	D93 查看培训记录及培训内容材料

（1）工作业绩维度指标的确定。工作业绩维度是对政府食品安全监管所期望达成的目标的设定，同时也是对政府食品安全监管工作的测评。政府对食品安全监管的最终目标，一方面在于保证辖区食品安全状况良好，另一方面在于促进食品产业健康发展。因此，在工作业绩维度共设置了 2 个二级指标、6 个三级指标。具体来说，在辖区食品安全状况良好二级指标中，设置食品抽检力度、问题食品的召回及处理、辖区

餐饮质量提升共 3 个三级指标。而在食品产业健康发展二级指标中，设置规范化食品生产、食品安全品牌建设、诚信体系建设共 3 个三级指标。

（2）相关环节维度指标的确定。食品安全监管工作的系统性表明，食品生产加工、流通、餐饮消费任何一个环节出现问题，食品安全状况就得不到改善，食品产业就不能健康发展。在相关环节维度共设置了 3 个二级指标、14 个三级指标。具体来说，在生产加工环节监管二级指标中，设置种养殖环节规范化管理、病死畜禽无害化处理、畜禽屠宰管理、经营单位全过程管理、建立企业信用档案共 5 个三级指标。在流通环节监管二级指标中，设置农贸及批发市场升级改造、放心肉菜示范超市创建、明确市场开办者主体责任、农贸及批发市场准入制度、农贸批发市场自检能力共 5 个三级指标。在餐饮消费环节监管二级指标中，设置餐厨废弃物处理情况、餐饮具集中消毒情况、小餐饮及食品疏导点管理、餐饮企业规范化经营共 4 个三级指标。

（3）内部管理维度指标的确定。相关环节维度目标的实现关键在于监管部门内部管理水平的提升。内部管理水平的提升，一方面体现在监管部门具有较强的监管能力，另一方面体现在监管行为规范。在内部管理维度，共设置了 2 个二级指标、10 个三级指标。具体来看，在监管能力出色二级指标中，设置政府重视、责任落实、考核评议、派出机构设置、专职队伍建设、基层监管所装备配备、监管经费保障共 7 个指标。而在监管行为规范二级指标中，设置建立信息公开制度、应急管理规范到位、食品安全社会共治共 3 个三级指标。

（4）学习与成长维度指标的确定。新公共管理理论认为，为应对内外挑战，最根本的途径在于学习与创新，因此学习与成长维度是评价食品安全监管效果必不可少的一个维度。在学习与成长维度共设置了 2 个二级指标、6 个三级指标。具体来看，在组织管理创新二级指标中，设置食品安全问题专项整治、食品安全问题行刑衔接、专职机构设置共 3 个三级指标。而在员工培训与激励二级指标中，设置监管人员培训、食品从业人员培训、学生食品安全培训共 3 个三级指标。

4.4.2　指标权重的确定与分析

本部分利用层次分析法（AHP）和网络层次分析法（ANP）确定

评价指标的权重。ANP 分析法是对层次分析法（AHP）的发展，与
AHP 分析法只考虑上一层指标对下一层指标的影响相比，ANP 分析法
还考虑到了下一层指标对上一层指标的反馈作用，同时将元素集内部和
元素集之间的依存关系考虑在内，测算结果更加精确。ANP 分析法的基
本思路是：首先对所评价的对象进行系统分析，区分出控制层及网络
层，然后确定每个元素之间的关系，最后构建 ANP 网络层次结构模型。
在控制层及网络层指标权重的计算中，由于控制层中一级指标之间相互
独立，因此控制层指标的权重可以由 AHP 分析法确定，而网络层指标
的权重则需要构建超矩阵及加权超矩阵，借助 Super Decision 分析软件
得到相应的权重，其中超矩阵的结果对应各元素组的局部权重，而加权
超矩阵的结果对应每个元素的全局权重，本部分构建的 ANP 网络层次
结构模型如图 4 - 20 所示。

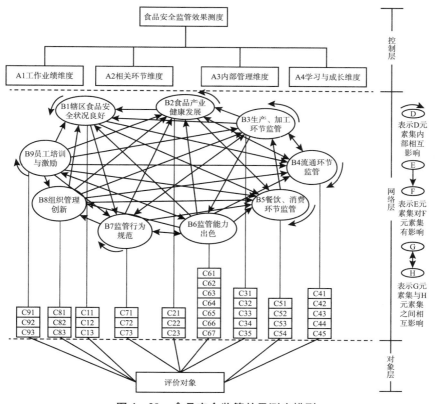

图 4 - 20　食品安全监管效果测度模型

157

表 4 – 59 报告了控制层中一级指标的权重，在食品安全监管效果评价体系四个一级指标中，权重最大的是相关环节维度指标，权重为 0.5495，其次是内部管理维度指标，权重为 0.2476，权重最低的是学习与成长维度指标。结果表明，在食品安全监管过程中，监管方更偏重于对相关环节的监管，而对学习与成长方面的关注有待加强，这与现阶段监管部门重环节管理、轻视专业培训的实际相符。

表 4 – 59　　食品安全监管效果评价指标体系一级指标权重

一级指标	权重
A1 工作业绩维度	0.1293
A2 相关环节维度	0.5495
A3 内部管理维度	0.2476
A4 学习与成长维度	0.0736

表 4 – 60 报告的是网络层中二级指标及三级指标的权重。在 4 个二级指标中，权重最大的是食品产业健康发展指标，权重为 0.24766；其次是生产加工环节监管指标，权重为 0.19771；权重最低的是员工培训与激励指标，权重为 0.02865，这一结果基本符合客观实际。食品产业健康发展是实现食品安全最终目标的关键所在，而生产加工环节作为食品产生的源头环节一直以来都是学界关注的重点，也是监管部门的监管重点所在，因此二级指标权重结果具备理论和实践上的合理性。

表 4 – 60　　食品安全监管效果评价指标体系二级、三级指标权重

战略目标	局部权重	全局权重	评价指标	局部权重	全局权重
B1 辖区食品安全状况良好	0.49815	0.12337	C11 食品抽检力度大	0.39917	0.05985
			C12 问题食品的召回及处理	0.35898	0.05382
			C13 辖区餐饮质量提升	0.24185	0.03626
B2 食品产业健康发展	1	0.24766	C21 规范化食品生产	0.45304	0.20111
			C22 食品安全品牌建设	0.18521	0.08222
			C23 诚信体系建设	0.36174	0.16058

战略目标	局部权重	全局权重	评价指标	局部权重	全局权重
B3 生产、加工环节监管	0.79831	0.19771	C31 种养殖环节规范化管理	0.40487	0.09712
			C32 病死畜禽无害化处理	0.25706	0.06166
			C33 畜禽屠宰管理	0.11981	0.02874
			C34 经营单位实现全过程管理	0.09874	0.02369
			C35 建立企业信用档案	0.11952	0.02867
B4 流通环节监管	0.34248	0.08482	C41 农贸及批发市场升级改造	0.1515	0.00952
			C42 放心肉菜示范超市创建	0.25396	0.01597
			C43 明确市场开办者主体责任	0.11382	0.00715
			C44 农贸及批发市场准入制度	0.14415	0.00906
			C45 农贸及批发市场自检能力	0.33656	0.02116
B5 餐饮、消费环节监管	0.32112	0.07953	C51 餐厨废弃物处理情况	0.06314	0.00376
			C52 餐饮具集中消毒情况	0.17773	0.01056
			C53 小餐饮、食品疏导点管理	0.59873	0.03563
			C54 餐饮企业规范化经营	0.16039	0.00955
B6 监管能力出色	0.43608	0.108	C61 政府重视	0.02062	0.00013
			C62 明确职责、落实责任	0.43832	0.0017
			C63 考核评议	0.04842	0.00019
			C64 乡镇（街道）派出机构到位	0.0121	0.00005
			C65 建立基层协管员及公安专职队伍	0.00747	0.00003
			C66 基层监管所装备配备到位	0.30286	0.00105
			C67 监管经费保障	0.17021	0.00074
B7 监管行为规范	0.36022	0.08921	C71 建立信息公开制度	0.0561	0.0017
			C72 应急管理规范到位	0.31006	0.00938
			C73 推动食品安全社会共治	0.63384	0.01919
B8 组织管理创新	0.16577	0.04105	C81 食品安全问题专项整治	0.97829	0.00951
			C82 食品安全问题行刑衔接	0.01729	0.00017
			C83 专职机构设置情况	0.00442	0.00004

战略目标	局部权重	全局权重	评价指标	局部权重	全局权重
B9 员工培训与激励	0.11567	0.02865	C91 监管人员培训	0.58065	0.00002
			C92 食品从业人员培训	0.25806	0.00001
			C93 中小学生食品安全培训	0.16129	0.00001

从三级指标权重结果来看，在所有的 36 个三级指标中，对食品安全监管效果影响较大的前三位指标分别是规范化食品生产指标、诚信体系建设指标、种植及养殖环节规范化管理指标，权重分别为 0.20111、0.16058、0.09712。而对食品安全监管效果影响较小的后三位指标分别是监管人员培训、从业人员培训、中小学生食品安全培训，权重分别为 0.00002、0.00001、0.00001。影响较大的前三位指标均分布在食品产业健康发展、生产及加工环节监管二级指标中，影响较小的后三位指标均分布在员工培训与激励二级指标中，这一结果与二级指标所反映出的状况相一致，进一步说明结果的可靠性。二级指标及三级指标权重结果均反映出监管部门在监管过程中无论是对监管人员自身，还是对食品从业人员、中小学生均存在着食品安全培训不足的问题，这为改善下一步的工作提供了依据。

4.4.3 政府维度食品安全监管指数测算

在食品安全监管效果评价指标体系的基础上，以山东省 17 个地市作为评价指标体系的应用对象，测算各地市的食品安全监管指数。考虑到此次应用涉及地区较多，无法获取包括山东省 17 个地市所有区县的抽样框，采取在综合考虑当地经济发展水平、地区人流量、社会事业等方面因素，确定调查地点的抽样框（乡镇、街道所辖的村委会或居委会及食品行业企业、学校等），并在调查前随机抽取的做法。

为了便于量化，在得分设置方面，对所有的三级指标按照李克特十级度量方法进行设置，1～10 级表示评价由低到高。为兼顾学理性与应用性，在实施人员的选择方面，结合山东省创建省级食品安全先进县（市、区）的契机，在每个地区安排由一名食品安全研究专家、一名食品安全监管工作人员、一名普通居民代表组成的实施小组。对所有三级

指标按照所属的业态进行了划分，共对包括食品药品乡镇监管所、病死
畜禽无害化处理厂、食用农产品种植单位、畜禽养殖单位、食品生产加
工企业、大中型超市、农贸市场、中小学食堂等共计 11 个业态的单位
进行现场调研打分，将所有题项的打分进行汇总，取每个题项的平均得
分乘以相应题项的权重作为该题项最终得分，最后将所有题项的得分加
总得到最终分数。

　　图 4 - 21 报告的是利用本部分构建的食品安全监管效果评价指标体
系对山东省 17 个地市食品安全监管指数测算的最终结果。从最终得分
角度来看，排名处在前三位的城市分别为青岛市、潍坊市、威海市，得
分分别为 9.9693、9.9359、9.8300，而排名处在后三位的城市分别为莱
芜市、济宁市、临沂市，得分分别为 9.5927、9.5811、9.5593。从食品
安全监管效果空间分布的角度看，山东省食品安全监管效果的空间分布
呈现显著的地区差距特征，排名位置靠前的地市多分布在山东省东部临
海经济较为发达的地区，这一分布状况与山东省的客观实际基本相符。
食品安全监管是一项系统、复杂的工作，需要大量的经费保障，地区经
济发展状况在很大程度上决定了该地区食品安全监管水平的高低。东部
地区由于经济发展水平相对较高，食品安全监管方面的经费有充分的保
障。以随机抽取的青岛市黄岛区为例，山东省发改委发布的 2016 年度
山东省县（市、区）GDP 排名中，黄岛区在山东省所有 137 个县（市、
区）中排名第一，经济总量达 2766 亿元，而黄岛区食品药品监督管理
局公布的数据显示，2016 年黄岛区食品安全经费投入达 1416.37 万元，

161

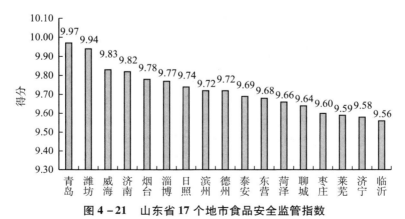

图 4 - 21　山东省 17 个地市食品安全监管指数

注：由于图幅受限，山东省 17 个地市食品安全监管指数只保留 2 位小数。

充足的财政支持使得食品安全监管工作有效地落实。从这一方面考虑，本部分构建的指标体系具备合理性。

通过测度结果，可以得到初步的结论：山东省食品安全监管效果呈现明显的地区差距，经济发展程度高的临海地区和省会济南食品安全监管效果明显高于经济发展相对较慢的中西部地区。

4.5 小　　结

本部分从消费者、政府两个维度对食品安全监管效果进行测度。消费者维度是通过调研消费者对食品安全现状的满意度，从主观层面对食品安全监管效果进行测度；政府维度是通过对政府食品安全监管能力的综合考察，从客观层面对食品安全监管效果进行测度，并构建了食品安全监管效果评价指标体系，应用该指标体系测算得出山东省食品安全监管指数。

在消费者维度，主要考察了两个方面：（1）消费者食品安全风险认知的经验特征。研究发现消费者的个体特征、参与程度、对食品安全了解程度、对相关组织机构的信任度等都是影响消费者食品安全风险认知的重要因素，而消费者对当前食品安全风险认知状况，又直接影响其对食品安全的满意度。（2）消费者维度的食品安全监管效果测度。在上述理论分析的基础上，采用问卷调查方法，构建了一个以"食品安全"为一级指标，以"重点领域监管与执法""信息公开与社会共治""企业主体责任落实""总体满意"为二级指标的评价指标体系。使用层次分析法确定权重，使用 YAAHP 软件计算指标权重体系，最终得到了山东省 17 个地市消费者维度的食品安全监管效果测度分数。

在政府维度，主要考察了两个方面：（1）政府食品安全监管执行力的经验分析。政府食品安全监管执行力是影响政府食品安全监管能力的核心因素，因而对政府食品安全监管执行力进行分析有助于从客观层面测度食品安全监管效果。调研结果证实监管计划、监管人员、监管组织结构、监管资源、监管机制对食品安全监管执行力具有正向影响。（2）政府维度的食品安全监管指数测度。本部分在上述理论分析的基础上，从政府维度构造了覆盖全过程的食品安全监管效果测度模型，以工作业绩、相关环节、内部管理、学习与成长四个维度为一级指标构建相应的食品安全监管效果评价体系。利用层次分析法和网络层次分析法确定评价指标的权重，形成相应的食品安全监管效果评价体系。把山东省 17 个地市作为监管效果评价体系的应用对象，得到山东省食品安全监管指数。

第5章 食品安全全过程监管
动态博弈及策略选择

本章基于供应链视角构建多主体动态博弈模型，对种养殖、生产、流通和餐饮消费过程中的行动策略和收益函数进行分析，寻求利益最大化的均衡策略，并据此分析食品安全监管全过程中相关参与主体的行为特征以及出现的道德风险与逆向选择。在激励相容理论的基础上，对食品安全过程监管策略选择进行设计，即通过完善种养殖企业和食品生产企业的约束激励机制、发挥监管者的有效监督机制并增强消费者的监督能力机制，从而有效防范食品安全全过程中企业与监管者的道德风险，抑制消费者的逆向选择，进而达到食品安全监管全过程中企业、监管者和消费者之间的激励相容。

5.1 全过程监管动态博弈分析

5.1.1 博弈模型的基本假设条件

首先，假设本章所研究的食品供应链主体构成分别是单个供应商、制造加工商、销售商和消费者。其次，假定在该食品供应链中相关的食品供应链主体之间只进行一次交易，并且不考虑相关食品的质量差异性等现象。其次，假设该供应链中各主体都是追求通过长期合作而获得自身利益最大化且厌恶风险的理性经济人，各主体在供应链的交易过程中都会通过不断改变自身策略，以追求自身利益最大化。为了量化博弈过程，构建博弈模型并对动态博弈中各参数进行假设：

H5 - 1：P 代表供应商。实行食品供应链的跟踪与上、下追溯，将种养殖企业和食品生产企业从市场营销中分离出来，假设供应商 P 位于食品供应链的最前端，并且是最可能出现食品质量问题的环节。在食品供应链的各个环节中，供应商 P 只负责对自身食品的种养殖、食品生产或食品制造过程实施质量投入，没有检查检验的职能。M 代表制造加工商。制造加工商仅次于供应商 P，处于食品供应链环节中的第二个环节。在这个环节中，制造加工商不仅需要对最前端的供应商进行食品质量安全检查，而且需要对本企业生产的食品质量的投入状况实行决策。S 代表销售商。销售商 S 是连接食品的生产环节和消费环节的中间环节。销售商 S 在对本企业销售产品的质量投入状况实行决策的同时，还需要对前端产品的质量检查成本投入实行决策。L 代表消费者的损失。消费者是食品供应链的最末端，也是最后环节，消费者在食品供应链中不进行食品质量的投入，只对前一环节的销售商 S 实施产品质量检查或检验。C 代表各个博弈主体对产品质量的投入成本，Q 代表博弈主体支付的产品质量检查成本。

H5 - 2：博弈主体的收益包括批发价格与生产成本之间的差额、交易过程中赢得的商业信誉或荣誉等。供应商 P、制造加工商 M、销售商 S 三者的利润分别为 E_P、E_M、E_S，消费者获得的效益表示为 E_L。当供应商 P、制造加工商 M、销售商 S 三者均有"投机"动机并实施行动时，则博弈主体会在食品加工过程中减少甚至完全不投入食品质量方面，此时供应商 P、制造加工商 M、销售商 S 三者之间的收益变为 E_P'、E_M'、E_S' 和 E_L'。总的来说，食品市场中短时间的"投机"行为可获得的非正常收益高于对产品进行质量资金投入所获得的正常收益，即 $E_x' > E_x$。

H5 - 3：博弈主体实行质量投入的收益函数（Payoff）分别如下：供应商 P 的收益为：$E_P + \varepsilon E_P - C_P$；制造加工商 M 的收益为：$E_M + \theta E_M - C_M$；销售商 S 的收益为 $E_S + \varphi E_S - C_S$；消费者的收益函数为：$E_L - C_L$。其中，ε（$\varepsilon > 0$）为供应商 P 对食品质量的投入产出比，供应商可以通过增加食品质量的投入提高收益；θ（$\theta > 0$）为制造加工商 M 对食品质量投入产出比，制造加工商通过增加食品质量的投入提高收益；φ（$\varphi > 0$）为销售商 S 的食品质量投入产出比，销售商也是通过增加食品质量的投入提高自身收益；由于消费者是食品供应链中最后的环节，所以没有食品质量的投入产出比。

H5 - 4：在整个食品供应链的流通过程中，各博弈主体都是追求通过长期合作而获得自身利益最大化且厌恶风险的理性经济人，都有"投机"动机并付诸实际行动，即通过选择减少或完全不投入食品质量方面的行动策略，以降低对前端环节的检查成本Q，进而提高各博弈主体的非正常收益或利润水平。博弈主体为获取此类非正常收益或利润水平的行动策略的概率用I代表，而A代表各个下端的博弈主体对食品质量的检查概率。

食品供应链的全过程分析如图5-1所示。

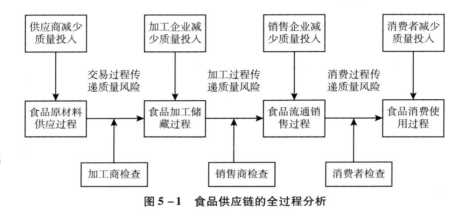

图5-1　食品供应链的全过程分析

5.1.2　博弈模型的建立及均衡求解

在上述假设条件之下，假设此处的食品供应链源头只有一个供应商和一个制造加工商两个参与人进行博弈，参与双方的收益取决于供应商与制造加工商对行动策略的选择，并且双方的收益是公开的。供应商的行动策略分别为（投入，不投入），制造加工商的行动策略分别为（检查，不检查），供应商与制造加工商都是相对独立地采取各自的行动策略。同时，供应商与加工商都是追求利益最大化且厌恶风险的理性经济人，两者对食品质量的投入和食品质量的检查是建立在"成本 - 收益"一体化的基础之上的。为便于分析"成本 - 收益"，本章采用博弈模型收益矩阵来分析供应商和制造加工商的博弈策略（如表5-1所示）。

表 5 - 1 　　　　　　　　供应商与制造加工商之间的博弈矩阵

供应商 P 行为策略	概率	M （检查）	M （不检查）
		A_M	$1 - A_M$
P （投入）	I_P	$E_M + \theta E_M - C_M - Q_M$	$E_M + \theta E_M - C_M$
P （不投入）	$1 - I_P$	$E_M + \theta E_M - C_M - Q_M$	$(1 - E_P)(R_P + \theta R_P - C_P)$

通过表 5 - 1 可以分别计算出供应商和制造加工商的收益函数：

$$\Pi_P = I_P(E_P + \varepsilon E_P - C_P) + (1 - I_P)(1 - A_M)E_P' \qquad (5-1)$$

$$\Pi_M = A_M(E_M + \theta E_M - C_M - Q_M) + (1 - A_M)(E_M + \theta E_M - C_M)$$
$$+ (1 - A_M)(1 - I_P)(1 - A_M)(E_M + \theta E_M - C_M) \qquad (5-2)$$

将式（5 - 1）和式（5 - 2）进行联立，令关于 I_P、A_M 的一阶导数为 0，可求出 I_P、A_M：

$$\frac{\partial \Pi_P}{\partial \Pi_S} = 0, \quad \frac{\partial \Pi_M}{\partial A_M} = 0 \qquad (5-3)$$

从而得出供应商对食品质量投入的概率和制造加工商对前端食品质量投入的检查概率：

$$I_P = \frac{(E_M + \theta E_M - C_M) - (E_M + \theta E_M - C_M - Q_M)}{A_M(E_M + \theta E_M - C_M)} \qquad (5-4)$$

$$A_M = \frac{E_P' - (E_P - \varepsilon E_P - C_P)}{E_P'} \qquad (5-5)$$

为明确各博弈主体在食品供应链中对食品质量的投入量，需要假设制造加工商对食品质量的投入概率为 I_M，伴随食品向后端博弈主体的转移，食品质量的投入的合格率逐渐下降。食品供应链下端各博弈主体在追求个人利益最大化的同时也是厌恶风险的理性经济人，会在考虑自身收益的前提下制定规避风险的合理检查概率，此时，假设制造加工商对食品质量的检查概率为 A_M。

表 5 - 2 　　　　　　　　供应商、制造加工商和销售商的博弈矩阵

供应商、制造加工商的行为策略	概率	S （检查）	S （不检查）
		A_S	$1 - A_S$
P （投入）	I_P	$E_M + \theta E_M - C_M$	$E_M + \theta E_M - C_M$

供应商、制造加工商的行为策略	概率	S（检查）	S（不检查）
		A_S	$1 - A_S$
M（投入）	I_M	$E_S + \varphi E_S - C_S - Q_S$	$E_S + \varphi E_S - C_S$
P（投入）	I_P	0	E_M'
M（不投入）	$1 - I_M$	$E_S + \varphi E_S - C_S - Q_S$	$(E_M + \theta E_M - C_M)(1 - A_L)$
P（不投入）	$1 - I_P$	0	$E_M + \theta E_M - C_M$
M（投入）	I_M	$E_S + \varphi E_S - C_S - Q_S$	$(E_S + \varphi E_S - C_S)(1 - A_L)$
P（不投入）	$1 - I_P$	0	E_M'
M（不投入）	$1 - I_M$	$E_S + \varphi E_S - C_S - Q_S$	$(E_S + \varphi E_S - C_S)(1 - A_L)$

根据表 5 - 2 博弈矩阵可以求出供应商、制造加工商和销售商的收益函数：

$$\Pi_M = I_P I_M A_S (E_M + \theta E_M - C_M) + (1 - I_M)(1 - A_S) E_M'$$
$$+ I_M (1 - A_S)(E_M + \theta E_M - C_M) \tag{5-6}$$

$$\Pi_S = A_S (E_S + \varphi E_S - C_S - Q_S) + (1 - A_S)(1 - A_L)(E_S + \varphi E_S - C_S)$$
$$+ I_P I_M (1 - A_S)(E_S + \varphi E_S - C_S) \tag{5-7}$$

联立式（5 - 6）和式（5 - 7），令一阶导数为 0，求出 I_P，I_M 与 A_S 的函数值为：

$$\frac{\partial \Pi_M}{\partial I_M} = 0, \quad \frac{\partial \Pi_S}{\partial E_S} = 0 \tag{5-8}$$

进而得出供应商 P 与制造加工商 M 对食品质量投入的概率以及销售商 S 对前端环节中食品质量投入的检查概率：

$$I_P = \frac{(1 - A_S)(E_M' - E_M - \theta E_M + C_M)}{A_S (E_M + \theta E_M - C_M)} \tag{5-9}$$

$$I_M = \frac{(E_S + \varepsilon E_S - C_S - Q_S) - (1 - A_L)(E_S + \varepsilon E_S - C_S)}{I_P (E_S + \varepsilon E_S - C_S)} \tag{5-10}$$

$$A_S = \frac{E_M' - E_M - \theta E_M + C_M}{I_P (E_M + \theta E_M - C_M) + E_M' - E_M - \theta E_M + C_M} \tag{5-11}$$

具体地，供应商、制造加工商、销售商和消费者的博弈矩阵如表 5 - 3 所示。

表 5 - 3　　供应商、制造加工商、销售商和消费者的博弈矩阵

供应商、制造加工商、销售商行为	概率	L（检查）	L（不检查）
		A_L	$1 - A_L$
P（投入）	I_P	$E_S + \varphi E_S - C_S$	$E_S + \varphi E_S - C_S$
M（投入）	I_M	—	—
S（投入）	I_S	$E_L - C_L - Q_L$	$E_L - C_L$
P（投入）	I_P	0	E'_S
M（投入）	I_M	—	—
S（不投入）	$1 - I_S$	$E_L - C_L - Q_L$	$- L$
P（投入）	I_P	0	E'_S
M（不投入）	$1 - I_M$	—	—
S（不投入）	$1 - I_S$	$E_L - C_L - Q_L$	$- L$
P（不投入）	$1 - I_P$	0	$E_S + \varphi E_S - C_S$
M（不投入）	$1 - I_M$	—	—
S（投入）	I_S	$E_L - C_L - Q_L$	$- L$
P（不投入）	$1 - I_P$	0	E'_S
M（不投入）	$1 - I_M$	—	—
S（不投入）	$1 - I_S$	$E_L - C_L - Q_L$	$- L$
P（不投入）	$1 - I_P$	0	$E_S + \varphi E_S - C_S$
M（投入）	I_M	—	—
S（投入）	I_S	$E_L - C_L - Q_L$	$- L$
P（不投入）	$1 - I_P$	0	E'_S
M（投入）	I_M	—	—
S（不投入）	$1 - I_S$	$E_L - C_L - Q_L$	$- L$

根据表 5 - 3，可以求出销售商和消费者的收益函数：

$$\Pi_S = A_L I_P I_M I_S (E_S + \varphi E_S - C_S) + I_S (1 - A_L)(E_S + \varphi E_S - C_S)$$
$$+ (1 - I_S)(1 - A_L) E'_S \qquad (5 - 12)$$
$$\Pi_L = A_L (E_L - C_L - Q_L) - L(1 - A_L) + I_P I_M I_S (1 - A_L)(E_L - C_L)$$
$$(5 - 13)$$

联立式（5 - 12）与式（5 - 13），令 I_S、A_L 的一阶导数为 0，可得

出 I_P，I_M，I_S 和 A_L 的函数值为：

$$\frac{\partial \Pi_S}{\partial I_S} = 0, \quad \frac{\partial \Pi_L}{\partial A_L} = 0 \tag{5-14}$$

进而获得销售商对食品质量的投入概率与消费者对上端的食品质量的投入检查概率为：

$$I_P = \frac{E_L - C_L - Q_L + L}{I_M I_S (E_L - C_L)} \tag{5-15}$$

$$I_M = \frac{E_L - C_L - Q_L + L}{I_P I_S (E_L - C_L)} \tag{5-16}$$

$$I_S = \frac{E_L - C_L - Q_L + L}{I_P I_M (E_L - C_L)} \tag{5-17}$$

$$A_L = \frac{E_S + \varphi E_S - C_S - E_S'}{(E_S + \varphi E_S - C_S - E_S') - I_P I_M (E_S + \varphi E_S - C_S)} \tag{5-18}$$

在供应商 P 和制造加工商 M 的动态博弈中，可以得出供应商和制造加工商对食品质量投入的概率 I_P 和对食品质量投入的检查概率 A_M。在制造加工商 M 和销售商 S 的动态博弈中，得出制造加工商对食品质量的投入概率为：$1-(1-I_M)(1-I_P)$，销售商对食品质量投入的检查概率为：$1-(1-A_M)(1-A_S)$。在销售商 S 和消费者的动态博弈中，得出销售商对食品质量投入概率为：$1-(1-I_M)(1-I_P)(1-I_S)$，消费者对食品质量投入的检查概率为：$1-(1-A_M)(1-A_S)(1-A_L)$。

5.2 多重委托—代理视角下食品安全监管激励相容机制效果分析

基于上述博弈模型可发现，在食品生产、流通的过程中，出于自身利益的考虑，任何一方主体都很难百分之百地对食品安全进行全面监管。也就是说，有效的食品行业监管作为公共物品不能完全由市场提供。这种背景下，食品行业相关监管部门有必要出台一系列监管措施以调节、完善市场功能。但是从信息经济学角度来看，食品行业监管部门与食品企业之间存在着信息的不对称，食品行业监管部门无法洞察食品企业的一切举动。尽管如此，合理的食品行业监管模式仍可以在激发食品生产企业、消费者承担更多的社会责任的主动性方面发挥积极作用。

原则上，制定出台并实施一系列具备激励相容机制的食品安全监管措施，可以更有效地规制食品供应链条中相关利益主体之间的机会主义行为，妥善处理好监督者与被监督者之间在食品供应链条中的利益冲突，进而提高我国食品安全监管效率，实现食品行业安全监管目标。

5.2.1　理论基础

消费者因不断出现的食品安全问题事件已经对我国食品安全监管体系的效能产生怀疑。消费者对食品安全的担忧不仅来自食品企业的"无良"生产经营，还来自监管者的"失信"执法监管。监管者的失信既有食品安全监管措施不完善的原因，也有监管成本、执行方式等导致的执法监管不到位的原因。无论何种原因食品安全监管过程中出现的漏洞或不足使食品生产流通过程中各利益相关者之间产生了巨大的利益冲突。因此，如何有效地协调各利益相关者的利益冲突，妥善处理好监管者与被监管者之间在最终目标上的激励冲突，尽量消除监管者与被监管者之间的信息不对称问题，确保或在最大程度上保持各方利益的一致性，将是提高我国食品安全的监管效率和水平的关键所在。从制度设计的角度看，唯有通过在食品生产流通过程中的各利益相关者之间形成激励相容机制才能促进食品安全问题监管效率的有效提升，进而取得最优的社会效益。

所谓"激励相容"就是通过一种制度的设计安排，使得追求自身经济利益最大化的各理性"经济人"的行为恰好与集体实现机制最大化的目标相吻合。设计有效的激励相容机制都需要考虑以下两个条件的约束：第一，参与约束，代理人接受执行契约后所获得的期望收益不能低于其他机会下获得的期望收益；第二，激励相容约束，在自身效用最大化的原则下代理人选择的行动也满足委托人的效用最大化。激励相容机制最初是被用于金融领域中对银行的监管，之后被推广至用于证券市场上对上市公司的监管，相关部门对排污企业、煤炭开采、捕捞业以及医疗企业的监督管理。在激励相容理论被广泛接受的过程中，人们对激励相容理论的认识也逐渐深化。目前激励相容理论被认为是任何经济体制都需要具备的性质。因此，建立适当的具有激励相容机制的食品安全监管机制应是对被监管的食品企业实现有效监管的必要方式。

　　如果要将激励相容机制引入食品安全监管中，需要确定食品生产、流通和消费过程中涉及的各相关利益主体。由于各方行为互动一般以委托代理理论为基础，因此，食品市场监管体系中一般包括三个行为主体和与之相关的三层委托代理关系，即消费者、政府、食品企业和三层委托代理关系（如图5-2所示）。要设计出能真正提高食品安全监管效率的激励相容机制，必须妥善处理好监管者与被监管者在食品安全生产经营上的激励冲突，实现利益目标相一致，并充分考虑所提出的监管措施是否激励相容。改变我国食品安全监管效率不高的途径从根本上说就是通过制度设计改变我国食品安全监管制度中存在着激励不相容的状态。

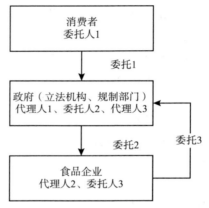

图5-2　消费者、政府、食品企业和三层委托代理关系

5.2.2　我国食品安全监督的激励不相容状态分析

　　陈思（2013）曾提出，要建立食品安全监管激励机制需要从食品安全机构实施绩效工资、完善问责制度以及增加食品生产者的违法成本三方面入手。文中通过对消费者、政府、食品企业和三层委托代理关系进行探讨，发现食品安全监管链条相关利益主体间的食品安全信息都是不对称的，即使投入再多的人力、物力、财力、技术等，都无法从根本使相容机制得到改善。总体来说，食品安全信息不对称是影响食品安全有效监管的根本原因。具体体现在以下三个阶段的委托代理关系中：

1. 第一阶段的委托代理关系——由作为委托人的消费者与作为代理人的政府构成

消费者很难在食品采购过程中对所购食品的安全和质量做出准确而科学的评判，且因处于信息的不对称的劣势位置而使得消费者市场势力较弱。因此，作为一个较弱且分散的特殊利益集团，消费者很难采取行动以应对违规的食品企业的不法行为；况且食品生产经营企业在利益的驱动下也不太可能改变生产经营方式去迎合消费者的意愿。此时消费者只能寄希望于政府以立法的方式来保障自身的合法权益不受侵害，此过程消费者需以委托人的身份将相关权利委托给政府。从社会关系的角度来看，作为委托人的消费者与作为代理人的政府之间存在着天然的、隐含的社会契约关系。为了维持这种社会契约关系，政府部门通常采取的措施是将食品安全监管纳入政府职能中，不断完善食品公共安全规制体系、加强食品行业整顿。我国政府为此相继出台了《中华人民共和国食品安全法》《中华人民共和国食品安全实施条例》等法律法规，并建立了高级别的食品安全委员会。虽然出台了诸多措施，并取得了一定成效，但是我国食品安全问题并没有从根本上获得很好的解决，食品安全监管体系也没有发挥其应有的效用。由此来看，在由消费者作为委托人与政府作为代理人构成的委托代理关系中，政府并没能完全实现不遗余力地为消费者的相关利益服务的目的。

从食品安全监管激励相容机制的角度考虑，影响其效用发挥的主要因素有以下两种情况：

第一，作为"第三方"强制者的立法机构及政府部门同时也都是理性"经济人"，这样政府对食品企业实施监管时，必然要考虑通过实施行动实现现值最大化。政府采取监管行动时产生的罚金是一种长期的收益，它依赖于监管方与被监管方之间的持续关系。如果政府以实现租金效益最大化为终极目标，那么政府在从立法到监管的过程中将会"理性"地从维护自身利益的角度出发以实现现值最大化。如果行动所产生的收益与采取行动所耗费的成本相差太远，政府会"理性"地避免实施不利于自身收益最大化的监管，从而造成食品安全监管的激励水平较低。这种低水平的激励相容机制造成了作为代理人的政府部门对食品安全的监管责任意识较弱、立法和监管的积极性较低，从而违背了与消费者之间达成的委托代理关系，甚至为了维护自身利益而去侵害消费者的合法权益和维权诉求。因此，如果没有对立法机构和监管机构有效的约束和监督机制，仅靠其自我约束，很难形成高水平的激励相容机制。

第二，在将自己的权利委托给政府后消费者必定希望政府能够合法地维护自己的利益诉求。如果要让作为代理人的政府能够有效地按照消费者的意愿行使公共权力、履行监管职责，就必须将该委托代理的运行过程置于监督之下。而在政府行使公共权力的过程中，往往需要多个部门互相配合、联合监管，这就造成了消费者与政府之间委托—代理环节的复杂性。这种横向委托—代理环节的增多增加了消费者的监督成本，提高了消费者监督的难度。与此同时，消费者在进行食品安全监督和维权的行动中也希望获得利益的最大化。对消费者而言，一方面，若所有消费者的监督失效，公共权力执行不力所造成的损失将由所有消费者共同承担，即通过分摊损失，单个消费者只需承担很小的损失份额；另一方面，对于单个消费者而言，其不大可能在获得的收益远小于行动产生的成本的情况下通过个体监督行为保障公共权力的合理实施。因此，从理性上消费者个体在进行食品安全监督和维权的行动时倾向于采取机会主义行为，即希望通过搭便车的方式经其他消费者的监督行为来达到维护自身的合法权益的目的。这种"搭便车"行为进一步弱化了消费者的监督力度，使得消费者难以对公共权力进行有效监管，从而也对食品安全监督的有效实行产生消极影响。

2. 第二阶段的委托代理关系——由作为委托人的政府与作为代理人的食品企业构成

为了对食品安全进行监管，需要立法机构制定相关的法律规范。出台的法律规范需根据实际情况对市场准入、产品质量、产品数量、卫生和环保等方面的内容做出详细规定和要求。这既是政府部门对食品企业进行监督管理的依据，也是食品企业开展合法生产的基本要求。但政府部门由于并不直接参与食品企业的日常经营活动，只能将食品安全生产的规范委托给食品企业落实和执行。虽然政府部门会进行不定期的检查和监督，但由于不可能实时监控企业的生产行为且政府的监管存在体制不健全和执行力滞后的情况，加之市场环境存在不确定性，这就为食品企业在利益的驱动下从事不法生产以谋求短期高额利润提供了可能，即食品企业存在道德风险。

从食品安全监管激励相容机制的角度考虑，影响其效用发挥的主要因素如下：

第一，首先，在食品企业的日常生产经营活动中，政府部门作为职能机构并不直接参与，很难获得企业经营的实时食品安全信息；同时，市场外部环境存在各种不确定性因素导致企业的经营情况更加复杂，这些情况都导致政府部门与食品企业之间的信息不对称。政府部门不可能获得食品企业生产经营活动中的所有信息，并对之形成有效绝对监管。相反的，无论是原材料的获取还是加工过程食品企业的生产经营活动都处在复杂动态的市场外部环境调节之下，食品企业的成功经营是建立在对复杂的市场外部环境信息的及时掌握并对之做出相应灵活反应的基础上。食品企业天然具备高度的市场灵敏性，相比于政府部门，在掌握第一手食品安全信息上具有较大的优势。其次，我国食品安全监管手段主要为委托检验、发证检验和事后抽查检验（周应恒，2013），无法及时发现和控制食品企业的违法违规行为。最后，我国食品生产经营企业小而散，监管成本较高，现行的食品安全监管机制又缺乏信息公开的动力，造成了信息不对称的负向激励，这也是不利于食品安全监管部门形成有效管制的重要因素。

第二，从食品生产企业的生产经营来看，首先，生产原料来源、原料配比、食品添加剂等关键生产要素是企业生存和发展的核心和关键。这些技术秘密也是食品生产企业谋取信息租金的利器。在这些技术要素无法获知的情况下，政府部门如何判别食品企业提供的食品质量信息的真伪将是监督管理过程中的关键问题；同时，为了适应市场需要和谋求最大利润，这些信息也会处于动态的变化中，这给政府部门的监管带来了更加严峻的挑战。如果监督管理机制的改进速度无法适应跟上市场环境的变化，那么食品企业为实现自身利益的最大化理性上就会利用监管的漏洞生产出不安全的食品，从而侵害消费者的利益。其次，食品生产企业从事安全生产经营时，产品的生产成本和价格都较高，一定程度上影响了产品的销售和利润；相反的，食品生产企业选择违法经营时预期收益很高。食品企业为降低生产成本通常选择违法违规添加有毒有害添加剂等方式。这些不法行为使得产品具有较强的价格优势，同时在外观上可让产品显得更美观，这样一来其违规违法预期收益就相当可观。相对于食品的违规生产攫取的高额利润来说，监管机制的滞后和远低于非法所得高额利润的监管处罚，根本不足以对食品企业产生足够的震慑力，而且食品企业的违规行为往往并不影响企业继续从事食品行业的经营活动，这进一步增强了食品企业的道德风险。

3. 第三阶段的委托代理关系——由作为委托人的食品企业与作为代理人的政府构成

虽然食品企业在日常生产经营中存在道德风险，但同时它们也面临着权益被侵害的风险。为了保护自身的权益，食品企业必然希望政府通过立法来保护自身的利益诉求，即食品企业以委托人的身份将相关权利委托给政府，希望从政府中获得权益保护。但政府的立法和监管并不是以市场反应为基础，而需要从现实的社会情况出发进行利益均衡，这样在这一多重委托代理关系中政府不可避免地存在道德风险。考虑到社会不断进步、市场经济日趋完善，立法机构在制定条款时出于现实考虑必须保留一定的弹性，以便能及时应对一些意外情况或突发事件。例如，《中华人民共和国食品安全法实施条例》中的食品安全标准本着"保障公众身体健康"的宗旨对食品、食品添加剂、食品相关产品中的致病性微生物，农药残留、兽药残留、生物毒素、重金属等污染物质以及其他危害人体健康物质做出了限量规定。但随着检验检测技术水平的不断提升，科学研究对危害物质的认识不断深化和食品行业的生产技术水平的进一步提升，有些作为补充的技术标准需要随着技术要求的变化而变化，这种技术层面的标准规定由于专业性较强，不宜在法规中加以限定或体现，而是需要通过技术立法的形式交由专家进行拟定。另外，受市场和政治因素影响，政府为缓解国内外各利益集团施加的压力，也可能会对食品生产标准、加工工艺规范等进行调整；随着立法机构适时改变或完善原先制定的行业标准，食品行业必须对这些变动作出响应。如果改变或完善后的新标准变动较大，标准更严，必然会导致食品行业的改造和生产成本上升。此时，政府势必产生道德风险，对企业的相关利益产生侵害。

5.2.3 激励不相容状态的主要结论

本部分根据委托代理理论构建了消费者与政府、政府与食品企业以及食品企业与政府的三个层次的委托代理关系。在以上的委托代理关系中，政府和食品企业互为委托人和代理人，其委托代理关系是本研究最核心的部分。

政府作为代理人要保障作为委托人的消费者的合法权益，使得消费者获得安全的食品；广大消费者希望政府能对食品企业实施有效的监管，让食品企业公开食品的供应链、添加剂等信息，并确保所提供信息的准确性和完整性。与食品企业相比，政府处于信息不对称的劣势一方，很难获得食品企业的各种技术秘密信息，例如技术、添加剂以及供应链等信息。相反地，对食品企业而言，其从事食品生产经营活动时，只要遵守《中华人民共和国食品安全法》等相关法律、法规的规章制度，在不违反行业标准的前提下，食品企业有权利用获得的市场信息，通过发挥自身的专业技术优势来实现资源利用效率的提升和优化交易成本。在没有建立健全相应的激励机制、树立行业的信誉度和品质力等的保障下，食品企业是不会主动将企业内部信息向社会公开的。在信息不对称的情况下，作为相对信息优势的一方，食品企业在整个食品市场安全监管体系中处于关键性的地位。通常来说，信息的不对称对逆向选择和道德风险问题的产生起决定性作用，进而导致市场缺乏效率。因此，政府在考虑通过设计新的激励相容机制改进食品安全问题时必须着眼于解决如何降低信息不对称引起的道德风险问题。在设计激励相容机制的时候，需要仔细考虑并合理协调食品安全监管中各行为主体之间的利益目标。在现实生活中，政府和消费者实施治理食品行业行为时分别采取法律、行政手段和消费者利益均衡机制。然而，作为委托代理关系双方的消费者和政府，二者的目标函数并不一致（即消费者以消费者剩余的最大化为追求目标，政府机构则以促进社会总体福利最大化为最终目标），这种不一致将会影响到消费者的权益保障。另外，由于多个委托人之间的合作与非合作会深刻影响着食品行业监管模型的建立，传统的委托—代理模型在对消费者与政府结合关系下对食品行业的激励问题进行研究时已经捉襟见肘。如果将消费者和政府部门共同作为食品企业的委托人来研究多重委托代理模型下食品行业监督管理的最优模式，将会发现食品企业的生产经营活动是由政府部门和消费者各自的契约安排共同决定。

177

5.3 食品安全监管激励相容机制的策略选择

食品安全是保障人民群众身体健康的根本,而食品安全监管中存在的道德风险已成为影响食品安全的重要因素。考虑到我国食品生产经营企业的多样性及市场外部环境的复杂性,只依赖于政府部门的监督管理无法达到预期目的。研究表明,只有制定合理的激励相容机制、完善食品安全监管体制才能有效提高我国食品安全水平,并对行为主体形成正向的激励,从而促使行为主体按照既需的行为进行决策。

第一,对于消费者而言,信息不对称主要是消费者对食品生产经营等信息的知情权无法准确获得。鉴于此,可以建立以食品生产经营企业为主要义务主体的食品生产经营过程信息全披露体系,从源头上给予消费者食品生产状况知情和选择的权利并提供最终监督维权的手段,让消费者在食品消费的过程中获得安全的心理预期和全面的健康保障。

第二,对于政府而言,政府监管效用会受市场和政治因素等的多重影响,产生的法律法规和标准等的修订会直接影响到食品企业的生产经营行为,从而对食品安全水平产生难以预料的影响。鉴于此,政府部门应该基于政府效用最大化的理性假设,设计一个最佳监管密度的食品安全监管激励机制,激励消费者提升公众监督水平,推动政府部门增加监管密度,促进食品企业的合理决策,全方位保障食品安全水平的提升。该激励机制应鼓励消费者或政府监管部门积极进行维权并及时传递或公开不合格食品的信息,这样既可以增加违法食品企业的被查处概率和违法成本,又可以提高消费者和政府部门的积极性。另外,该激励机制应加大对生产不合格食品的企业惩罚力度。目前,我国法律规定的对不合格食品的罚金远小于企业违法、违规生产所获得的利润,对这些食品企业而言,监管处罚的约束力太弱。因此,加大惩罚力度可以提升监管效用的有效手段,可以有效地警示已经违规或潜在违规生产经营的食品企业,并对食品企业的违法违规生产经营形成较大的约束力,从而达到减少食品安全事故发生频率的目的。

第三,对于食品企业而言,其生产经营活动是以自身利益最大化为目标的。在正常合法的生产经营活动外,如果监管力度较弱,食品企业为了降低生产成本获取利润有从事违法违规生产经营的倾向。当不合格食品带来的利益大于合格食品，或不合格食品被查处的罚金成本小于生产合格食品的成本时，食品企业往往会更加倾向于选择不合格食品的生产经营。因此，在加大惩罚监管力度的同时，为了确保食品生产经营的安全问题，必须通过合理的机制来保证食品生产经营企业能在正常合法的生产经营活动中获得应得的利益，唯有如此才能促使食品生产经营合格食品，进而推动激励机制实现自身的价值。

第6章 发达国家食品安全 监管经验借鉴

随着经济全球化的发展，食品安全成为世界各国都要面对的重大战略问题。发达国家经过多年的发展和经验积累，已经建立较为完善的食品安全法律法规、较为成熟的食品安全监管体系以及按类别划分机构职责的全过程监管等各项制度，建立风险评估、风险监测、风险预警、风险交流等一整套风险评估与风险管理体系。同时，伴随信息化科技与物联网科技发展，构建了四位一体的社会共治机制，确保了"从农田到餐桌"整个供应链的食品安全。发达国家基于"从农田到餐桌"的食品安全监管体系融合了现代管理思想，分环节细化监管体系，重视种养殖与生产源头污染防控，以流通过程控制为重点，以终产品为验证，且形成了完善的应急机制。发达国家通过构建统一高效的食品安全监管体系实施食品安全监管治理，如日本以风险分析为监管理念，美国实施"从农田到餐桌"的全过程监管，欧盟的食品安全监管从强调供给转向关注消费者健康、实施从农场到餐桌的全链条式监管。研究和分析发达国家食品安全监管模式，可为重构覆盖全过程的我国食品安全监管模式提供经验借鉴。

6.1 健全配套的法律法规体系

国外现有经验表明，成熟的食品安全监管体系得益于法律法规体系的健全与配套法规的完善。健全配套的法律法规体系具体表现在两个方面：一是法律法规体系庞大、覆盖面广。"从农田到餐桌"的全程监控制度，在美国及欧盟食品安全立法中推广、应用，针对食品生产与流通的各个环节都制定配套的法律法规，并且做出了具体要求。二是法律法规与时俱进、不断修正。紧扣时代发展，面对不断出现的新问题，对食品相关的法律法规进行持续更新、修订或颁布新的法律。这在促进食品卫生安全发展过程中都发挥了不可替代的作用。

6.1.1　法律法规体系庞大、覆盖面广

美国政府是由国会颁布法令确保食品供应安全，而执法部门则是通过颁布具体法规来执行相应法令。不难看出，美国政府各个机构在食品安全监管全过程中可以说是各司其职。例如，美国议会颁布的《美国法典》第 21 部涉及食品和药品法令，而《联邦食品、药品和化妆品法》《联邦肉产品检查法》则是权力机构根据议会的授权制定的具体法规。

美国政府为完善食品安全监管出台了一系列法律法规，为食品安全的各个环节提供了相应的指导原则、操作标准及规范流程，同时为强化监管食品安全质量监管、疾病预防以及紧急情况的处理提供了法律依据。

《联邦食品、药品和化妆品法》于 1906 年首次通过，当时称为《联邦食品药品法》，1938 年修订为《联邦食品、药品和化妆品法》。该部法律是美国食品、药品安全管理的基本法，针对食品安全生产的基本要求以及监管部门的主要职责明确了责任，同时该法律还授予美国食品药品管理局对假冒伪劣食品强制召回的权力。经过多次修改后，成为目前全世界各国同类法当中最全面的一部法令。

181

《联邦肉产品检查法》是专门针对猪、牛、羊等家畜屠宰及其肉产品生产加工的法律。该法授权美国农业部对家畜屠宰场及肉产品生产企业进行严格的监督检查。

《家禽产品检查法》是专门针对鸡、鹅、鸭等家禽屠宰及禽肉产品生产加工的法律。该法于 1957 年通过，授权美国农业部对家禽屠宰场及禽肉产品生产企业进行严格监督检查。

《婴幼儿配方乳粉法》是专门针对婴幼儿配方乳粉监管的法律。该法于 1980 年首次通过，1986 年重新修订。1978 年美国 1 家婴幼儿配方乳粉的主要生产企业调整了该公司两款产品的配方，减少了产品中盐的含量，导致许多婴幼儿出现低氯性碱毒症。该事件使人们认识到婴幼儿配方乳粉对婴幼儿身体健康的极端重要性，促使美国国会于 1980 年通

过了《婴幼儿配方乳粉法》。该法规定婴幼儿配方乳粉为一种特殊类型的食品，要求生产企业严格执行生产质量管理规范，监管部门加大监督检查的力度，预防类似悲剧事件的发生。

作为建立食品安全法体系的最基本制度——"从农田到餐桌"全程监控制度得到了世界各国的广泛认可。此项制度在欧盟的食品安全立法中得到了推广、应用，食品安全的全面控制和连续管理得到了重视，在食品生产与流通的各个环节和各个方面都制定相应的法律法规，并且为各个环节提出了具体要求。欧盟为了使内部食品安全监管的规则相一致，以《食品安全白皮书》及《基本食品法》作为基本法，确定了欧盟食品安全的重要原则和框架制度。其中，《食品安全白皮书》对食品安全法规框架、食品安全政策体系、食品安全管理制度、食品安全国际合作等内容做出了规定，提出了84项保证食品安全的基本措施，是欧盟及其成员国完善食品安全法规体系和管理机构的基本指导。欧盟食品法律法规形成了以《食品安全白皮书》为主线，多个分支的框架结构，提出以控制"从农田到餐桌"的全过程为基础对食品安全进行监管。欧盟分别设置了包括动植物疾病控制、良好实验室检验、食品生产卫生规范、药物残留控制、进出口食品准入控制等在内的多项食品安全规范，并不断修订以确保各项规范标准之间协调统一。各个环节的食品从业人员应当按照环境质量标准的相关要求，做到生产操作规范化、投入品适量化，严格遵守生产、流通等环节的操作要求，以确保各个环节的食品安全。食品安全基本法于2002年1月公布，主要界定了食品、食品法律、食品商业、饲料、风险、风险分析等多个概念，确定了食品法规的基本原则和要求，明确了欧盟食品安全监管机构的各项职能以及食品监管的各项程序，是欧盟历史上第一个食品通用法。可以说欧盟食品安全法律法规体系种类众多，涉及食品安全所有领域。以《食品安全白皮书》和《食品安全基本法》基本原则制度，衍生出多个分支法律框架体系。

日本食品安全管理同样拥有一个完整的法律体系。其中《食品卫生法》和《食品安全基本法》是两大基本法律。《食品安全基本法》确立了监管理念，而《食品安全法》则是提供了法律法规依据及具体管理措施。除此之外，还包括《屠宰法》《禽类屠宰管理与检查法》《加强食品生产过程中管理临时措施法》《健康促进法》《农林物质标准化及质量规格管理法》《食品与农业农村基本法》等一系列专业、专门法律法规。根据不同的食品种类，日本还相继制定了更为具体的取缔规则，如《牛奶营业取缔规则》《清凉饮料水取缔规则》等。

6.1.2　法律法规与时俱进、不断修正

经过长时间的发展，西方发达国家不断地对食品卫生安全法律法规进行修改，健全的法律体系和规范的行业标准在促进食品卫生安全发展过程中发挥了不可替代的作用。1860 年至 1875 年英国相继出台了《食品与饮料掺假法》《食品与药品掺假法》以及《食品和药品销售法》。为保障公民健康与解决食品安全问题，德国在 1879 年制定了《食品法》，1906 年美国政府颁发了第一部食品法《纯正食品与药品法》，同年又出台了《肉类检验法》。

发达国家在此之后的 100 多年里，对食品相关的法律法规进行了不断地更新、修订或颁布新的法律，修订或颁布新法近 80 次。从第一部食品安全法律开始，美国始终都在根据本国市场经济与食品技术发展的情况，不断修正食品安全法律法规，使其符合发展的现实情况，并在实际监管的过程中得到严格执行。2001 年的"9·11 事件"之后，美国《公共卫生与生物恐怖应对法》出台。2010 年 3 月，美国参议院健康教育劳动保障委员会完成修订《食品现代发》听证会，扩大了 FDA 的职权，加强对进口食品和高风险食品加工企业的监督和管控。随着市场变化与技术的革新，美国已形成了以《联邦食品、药品与化妆品法》为核心，以《食品添加剂修正案》《蛋类产品检验法》等法律法规为配套的食品安全法律法规体系，这将更加符合当下的国情，有力地规范了食品加工过程的安全监管。

2011 年美国对食品安全法律进行了近 70 多年来的最大一次修订，通过了《食品安全现代化法》。美国之所以要对食品安全法律开展大规模修订，是因为食品安全形势出现了新趋势、新挑战：一是进口食品日益增多；二是消费者食用新鲜或简单初加工的食品比例不断增加；三是食源性疾病易感染者（如老年人）比例不断增加。《食品安全现代化法》强调预防为主的食品安全监管理念，要求食品生产企业制订详细的食品安全风险预防计划，要求美国食品药品管理局（FDA）针对水果、

蔬菜产品的种植、采收和包装制订安全标准，并加大对食品生产企业的检查频次，密切联邦、州和地方食品安全监管机构之间的合作。

欧共体自 20 世纪 60 年代之初，就制定了食品政策，以确保食品在各成员国之间自由流通。为了促进欧洲农业发展、稳定农业市场以及保障食品供给，奉行"共同农业政策"。而这一政策的重心主要是以补贴的形式来提升农产品产量，因此对于食品安全监管可以说重视程度与投入均不足。1996 年英国爆发疯牛病，使得欧盟食品安全问题受到了极大的挑战。为了有效应对，欧盟对食品安全法律法规进行了一系列根本性的改革，逐步完善食品安全监管法规体系。欧盟还会根据市场变化不断更新或修订法规、技术标准，以确保其协调统一性。2000 年之后，欧盟结合国情对食品安全法规和条例进行了多次修订和更新，使其覆盖了"从农田到餐桌"的全过程，形成了以"食品安全白皮书"为主线的食品安全法规新框架。

日本历史上也曾发生过多次食品安全事件，为杜绝此类事件的再次发生，强化食品安全过程监管，日本政府对食品安全法不断修订与完善。修订后的食品卫生法提出了"维护食品安全和保护民众健康"为宗旨，强调食品从农田到餐桌的全过程标准化管理体系。日本政府食品从业者必须严格执行食品卫生法对食品和添加剂的要求，并且食品卫生监视员还会根据有关规定被派遣监督、指导食品业者的工作。总之，不管通过何种渠道获取何种食品都要遵守食品卫生法的相关规定。1968年日本经历了食用油中毒事件之后，为加强对化学物质的管理，先后出台了《化审法》以及《二噁英类对策特别措施法》《毒物及剧毒物取缔法》等法律。《农药取缔法》《肥料取缔法》《饲料安全法》等一类食品安全法律，加强对特定用途化学物质监管，以及对流通和销售等环节监管，这些法律规范了农业化学品的生产、流通、使用的基本规则，使日本的食品监管法律法规体系得到进一步健全。日本现行的《食品安全法》自 1947 年先后经过 11 次修订，力求解决当时最主要、最迫切的食品安全问题。其中 2003 年变化最大。2003 年，日本政府对《食品安全基本法》做了较大的调整，强调食品企业有义务采取措施确保"从农场到餐桌"各阶段的食品安全。2015 年 4 月 1 日颁布的《新食品标识法》对食品标识进行重新修订。日本通过不断对原有法律法规进行完善，形成了以贯彻食品安全的全过程监管理念、以保护民众健康为宗旨、以国家相关食品政令和几百部地方食品安全管理条例为补充的食品安全法律法规框架，具备食品种类涉及广、法规关联性强的特征，不但为食品安全监管夯实了法律基础，同时也增强了本国食品出口贸易的核心竞争力。

6.2　建立"从农田到餐桌"的全过程监管体系

通过梳理国外发达国家的经验发现，对食品安全的监管逐渐由针对单一环节向覆盖"从农田到餐桌"的多环节演进，通过建立全过程的监管体系，实现对食品安全的有效监管。主要包括在源头环节将触角伸向原产地、流通环节为食品"建档案"、健全食品召回制度、安品类划分监管职责实施全过程监管等举措。

6.2.1　严把源头关——监管触角伸向原产地

美国、欧盟、日本等发达国家在其工业化发展过程中，农产品生态环境不断恶化，因此各国相继出台了一系列保护农业生态环境和源头治理的法律法规，加强对源头污染防控。首先出台肥料残留列表、施肥总量管控、有机农业补偿等一系列政策，加强对产地环境的保护和有序修复。例如，通过颁布生态补偿政策、土地规划制度、肥料法来防止产地污染。美国规定了生态土壤筛选值、人体健康土壤筛选值，日本颁布土壤标准来保护土壤环境和地下水。其次是对农药使用实行严格的评审登记制度。美国和欧盟均对农药进行全面评审、登记、重新登记等工作，并在此过程中逐步鉴别并淘汰那些高毒、高风险的农药品种。美国建立了一整套较为完善的农药残留标准，并制定了详细复杂的农药最大残留限量标准（MRLs），涵盖了 380 种、约 11000 项农药，其中包括在美国生产和进口的农药品种。欧盟食品安全局也制定了统一的农药 MRLs，对遵守此标准的农户进行补贴或表彰，对于违规的农户则会面临大额罚金甚至停产的处罚。此外，对于产地源头的疫病防控，实现了对疫情疫病的有效防控和快速处理。及时而完善的疫病应对机制使得在源头发现污染时即可做到很好的控制，防止大面积传播。

发达国家经过几十年的发展，积累了大量的食品安全管理经验，逐步建立了"从农田到餐桌""控制食品危害、保证食品在其特定用途下适合人类消费所必须采用的措施和条件"。其重点放在对生产过程、生产环境及人员卫生的控制上。欧盟在农业产地污染防治主要是根据欧盟综合污染防治（IPPC）中96/61/DE的规定，同时对生物性、化学性、饲料类污染进行重点关注。此外，采用农业生态补偿政策，由政府补贴开展农业产地环境保护工程，鼓励农场主从传统型农业向生态型农业转型。关注饲料安全、动物健康与福利、兽药残留等从源头控制动物源性病菌对食品的污染。日本则是通过严格立法制定环境标准的方式加强对农业用地的保护，此外通过推广环保农业，提升农业种植技术，减少农药和化肥的使用。

6.2.2　重视流通环节——为每一份食品"建档案"

欧盟《食品安全白皮书》提出了"从农田到餐桌"全过程监管理念，要求从试营生产的初始阶段就必须符合食品安全卫生标准。在食品生产过程中进行可追溯管理和食品可追溯性，尤其强调在食品尤其是动物源性食品增加身份鉴定和健康标识。欧盟的食品溯源制度的形成缘于解决"疯牛病"问题，欧盟在1997年开始不断地完善法律法规。该制度作为食品卫生安全管理的一种有效方法，利用现代化信息管理技术给每件商品标上号码并且将相关的管理记录进行保存，从而进行追踪溯源。如果市场上发现问题食品，就可以利用标记将其找到并撤出市场。这一制度有效地避免或减少了食品安全卫生的风险，提高了世界各国对该制度的重视程度。

美国作为世界上食品标签法规最完备和管理最严格的国家，其食品标签法规定，如果一种食品的标签违反了相关法规要求或做出未经证实的描述，这种食品即被认为贴了假标签而受到相应的处罚。在美国，食品外包装的编号就像产品的身份证，登记着包括原料来源地、生产厂家、出厂日期等信息，一旦发现其存在食品安全问题，可以通过读取编号追溯到企业源头，向生产厂家或者具体加工责任人问责。

日本实行食品标签制度。该制度规定食品品名、配料、净含量、生产日期、生产企业、保质期、储存条件、烹调方法、使用方法以及原产

186

国（进口品）等信息都要有明确的标注。日本官方指定信息管理系统，要求各类食品生产企业把本单位生产的食品信息输入其中，并且为每一种食品建立对应的条形码，日本农业协同组织下属的农户，都要为自己生产的各类农产品建立电子档案，电子档案包括生产者、生产地、使用农药的种类、次数、使用量，肥料的种类、次数、使用量，农产品收获时间以及出售时间等信息，这些信息被农村协同组织收录进特定的信息管理系统，每一种农产品都会被农村协同组织编号，编号与农产品上的条形码相对应，从而为农产品确定了身份，如果出现食品安全问题就可以根据系统里的信息找到该食品的生产者、运输者。1990 年，欧盟正式发布《关于食品营养标签指令》，之后又发布了针对食品标签专项的指令。如加强食品成分标注，只要食品中存在或多或少的可能引起消费者过敏或其他不适的成分，都应当有明确的标注。

6.2.3　健全食品召回制度——把好最后一关

食品召回制度是指食品不符合生产标准和食用标准，为避免问题食品危及人身安全，生产商必须及时将问题食品进入流通领域的情况向国家有关部门进行报告，并提出召回申请。当生产商不及时召回，政府可以强制执行。食品召回制度旨在维护消费者的利益，避免问题食品流入市场，并且在企业对食品召回过程中起到较强的警示作用，鼓励厂商诚信自律。

美国是世界上最早将风险分析运用到食品安全监管的国家，也是最早构建食品召回制度的国家。美国于 20 世纪 60 年代开始建立食品召回制度，经过不断探索与完善，已经建立了较为完备的食品召回制度，其中美国食品安全的相关法令中均涉及食品召回的规定。食品药品管理局和食品安全检疫局为主要的食品召回机构，食品召回的主体不仅有食品的生产商，还包括进口商和经销商。食品召回按照其对消费者可能造成损害的程度分为由轻到重三级。

为了及时收回缺陷食品、解决缺陷食品流入市场问题，避免或减少对消费者的伤害，维护消费者的切身利益，美国实施了由政府行政部门为主导的食品召回制度。食品召回分为三个级别：第一级最为严重，这类产品对消费者身体健康有重大危害甚至导致死亡；第二级危害较轻，这类产品可能会对消费者的身体健康产生危害；第三级一般不存在危害，这类食品不会对消费者的身体健康产生危害，例如标签混乱、标识不明等。

欧盟曾对食品经营者的召回责任做出过明确规定："当食品经营者对其生产、加工、经销或进口的食品感到或有理由认为不符合食品安全要求时，应该立即着手从市场收回有问题的产品，该问题产品不再被原经营者直接控制，并且食品经营者要立即通知其主管机关。如果产品已销售至消费者手中，经营者应告知消费者，经营者应有效准确地通知消费者回收的原因，如有必要，当其他措施已不能达到高标准健康保护时，应从消费者手中召回有关问题产品"。[①] 可见，发达国家普遍使用的食品召回制度在维护消费者健康、保证食品安全、鼓励生产企业诚信等方面发挥着积极的推动作用。

6.2.4 按品类划分监管职责实施全过程监管

美国建立了涵盖联邦、州和地区三个层面的食品安全监管机构，其中美国卫生与公众服务部下属的食品和药品管理局（FDA）和美国农业部下属的食品安全及检验局（FSIS）占据主导地位。食品和药品管理局（FDA）承担食品安全监管的大部分职责，食品安全及检验局（FSIS）则承担一小部分职责。

FDA 主要对大部分肉类和家禽产品之外的国内和进口的所有食品负责，保证食品安全、营养、卫生以及标识的准确性。对于那些存在问题的食品，FDA 可以采取措施将其强制召回，关停其生产厂家或设备，对于那些存在重大问题并造成恶劣社会影响的企业，还可以根据相关法律进行司法诉讼。

FDA 下属的食品安全与应用营养中心以及兽药中心与 400 多个州级机构展开合作，负责对食品安全进行监管，建立覆盖性更高、涉及面更广的食品安全监管体系。

FDA 负责除肉、禽和蛋产品以外其余所有食品的监督管理。FDA 食品安全监管人员共有 3500 名，其监督管理的食品约占美国食品消费

---

① 欧洲议会和欧盟理事会第 178/2002 号法规第 19 条，2002 年 1 月制定。

总量的 80% ~ 90% 。在 FDA 数据库中登记的食品加工、包装及仓储企业共计 37.7 万家，其中 15.4 万家为美国本土企业，22.3 万家为外国企业。这些统计数字不包括餐馆、超市、杂货店等州政府监管的食品企业。FDA 对食品生产企业的检查频率取决于食品生产企业的风险高低。法律规定，对高风险企业，2011 ~ 2016 年的 5 年内，FDA 必须至少检查 1 次，2016 年后必须每 3 年至少检查 1 次；对非高风险企业，2011 ~ 2018 年的 7 年内，FDA 必须至少检查 1 次，2018 年后必须每 5 年至少检查 1 次。

FSIS 的主要工作为保证美国国内和进口的大部分肉类、家禽产品和部分蛋类产品的安全、卫生和标识符合规定。该机构共有 9600 名员工，负责对美国国内 6300 多家肉、禽和蛋制品生产企业的日常监督检查以及对进口肉、禽和蛋制品生产企业的监督检查，其监督管理的食品约占美国食品消费总量的 10% ~ 20% 。除对肉、禽和蛋制品生产企业的日常监督检查以外，该机构还负责对餐馆、超市、杂货店、仓库等场所的肉、禽和蛋制品进行监督检查。食品安全和检查局对肉、禽生产企业的检查有两个重要特点：一是对肉、禽屠宰场的整个生产过程进行监督检查，即：在动物屠宰之前，检查员要检查每一个动物的健康状况；在屠宰过程中，检查员要在生产现场进行监督检查；在屠宰结束后，检查员要对每一具动物尸体进行监督检查。二是对肉、禽产品生产企业（如香肠、火腿等产品生产企业）每天进行一次监督检查。如此高频率的检查自然需要大量检查员，这就是食品安全和检查局的员工多于 FDA 食品安全监管人员的最主要原因。

除了 FDA 和 FSIS 以外，美国疾病控制和预防中心、美国环保局、联邦贸易委员会在内的 13 个联邦政府机构均参与对食品安全的监管，他们在食品安全监管领域的主要职责为：

（1）疾病预防与控制中心：负责预防和控制食源性疾病；

（2）农业市场局：负责制定水果、蔬菜、肉、蛋、奶等常见食品的市场质量分级标准；

（3）动植物卫生检查局：负责预防和控制动植物病虫害；

（4）谷物检查、包装和牲畜饲养管理局：负责制定谷物质量体系、检查程序及市场管理；

（5）农业研究局：负责提供科学研究数据，确保食品供应安全并

符合国内外相关法规要求;

(6) 经济研究局:负责研究经济问题对食品供应安全的影响;

(7) 国家农业统计局:负责收集、整理杀虫剂对食品供应安全的影响;

(8) 国家食品和农业研究所:负责与大学和科研院所进行合作,研究美国食品安全面临的挑战,采取应对措施并开展教育活动;

(9) 环境保护署:负责杀虫剂产品的注册并制定食品中农药残留限量标准及普通饮用水标准,瓶装水标准由食品药品管理局负责制定;

(10) 酒精、烟草和税务局:负责酒类产品的生产、标签和流通进行管理;

(11) 国家海洋渔业局:负责海产品的安全性和质量检查;

(12) 关税与边境局:负责在边境口岸协助检查进口食品;

(13) 联邦贸易署:负责查处食品虚假广告。

归纳起来,美国共有 15 个联邦政府机构参与食品安全管理,其中涉及食品标准管理的机构主要有四个:食品安全和检查局负责制定肉、禽、蛋制品的安全和卫生标准;FDA 负责制定其他所有食品的安全和卫生标准,包括食品添加剂、防腐剂和兽药标准;环境保护署负责制定饮用水标准以及食品中的农药残留限量标准;农业市场局负责制定蔬菜、水果、肉、蛋等常见食品的市场质量分级标准。

除联邦政府以外,州政府也具有部分食品安全管理职责。大多数州的餐馆由州卫生部负责监管,超市、杂货店等流通企业由州农业部负责监管。为统一各州餐饮企业、超市和杂货店的管理标准,FDA 牵头制订了《食品规范》,供各州政府参考制订本州的具体管理法规。《食品规范》厚达 700 多页,内容极其详细丰富,既包括餐饮企业和食品流通企业的最佳实践,也包括各种具体监管要求。《食品规范》每 4 年修订 1 次,期间可以发布增补本或勘误本。FDA 已连续发布 8 版《食品规范》,最新的《食品规范》于 2013 年发布实施。尽管《食品规范》不是强制性法律法规,但各州政府均采纳了《食品规范》的相关要求。

日本食品安全监管部门主要由食品安全委员会、厚生劳动省和农林水产省组成。作为直属内阁机构,食品安全委员会主要负责食品安全风险评估和职能协调。其下辖的专门委员会,主要有三方面的职责:一是对食品添加剂、农药、动物用医药品、器具及容器包装、化学物质、污染物质等进行风险评估；二是对微生物、病毒、霉菌及自然毒素等进行风险评估；三是对转基因食品、新开发食品等进行风险评估。农林水产省和厚生劳动省在职能上互有分工，相互合作。农林水产省的工作重心在于生鲜农产品的生产和加工阶段，保障这些农产品及其粗加工产品的安全性，厚生劳动省的工作重心在于食品的进口和流通阶段，保障食品及进口食品的安全性。两个部门在制定农药、兽药残留限量标准时互相合作。

6.3　建立以风险评估为基础的科学管理体系

国家食品安全监管需要建立在风险分析框架上，食品安全标准和风险预警等风险管理措施依赖于食品安全风险评估结果。为了应对层出不穷的食品安全问题，国际社会普遍采用食品安全风险评估的方法，建立包括食品安全信息公开的管理体系，通过互联网等现代技术建立食品安全评估、监测及预警系统，根据评估结果提出食品安全事件应急预案及处理意见，为制定食品安全标准和政策、发布预警提供科学依据。

6.3.1　食品安全风险评估制度体系比较完善

风险评估作为农产品和食品安全的技术基础，成为国际通行的食品安全风险管理手段。食品安全风险评估是国际食品法典委员会（CAC）和各国政府制定食品安全法律法规等主要工作的基础。食品安全风险评估是切实保障民众健康的必要技术手段。同时专业化的风险评估机构可以给政府提供更加合理的风险管理对策建议，做出权威的风险评估结论，为政府决策提供科学依据。当今世界诸多发达国家正在构建起以风险评估作为基础的风险管理模式，并且在实际的管理工作中积极运用。

自 20 世纪 60 年代以来，为了促进欧盟国家内食品的自由流通，欧盟采取了相应的食品安全政策，并根据实际情况构建了比较完善的食品安全风险评估体系，通过新建的风险评估专业化职能结构，有效确保食品安全，防范风险。

1997 年，欧盟发布了"食品安全绿皮书"，明确了食品安全管理的

191

总体思路——食品安全立法应以风险评估为基础。同时提出了食品安全风险评估，通过了欧盟食品安全局的提案。2000 年，欧盟发布了"食品安全白皮书"，建议加强"从农场到餐桌"的整个食品加工过程，其中一个关键战略目标是建立负责风险评估的欧盟食品安全局（EFSA）。2002 年，欧盟颁布了第 178/2002/EC 号条例，明确了成员国和欧盟在管理食品和饲料方面应采取的措施与行动，依据风险评估、风险管理和风险沟通等内容建立了食品安全风险评估法律框架，并规定欧盟食品安全局密切开展与风险评估相关的工作，在风险评估中发挥独立的参考作用。

欧盟食品安全局作为食品安全风险评估，风险管理和风险沟通的专门机构，其组织机构完备，包括管理委员会、执行董事和成员、咨询论坛、科学委员会和科学界。管理委员会主要负责对去年的工作进行总结，并制定明年详细的工作计划。执行董事及其成员主要负责日常管理，包括咨询欧盟委员会，起草并实施工作计划和决议等。咨询论坛的主要作用是协助执行董事完成工作计划和决议，密切沟通潜在风险，加强与会员国主管当局的合作，分享信息资源和避免重复研究。科学委员会和团队负责为决策提出科学建议。来自多个领域的科学食品安全专家团队负责组织听证会并加强与公众的沟通。科学委员会由科学小组主席和科学小组以外的六位专家组成，通过协调统一，以确保科学建议的准确性和一致性。

欧盟食品安全局开发风险信息和数据监控程序，查询、收集、分析、识别潜在风险并尽快收集决策信息。根据收集的信息风险，对欧洲议会、欧盟委员会和成员国进行风险评估并提交评估。

欧盟食品安全局披露其内部管理和操作程序，并在线提供相关信息，以确保其工作的公平性和透明度。此外，值得注意的是，风险评估与风险管理分离的原则是欧盟食品安全局的核心价值。这有效地保证了风险评估的独立性和科学性，减少了风险评估与风险管理之间的利益冲突，以及为风险管理和决策提供了科学依据。

美国政府虽没有设立专门的食品安全风险评估机构，但参与化学物风险评估的机构非常多。例如美国健康与人类服务部（DHHS）所属的食品药品管理局（FDA）和毒物与疾病注册局，美国疾病预防控制中心（CDC）下设的全国职业安全与健康研究所。这种分类管理方式使得各个机构均在自己最专业的领域里独立开展风险评估工作。如涉及多个领域的较大范围的风险评估工作则是由多个部门共同协作完成，保证其评估效果的准确性。因此美国建立了风险评估联盟（ARA），专为化学物风险评估提供技术支持和服务，通过协调各个领域的专家团队，强调协作与交流。

此外，美国高度重视食品安全管理中的预防措施，以实施风险管理和科学危害分析作为制定食品安全体系政策的基础。风险管理的首要目标是尽可能控制食品风险，并通过选择和实施适当的必要措施来保护公众健康。其中一个重要举措是推行 HACCP（Hazard Analysis and Critical Control Point），即风险分析和关键控制点作为新的风险管理工具。

作为食品安全控制的预防系统，HACCP 主要包括 7 个方面：做出相应的危害分析且针对分析成功进行预防；确定关键控制点；建立关键限值；监控每个关键控制点；制定适当的纠正措施，以确保在达到关键限值时迅速纠正；建立记录保存系统；建立验证程序等。

HACCP 概念最初是由美国皮尔斯伯里公司在 20 世纪 60 年代开发出来的，该公司是美国航天项目中使用安全和健康食品的先驱。1973年，美国食品和药物管理局开始推广使用低酸罐头食品。HACCP 由美国科学院于 1985 年推荐并被美国政府采用。经过几年的研究和开发，到 1989 年 11 月，美国农业食品安全检验部（FSIS）和水产养殖部（NMFS），美国食品药品管理局（FDA）和其他机构发布了"HACCP食品生产规则"。从 1990～1995 年，HACCP 在美国用于水产品、家禽产品、水果和蔬菜汁、乳制品、蛋糕、食用油和食品和饮料。1999 年12 月 18 日，美国宣布了将水产品和企业进口到美国的强制性 HACCP体系，否则其产品将无法进入美国市场。迄今为止，HACCP 已被粮农组织/世界卫生组织和 CAC 等许多国际组织认可为全球食品安全和健康标准。通过建立和健全 HACCP 体系，美国食品从农场到餐桌的整个加工、生产、包装、储存和消费过程的安全控制是在统一的监管限制下进行的，又能突出重点，降低食品安全控制的总支出，能够得到更高的经济利益，给食品安全树立了牢固的根基。根据整个监测过程，提前防止可能对食品安全造成潜在危害的风险，避免缺乏重要环节，在此基础上实施问题食品的追溯体系。

6.3.2　风险监测体系与预警机制信息化运行高效

食品安全信息化已成为食品安全监管的重要技术保障。信息手段的应用可以实现食品安全相关资源的整合，消除信息孤岛，实现信息共享和业务协调，有效提高食品安全监管的科学性、有效性和及时性。以预防为核心，充分利用现代信息技术，建立食品安全风险监测体系和快速预警机制，对食品安全监管全过程尤为重要。

2011 年美国通过的《食品安全现代化法》要求有效改变食品安全突发事件被动应对的监管模式，突出预防性监管的理念。食品生产企业需要对生产过程中的风险进行详细的评估，积极监控预防措施的有效性，消除处于萌芽状态的风险。美国食品安全监测和研究所拥有强大的监测网络和最先进的实验室，包括食品安全和应用营养中心（CFSAN）。这两个部门隶属于农业部食品安全检验局（FSIS），并已成为美国最著名的食品安全监测和研究机构。

CFSAN 是国家食品现场检验机构中心，也是执行 FDA 使命的 6 个"以产品为导向"的中心之一。GFSAN 管理着 80 多个美国食品市场，包括约 5 万家食品公司（肉制品及酒类不在管理之列）和 3500 家化妆品公司。作为美国食品安全预警系统的监测和研究机构，该机构包括 7 个营业所，其员工涵盖化学家、微生物学家、毒理学家、食品技术人员、病理学家、分子生物学家、制药科学家、营养学家、流行病学家、教育科学家和医疗保健科学家，等等，负责公司监督检查、样品检验、颜色和食品添加剂批准以及消费者研究实验室研究。

FSIS 负责肉类和家禽食品的安全，并有权监督联邦食品和动物产品安全法规的实施。为了有效监控全国食品安全，食品安全局任命了 22 名食品控制联络官，以监测从邻国进口的食品。同时，为了获得有效的食品警告，FSIS 加强与海关和边境机构的合作；为了事前预警、及时反应与肉类、家禽食品相关的污染，FSIS 建立了预警系统与事故管理系统，以预测食品潜在风险、跟踪食品污染事件和食品安全紧急事件等紧急情况的来源。目前，FSIS 主要配备自动进口食品信息系统、消费者投诉跟踪系统和监控管理系统。此外，FSIS 具有强大的实验室测试和研究能力。为了加强对食品中新的微生物、化学品和射线污染的检测，2004

年建立了一个 2000 平方米的三级生物安全实验室。FSIS 还负责肉类、家禽和蛋制品的每日取样、安全监测和科学研究。

美国的食品安全预警体系以科学、高效的食品安全预警监测和研究机构为支撑，以食品安全预警信息管理和发布机构为强大后盾，将食品安全预警信息快速及时地通报给消费者和各相关机构，大大降低了美国食品安全事件可能给经济社会造成的损失。它主要由美国食品和药物管理局（FDA）、农业部食品安全检验局（FSIS）和疾病控制和预防中心（CDC）提供，由美国环境保护署（EPA）、联邦民事信息中心（委员会）等若干部门组成。此外，国家和地方政府网站，如环境卫生部和卫生部也发布了食品安全警报和召回。

除 FSIS 管辖权外，FDA 还负责食品安全管理以及肉类，家禽，蛋制品，食品掺假，不安全因素，标签夸大和其他食品召回和警告；FSIS 负责肉类，家禽和蛋制品的安全，主要管理和发布这些产品的警告和召回通知；疾病预防控制中心是负责预防和治疗传染病的最重要部门。环保署负责农药和水的管理，主要管理和发布农药和水的食品安全警告；作为消费者保护机构，FCIC 发布与消费者密切相关的食品安全警告，主要来自联邦机构和制造商。

食品和饲料快速预警系统（RASFF）已在欧洲范围内构建，由欧洲委员会、欧盟食品管理局和欧盟各成员方组成。欧盟内部已经建立了食品安全与饲料安全评估系统，由国家食品安全当局进行管理和评估。一旦风险得到确认，食品将被移除并召回，RASFF 成员方需要通知欧盟委员会以保护消费者的权利。会员方也可建议委员会对某些危害建立早期预警系统。任何成员方一旦获悉有存在危害人类健康的食品安全风险存在，RASFF 将会立即获得消息，启动快速预警系统，终止、限定有问题的食品继续销售，并将此消息通报给网络中的其他成员国，使其迅速采取应对措施，通知国内公众，减少危害的发生。

6.3.3　食品安全风险沟通取得了显著成效

风险分析框架已成为解决食品安全问题和预防国际食品安全风险的公认科学原则和工具。作为风险分析框架的重要组成部分，风险沟通在整体风险分析框架中受到了更多关注。在粮农组织、世卫组织早期风险分析框架中，风险评估、风险管理和风险沟通已经被纳入并贯穿食品安全监管全过程，每个部分相对独立运作。

欧盟于 2002 年成立了欧洲食品安全局（EFSA），负责进行食品安全风险评估和沟通。在 2009 年欧洲食品安全局沟通战略中，澄清了风险沟通工作的目标，还澄清了将采用的沟通策略和方法。应该指出的是，风险沟通是双向的，互动的，强调各利益相关方的参与。在信息交流方面，根据不同的受众选择利益相关者和相关的组织进行特定的风险沟通，搭建桥梁与消费者进行沟通。此外，欧洲食品安全局善于通过互联网、报纸和热线与消费者进行直接风险沟通。除了开展一般风险沟通工作外，欧洲食品安全局开展组织研究，了解受众对风险和风险沟通评估的看法，根据受众和研究结果的反馈，制定更有效的风险沟通解决方案。

在美国，食品风险沟通被纳入食品安全阳光监管的细节。依靠完整而详细的信息收集和信息传递过程来促使公众成功避开问题食品。如果出现严重的食品安全问题，该国将使用来自不同地区食品安全监管机构的电信网络系统和公共媒体。在美国，消费者和相关社会组织能够做到第一时间察觉食品安全问题，实现早期预防和控制。

为了维护公众的信任，日本政府于 2003 年颁布了《食品基本安全法》，并直接成立了食品安全委员会作为上级监管机构，负责食品安全风险评估和风险交换。风险沟通专家委员会及其秘书处负责食品安全的风险沟通，它包括举办国际会议，与外国政府、组织和其他有关部门沟通、通过网站和热线与国内人士沟通，以获取各方的意见和建议。食品安全委员会还每周举行一次公开会议，将在其网站上公布，以确保风险评估的透明度，并向公众通报政府的食品安全工作。食品安全委员会还选择和任命来自各个县的食品安全专业监督员，以调查对食品安全事件、风险认知和信息需求的担忧。建立有效的风险沟通机制，协助当地组织进行信息交流。

6.4　加强食品安全监管的科学技术支持

发达国家和地区十分重视科技在食品安全保障中的支撑作用，科技投入持续加大的同时，逐步建立了视频安全网络监控管理平台。在美国、欧盟、日本等国家和地区是世界上信息化程度上最高的区域板块，采用现代化信息技术、监测技术和通信技术，建立以预防为核心的食品安全信息预警和应急反应网络，加强跨政府部门之间的分工与合作。

6.4.1　加大对现代科学技术的投入，建立食品安全科技支撑体系

检测是确保食品卫生安全的有力手段。世界上发达国家，特别是欧洲和美国，非常重视食品卫生和安全检测系统的建设，并通过检测系统监测食品质量和健康与安全。发达国家和地区高度重视科学技术在食品安全监测体系中的支撑作用，并持续增加科技投入。

发达国家食品管理机构非常重视科技力量，他们不仅在内部组织的顶尖科学家研究的最前沿的现代食品科技，同时还会邀请优秀的外部专家通过技术咨询和其他形式的合作研究为食品安全管理服务工作。例如，定期举办了一系列咨询会议，成立专家咨询小组。不仅如此，这些机构还与世界卫生组织、联合国粮食及农业组织、国际联合流行病学会等国际组织保持密切联系，以分享最新的科技进步成果。

美国的检测系统起步较早，相对完善。其最大的特点是管理权力与高度科学的技术、严格的组织和先进的手段完全分离。根据市场准入和市场监管的要求，农业部在全国各地设立了农产品专业检测机构和农产品质量监测机构，其中牲畜和家禽产品检验系统于 1996 年更新。从追踪危害源到预防肉类、家禽产品污染以及现代食品安全预防，各州还拥有国家级农产品质量监测机构，主要负责农业生产过程的质量和安全。食品检测技术的快速发展已成为食品安全控制的重要技术保障。

2013 年，FDA 食品安全和营养应用中心（CSFAN）宣布了一项研究战略计划。欧盟制定了第九框架《2012～2016 科学战略》和《2014～2016 科学合作路线图》，食品安全既关系到营养健康，又关系到食品生产，以控制和预防新的危害，开发快速有效的检测方法。

基于科学技术的发展，食品追溯系统可以用现代信息管理技术清楚地标记每个产品。这确保了生产和营销的所有方面都可以追溯到有问题的食物，有助于监测对人类健康和环境的任何不利影响。确保快速处理

食品安全事故，减少相应的损失；与此同时，可追溯系统有效地为食品行业的从业者制定了限制因素，并在维护食品安全方面发挥了作用。此外，可追溯系统为消费者提供更详细的食品生产信息，大大提高了消费者对食品的信心。

加拿大食品检验局成立于 1997 年，是负责加拿大食品安全的核心机构。拥有约 5000 名食品安全专家：包括生物学家、化学家、信息专家、检查员、工程师和其他专业人员；185 个现场观察点；22 个实验室。其中实验室配备了先进的检测设备，包括农药、兽药、化学残留的高精度检测设备以及检测致病菌的大功率显示放大设备。除此以外，一些大学和私人组织也建立了食品安全研究实验室。

大多数发达国家在作物育种、疾病预防控制、检疫、产品保存和物流供应等方面都有相关的科研单位、协会和组织进行指导。科研服务机构以国际市场为导向，多部门共同合作，形成科研、农业生产、食品工业、市场营销相结合的科研服务体系。先进的科研服务体系和完善的推广体系，使新的科研成果迅速应用于生产领域，为食品安全提供科学技术保障。

6.4.2 完善的信息化网络监管平台

欧美等西方发达国家已逐步进入食品安全网络监管时代。用于食源性疾病报告、监测、跟踪、预测和预警的网络覆盖预防和控制信息共享平台、网络等，通过全面、立体地监测、跟踪过程中食品"从农田到餐桌"，快速筛查食品生产、流通、消费等各个环节，连接并且快速响应，有效应对食品安全危机。

美国食品安全监管组织主要包括食品和药物管理局（FDA）、美国农业部（USDA）、美国环境保护署（EPA），它们分别拥有自己的食品安全监测、预警和快速反应网络系统。FDA 的应急响应中心（EOC）负责收集和分析样本、评估结果、跟踪美国食源性疾病的爆发。FDA 的"电子实验室交换网络"（ELEXNET）是美国各州信息交换和沟通的平台，主要功能是进行食品检测数据的交换与分析。

欧洲早在 1979 年就建立了食品和饲料快速预警系统（RASFF）。RASFF 为食品和饲料安全搭建了一个系统网络。该网络要求成员国直接或间接提供有关食品或饲料对人类健康的严重风险的信息，并通知欧洲委员会根据相关信息的危险程度确定是否向成员国通报；欧洲食品安全局（EFSA）可以补充有关风险通知的科学或技术信息，以协助成员国采取适当措施；当食品或饲料到达会员国时，该系统将会向会员国的食品安全监管部门进行信息预警，提供详细的该批食品或者饲料的信息，并提供应采取的应急措施，将风险尽可能降至最低。可见，RASFF能够使欧盟委员会和成员国快速识别食品安全风险，并及时采取措施防止风险事件进一步升级，以确保消费者获得高水平的食品安全保护。

RASFF 要求其成员国发现任何危及人类健康的食品安全风险时，立即汇报给 RASFF，RASFF 收到消息后，会迅速启动预警系统，终止或限制食品继续销售，并通过新闻报道通知国内公众，使其尽早提出应对措施，减少危害的发生。

6.5　构建"四位一体"的社会共治机制

发达国家自 20 世纪 90 年代以来普遍采用以政府监管为主并借助社会力量对食品安全加以监管的新模式，形成了政府监管、行业自律、消费者维权、社会监督相结合的社会共治机制。政府在加强法律监管力度的同时，不断强化食品企业自我管理、规范化发展的意识，同时注重发挥消费者和社会监督的作用。四者之间相互补充、相互制约，共同保障和提升全社会食品安全水平。

6.5.1　强调企业第一责任人，重视从业者职业化教育

食品安全在很大程度上依赖于食品生产公司的自律。德国法律要求从事食品、家用产品和美容产品的制造商、批发商和零售商在当地食品安全监管机构注册，并将其列入风险列表。此外，一方面，要建立定期自检报告制度，承担食品安全最基本的责任；另一方面，接受食品安全监管机构的定期检查，运营商、企业必须建立严格的内部检查制度，进行有效的监测，防范生产过程中所有可能发生的风险。

美国 FSMA 加强了民事和刑事处罚力度，显著增加了行政拘留程

序。法律大大增强了 FSMA 的行政拘留权力，如果有证据显示食品掺假、冒牌或食品已经损害到公众的生命健康，官员便可依法扣留食品 30 ~ 60 天。与此同时，美国大幅度提高了违反食品安全法的处罚力度，由个人疏忽导致的处罚范围为 20000 ~ 50000 美元，企业法人过失行为导致的处罚范围为 50000 ~ 100000 美元，个人故意行为的处罚范围为 50000 ~ 100000 美元，企业故意违规行为的处罚范围则为 500000 ~ 750000 美元。

在美国，食品生产者在食品安全预警系统中也负有重要责任。具体来说，首先，法律法规明确规定了食品生产者在安全预警中的责任，要求生产者必须尽可能地公开食品信息；其次，食品生产者在食品上市销售前必须先进行食品质量与安全测试；最后，食品生产者负有自我检测食品安全、减少安全风险的责任。

欧盟食品法律制度明确规定食品和动物饲料生产者对食品安全和卫生负有不可推卸的责任，是食品安全的第一道防线。他们必须确保所生产的产品是安全卫生的，只有符合安全标准的食品和饲料才能进入市场销售，不安全的食品和饲料必须撤出市场。新的欧盟食品法律体系也建立了令人信服的可追溯性规则：通过有效控制从农场到餐桌的整个过程，可以确保所有食品、动物饲料和饲料成分的安全性。

日本的食品法规非常重视公司的召回责任。日本报纸经常发布食品召回广告，例如因为未标注过敏源，要求公司自费召回某些批次的产品，并向消费者道歉。此外，日本专注于对从业人员进行专业教育，为食品安全提供必要的保护。

德国食品安全目标的实现与教育体系和教育内容密切相关。德国对农民素质的专业性要求极其严格，必须接受至少三年的正规教育或培训才能成为正式的农业生产人员。健全的素质教育和专业教育体系在德国食品安全中发挥了积极作用。

6.5.2 行业协会自律性高

在某些特定的行动中，行业协会有不可替代的功能，例如行业中的信息收集、企业间的协调以及行为规范的制定。在规范行业内企业的发展方向时，行业协会具有监督和支持双重作用。一方面，行业协会可以制定行业标准来提高行业门槛，通过行业规范提高企业的违法违规成本；另一方面，行业协会可以组织业内培训和指导，提高行业自我管理、自学和自助服务水平。因此，行业协会在食品安全监管中发挥着不可替代的作用。

自 20 世纪 70 年代末以来，西方发达国家的食品安全监管改革已从政府主导的监管模式转向行业自律。食品工业协会是由美国食品药品管理局和美国农业部支持而成立。行业协会的建立对不同农产品和二次加工食品等方面进行广泛的技术合作和安全风险管理，借助行业协会的自律机制减少政府监管成本，提升监管绩效。例如，美国农产品"大豆协会"实时公布大豆质量的监测结果，并在每年固定时间发布关于大豆产业运作的年度专题报告，为政府制定新的农业政策提供参考。此外，许多国家的食品安全标准是由行业协会制定的行业规范发展起来的，为食品标准化和安全管理做出了重大贡献。日本的"农业协会"是日本最具影响力的农民互助合作组织，符合一定条件的农民可以自愿加入该组织。加入"农协"后，农户们可以获得用药、施肥等农产品生产加工的全过程指导，从而提高了粮食的安全质量水平。

6.5.3　鼓励公众监督、加强消费者维权

发达国家高度重视食品安全中的信息披露，动员全社会参与食品安全监督，并采取积极的手段促进信息披露和公众监督的有效性。信息披露在食品安全风险管理过程中发挥着重要作用，有效的食品安全信息系统是信息交换和信息对称的工具。发达国家依靠食品安全信息系统定期发布测试信息、安全生产通知和食品安全知识，促进了政府与消费者之间的沟通，增强了消费者对食品安全的理解，有助于公众参与食品安全监督。

美国政府高度重视食品安全信用体系建设和食品信息披露的透明度，建立了有效的食品安全信息披露体系。定期发布食品检验结果信息，及时发布不合格食品信息和召回信息，并通过网站公布食品安全管理机构的建议和决定，使消费者了解食品安全的真实信息，鼓励公众监督，并增强消费者的积极性。美国法律还要求政府允许个人和组织在制定行政法规时获取政府决策信息，并参与讨论，确保修订法规的公平性

和透明度。

通过向公众提供食品安全信息并创建公众参与和交流的平台，欧盟建立了企业与消费者之间的联系。同时，欧盟完善了信息披露制度，为消费者之间的沟通和对话提供了便利条件。有助于消费者在所有方面、所有过程中参与食品安全监管。

为了提高食品安全工作的透明度，美国食品药品监督管理局定期公布食品风险分析结果以及相关食品安全信息，定期邀请消费者代表及其他社会组织参与活动，有助于公众从不同的政府部门获取与食品安全相关的信息。

日本在市场和政府之外引入第三方力量进行食品安全监管。例如，日本食品安全委员会由七名私营部门专家组成，其主要职能是食品风险评估和安全监督。日本生活合作组织是一个主要由消费者组成的自助小组，它可以提出有关新鲜零售和餐饮服务的卫生标准问题，并可以直接向相关政府部门报告发现的非法活动，在维护食品安全方面发挥着巨大作用。在日本的学校里，政府通过开展食品安全教育，提高学生的食品安全意识。此外，政府通过开展学生营养午餐计划和老年人的饮食指导活动，促进青少年、老年人的健康食品教育，提高弱势群体对食品质量的关注度。

6.5.4 多元化社会监督机制

第一，非营利性行业组织在食品安全监管中发挥着不可替代的作用。积极推进食品安全立法和强制监督是发达国家参与非营利组织食品安全监管的基本途径。例如，消费者联盟是一个重要的非营利组织，其任务是比较产品（包括食品）的质量、披露信息并指导公共消费。消费者联盟有三个宣传平台，通常通过互联网、自营杂志、报纸专栏和广播节目，代表消费者就食品安全监管立法、司法等提出意见或建议。另一个例子是美国食品安全中心，这是一个保护公共利益和环境保护的非营利组织。例如在2012年，该组织在食品和水监测等众多非政府组织的支持下，向美国国会和美国食品药品管理局提交正式的法律申请，要求立法规定转基因食品的标签问题。

发达国家食品安全非营利组织主要通过参与支持政府外包食品质量

认证和检测服务的主要方式，协助行政执法监督。例如，在美国，自20世纪70年代经济衰退以来，非营利组织已成为政府购买服务的提供者。其目的是节省监管资源，保护监管机构免受主要监管任务的影响，并提高监管效率。在美国于1997年颁布了食品药品管理局现代化法案之后，这种趋势变得更加明显。目前，美国食品和药物管理局的实时测试主要由第三方服务机构进行，并倾向于非营利组织。信用评级较高的非营利组织或测试中心将与政府长期合作，代表政府部门进行常规食品安全监测。与此同时，这些非营利组织已成为政府在特殊检查或应急响应方面的监管能力的重要补充。

第二，确保人们以立法的形式参与食品安全监管。在美国当前的食品安全监管体系中，国家通过立法来保障人民的监管参与权。《联邦行政程序法》《自由信息法》《太阳政府法》是其中最重要的三项法律。《联邦行政程序法》保护公众、媒体以及团体等社会力量依照参与并制定食品安全相关的法律、政策。非正式程序规定，监管机构必须在联邦通知中公布立法草案及其立法基础，并接受公众的书面或口头意见，法规出台后，需要通过一段时间的审查才能正式通过并成为联邦法律。正式程序规定，监管机构在制定行政法规时必须采用"审判程序"，并根据听证记录制定法律，立法可能不是基于在听证会之外使用其他材料来确保公众参与法规的监管。

美国食品安全监管法律体系的建设和完善是向公众开放的典范。不但邀请接受监管的食品企业、客户及其他经营协作者加入到监管条文的拟订和推行环节中，并且在处理复杂难办的现实问题时，主动向监管部门之外的专家及行业权威人士请教。食品安全监管部门定期组织民众参加会议或举办专业讨论会议从而促进食品安全的发展。在组织民众召开扩大会议时，依照管理功能的需求，把行业权威人士和食品企业负责人聚集到一起，进而收集对行业内某一产业发展专题或项目投资建设的意见和建议。

美国《自由信息法》规定政府有义务披露信息并进一步落实公众参与法律制定的权利。例如，美国食品和药物管理局利用网络力量向公众提供食品质量和安全信息，以帮助预防食品安全事故。公众可以通过相关的食品安全网站，链接到与食品质量和安全相关的各种网站，便于公众找到准确、权威的食品信息。

美国《太阳政府法》规定政府的合议执行会议或国会委员会会议必须公开举行。该法旨在鼓励政府机构在决策过程中获取更多信息和公众监督。

在实施食品安全法规的过程中，美国也充分发挥公众的参与力量。例如，被称为食品安全最高执法机构的食品药品管理局邀请了大量医生、律师、微生物学家、药理学家、化学家和统计学家以及该行业的其他专业人员负责监督食品安全。在实施食品安全法规时，美国鼓励公众通过立法手段提出公益诉讼。

公开审查监管政策、评估监管绩效和提出建设性意见是发达国家非营利组织参与食品安全监管的重要组成部分。例如，为了加强对畜牧业抗生素使用的监管，美国早在 1996 年就建立了 FDA。在 2011 年，美国公共福利科学中心、关注科学家联盟和其他团体独立评估了政府监管的效果，其评估报告显示，抗生素滥用会增加动物和人类抗药性细菌的数量。

第三，媒体对舆论的正确引导在食品安全的社会定位中尤为重要。例如美国，一方面通过法律法规保护媒体的正当权益，使其充分发挥监督作用，鼓励媒体曝光制造商和超市生产、销售劣质产品的行为，客观地加强了对食品生产经营者的监督。另一方面，美国也非常重视媒体的规范化管理。要求媒体为社会提供客观、准确、科学的食品信息，不要推测新闻，不要制造虚假新闻和轰动效应以获取利润，导致消费者对食品安全感到恐慌。

6.6　小　　结

从发达国家食品安全治理经验来看，食品安全监管是一项长期性的系统工程，需要完善"从农田到餐桌"整条供应链的法律法规体系，界定和明晰监管部门的职责与关系。通过健全社会共治体系，不断提升科技创新能力和服务、完善基于风险分析的科学决策保障体系等诸多方面的努力，建立健全食品安全全过程监管体系。

食品安全问题已经成为影响国家稳定、社会和谐、经济繁荣、民族繁衍的重大公共安全问题。发达国家经百余年发展，积累了颇为丰富的经验。因此，通过对美国、欧盟、日本等国家的食品安全法律法规、标准及监管体系的深入研究，结论如下。

1. 健全食品安全法律法规和标准体系架构并持续更新

不论是美国的《食品、药品和化妆品法》、欧盟的《食品安全白皮书》，还是日本的《食品安全基本法》，发达国家经过多年的发展与积累，形成了较为合理完善的食品安全法律框架。树立以预防为主、消费者优先的立法理念。此外，由各国食品安全监管发展历程可见，每部重要食品安全法律的出台或监管体制的重大变革都伴随着政治、经济及科技的重大革新。食品安全法律法规体系的起源、发展与成熟过程与其经济发展过程密切相关。

2. 建立"从农田到餐桌"的食品全过程监管体系

发达国家建立起了针对"从农田到餐桌"的整个食品链的全程管理理念，改变了之前以终产品为目标的管理方式。重视源头污染防控，监管以过程控制为重点、终产品检验为验证，建立食品安全标准体系，实施认证体系管理。HACCP 管理理念已被广泛认为是有效的食品安全管理体系。纵观各国食品安全监管体制及机制的演变过程，集中式监管体制模式逐步替代分散式，同时市场准入、追溯与召回及监测与预警、安全责任及风险交流机制与制度的合理建立与严格实施对高效解决日益复杂食品安全问题十分必要。

3. 构建以风险评估作为基础的风险管理模式

发达国家食品安全监管建立在风险评估、风险管理和风险交流为一体的风险分析框架中。建立风险评估专门机构，风险交流是风险分析的重要组成部分。通过设立专门风险交流机构，及时公布食品安全风险信息。

4. 推动食品安全科技支撑体系的信息化技术革新

美国、欧盟、日本等国家是世界上信息化程度最高的地区，其信息技术、研发能力、科技水平在世界上处于领先地位。这些信息化体系升级对于食品安全信息可追溯、食品检验检疫、信息交流与公开奠定了重

205

要的技术基础。此外，通过建立数据库信息系统，有效地整合了信息资源，并极大地节约了安全监测、预警及应急反应的时间。

5. 形成有效的社会共治机制

政府监管、行业自律、消费者参与、社会监督的"四位一体"的社会共治格局已经形成，注重发挥消费者和社会监督的作用，通过信息公开、强化召回等措施鼓励企业自我管理和诚信自律，发挥行业协会在促进行业发展中的积极作用。

借鉴发达国家经验，建议从四个方面完善覆盖全过程的我国食品安全监管模式：第一，尽快梳理和整合现有法律法规条款，形成全面统一的法规体系；尽快做好监管部门机构的重新设置及职责划分，达到无缝衔接，协调有序；重视数量与质量双安全，改变考核指标，防止盲目牺牲质量。第二，强化产业科技创新，推进种植业和养殖业规模化发展。第三，实施风险管理信息化战略，建立食品安全信息化平台，为风险管理和风险交流提供重要的数据和技术支撑，建立独立的风险评估和交流部门；严格市场准入管理、合理提升违法成本，积极促进追溯及预警、风险交流机制及制度的建立和完善；健全监管综合协调和信息共享机制，加大科技投入。第四，建立社会共治机制。提高食品从业人员素质，加强对食品从业者的培训教育；强化消费者参与；鼓励媒体监督，要求媒体对食品安全报道真实客观；发挥行业协会的作用，积极参与食品安全各项政策标准的制定，强化行业自律。

第 7 章　覆盖全过程的食品安全监管模式重构

目前，随着我国食品安全监管体系的不断完善，食品安全治理取得了显著的成效，我国的食品安全水平逐渐提升。然而，基于前文的理论和实证分析可以发现，我国的食品安全监管仍然存在着一些问题，主要可以归结为以下四个方面：一是食品安全的监管链条较长、内容复杂，监管部门应该如何做到系统把握的同时又深入到每一环节；二是在全面建设小康社会的新时代背景下，如何构建高效、合理的食品安全监管模式以实现食品安全与经济发展双赢的问题；三是如何设计有效、高效的激励机制以激发公众参与食品安全监管积极性的问题；四是如何充分吸收、借鉴发达国家的档案式、集中式的先进监管模式，以构建符合中国国情的食品安全监管模式的问题。

前文分析可知，我国的食品安全监管历史可以分为分块式综合管理、分段监管、在分段基础上的综合协调、统一监管四个阶段，与这一阶段划分相对应，食品安全监管模式经历了命令控制型监管模式 – 基于市场的监管模式 – 以信息披露为特色的监管模式 – 激励型监管模式的转变。食品安全监管模式的变迁历程表明，我国食品安全监管力度正逐步加强、食品安全监管体系逐渐丰富、集中式监管逐步替代分散式监管、由政府单主体监管向市场主导型监管转变。然而，从供应链分解的视角来看，种养殖环节、生产环节、流通环节、餐饮消费环节中的任何一个环节出现问题，食品安全就得不到保证。与此同时，从监管主体的视角来看，食品供给者、政府、社会监督主体中的任何一个主体出现问题，食品安全效果就得不到提升。食品供应链长、参与主体众多的特征使得当前的食品安全监管工作陷入监管陷阱之中，这使得食品安全监管效果呈现明显的地区差距特征，并且两极或多极分化的趋势逐渐明显，这为深化食品安全监管模式改革指明了方向。

基于此，本部分将覆盖全过程的分环节特色监管手段与普适监管手段相结合，既从种养殖、生产、流通、餐饮消费四个环节分别重构食品安全监管模式，又以管理规范、法制化监管、信息化监管、激励性市场化监管等普适监管手段覆盖全程。

7.1 种养殖环节监管模式重构

种养殖环节是食品产业的源头环节，也是食品安全监管模式重构中最基础的一环。重构种养殖环节的食品安全监管模式，应以标准化的管理模式为突破口，以完善的检验检测和安全认证制度为保障，以集中化监管模式为形式，以高效的应急反应、溯源管理机制为依托，同时注重打造种养殖环节的市场化公共监管。

7.1.1 种养殖环节标准化管理模式

实现种养殖环节的标准化管理，就是在加强统一管理、协调各部门工作的基础上，改革种养殖环节的管理体制，充分吸收、借鉴国际先进经验，与国际标准接轨，加快修改、完善包括农产品安全控制标准、限量标准、检验检测标准以及通用基础标准与综合管理标准等在内的种养殖环节农产品安全标准，做到种养殖环节的每一环都有标准可依，从而达到提升农产品质量的目的。

1. 种养殖环节的管理体制

种养殖环节管理体制的不合理是导致食品安全标准化难以实现的重要原因。因而，有关部门之间亟须统一运作标准、进行合理分工，加强对种养殖环节管理体制的改革力度。在此，提供两种解决方案。

方案一：设立种养殖环节安全标准的协调委员会，以协调各部门对种养殖环节安全标准的制定、修订工作。经过协调委员会的多次协调，完成相关部门对种养殖环节安全标准的起草工作。在各部门签署协调经过书后，协调委员会根据农产品类别分别建立相应的分委员会，专门负责该类别农产品安全标准制修订的协调工作。

方案二：由有关部门共同设立种养殖环节安全标准委员会，负责安全标准的起草工作。同时，种养殖环节安全标准委员会设立日常工作委员会和协调委员会两个分支机构，其中，日常工作委员会主要负责种养殖环节农产品安全标准草案的准备和提交工作，下设专题委员会和商品委员会两个分支机构，专题委员会主要负责包括一般准则、取样和分析方法、农产品卫生标准、农药残留标准、兽药残留标准等安全标准的准备和提交工作，并积极组织专家讨论和消费者听证会，吸纳合理的意见和建议；商品委员会主要负责农产品的分类工作，以及一些特殊农产品的标准制定工作，商品委员会可根据需要成立或解散。

2. 加快农产品安全标准的制定与修改

目前我国农产品安全标准存在不适应健康保护、不符合国际要求等问题，农产品安全水平也与国际水平存在较大差距，主要是因为尚未真正做到以危险性分析为基础开展研究。农产品安全标准的制定与修改，首先应对种养殖环节存在的危险性进行科学评估，尤其是进行化学性、生物性危害的暴露评估和定量危险性评估，其次经过实验室的反复验证，制定农产品中重点有害物质的安全限量标准，最后公布农产品安全标准并付诸实施。现阶段，种养殖环节的农产品安全标准主要包括农产品安全控制标准、限量标准、检验检测标准以及通用基础标准与综合管理标准等内容。农产品安全控制标准主要是指在种植产品生产中应用"良好农业规范（GAP）"、养殖产品生产中应用"良好兽医规范（GVP）"，即针对种养殖过程中的不同阶段与不同特点，制定相应的种养殖产品安全控制标准。农产品安全限量标准旨在降低农产品中有害物质含量，如农药残余量、兽药残余量、生物激素限量、有害微生物限量、有害重金属限量等，以科学的数据为基础，对农产品有害物质含量进行评估。农产品检验检测标准是对种养殖环节农产品进行安全监测、管理监督的重要保障，我国在农产品检验检疫与检测方法标准方面还存在许多不完善、不合理的地方，缺少一些公认的重要食源性危害的检测方法标准，并且对于一些检测方法也缺乏有效的应用。安全通用基础标准与综合管理标准是具体的安全标准向综合性、管理性标准转移的结果，是我国农产品安全标准框架中一个必不可少的标准。

3. 完善农产品安全标准

完善农产品安全标准，从完善农产品标准和实现生产的标准化两个方面出发。完善农产品标准，一是结合实际、合理规划，破除标准陈旧、指标落后、标龄过长等障碍，解决针对性弱、可操作性差等难题；二是动态管理、定期修订，既要与时俱进、满足现实需求，又要学习和参与国际准则制定；三是定位准确、突出重点，着重加强农药、兽药、生物激素、有害重金属以及有害微生物的限量与检验标准的制修订工作，实现强制性标准与推荐性标准的相互补充，国家标准与行业标准的相互协调；四是优化结构、科学制标，按照国际通行准则，将农产品安全标准与质量标准分离，农产品安全标准以 GHP（良好卫生规范）为依据，并由事后处罚为主转变为事先预防为主，农产品质量标准则不再包含具体的安全标准的内容，若涉及安全标准的内容，可用"应遵守我国已制定的有关农产品的重金属安全限量标准和农药残留最大限量标准"来代替。

实现生产的标准化，一是因地制宜、发挥优势，针对产量大、竞争性强等农产品，以标准化的生产带来质量的提升；二是建设种养殖示范园区，推进农产品生产的区域化、标准化；三是开展产业化经营，集约个体户、中小企业，促进规模生产与品牌建设，发挥产业化经营在标准化生产方面的带动作用。

4. 推动标准的先进化和国际化

为了进一步提升我国农产品安全标准的先进化水平和国际化水平，一方面，要积极派遣相关人员参加国际食品法典委员会及其分委会的各项活动，积极参与农产品国际安全标准的制定和修订工作，同时制定相关活动的财政预算以提供资金保障。另一方面，伴随着经济全球化、一体化进程的加快，先进标准与国际标准日益成为农产品国际竞争力的重要技术依据，因此，在制定、修订农产品安全标准时，应加大对先进标准和国际标准的学习力度，充分吸收、借鉴发达国家的先进标准和CAC、ISO、OIE、IPPC 等国际标准。

7.1.2 完善农产品检验检测和安全认证保障制度

1. 完善农产品检验检测保障制度

检测体系是农产品安全管理的核心。在种养殖环节，建立起一个合理、协调、职能明确、功能齐全、高效运行的安全检测保障制度，有利于解决农产品的源头安全问题。在检验检测范围上，检验检测保障制度应满足对生产环境、生产投入品等方面实施安全检验检测的需要；在检验检测能力上，检验检测保障制度应满足相关的国家标准、行业标准以及国际标准对农产品质量安全指标的要求；在检验检测技术上，应建设具有国际先进水平的食品安全质检机构，并争取有更多的农产品安全检测机构或实验室得到国际相关机构或实验室的认可。

（1）建立高效的农产品安全检验检测保障制度。整合现有的农产品安全检测机构，协调明确有关部门的分工与职责，利用现有检测网络，注重条块结合，构建中央与地方、中央各部门之间、地方各部门之间高度配合、高效权威的农产品安全检验检测保障。就种养殖环节而言，应根据未来发展趋势对农产品质量安全检验检测机构进行有效整合。首先，由食品药品监督管理局负责总体的协调工作，对农产品安全检测过程中出现的新问题进行沟通协商、处理解决；其次，农业局负责对种养殖的生产环境、生产投入品等方面实施安全检测；再次，卫生局负责对种养殖环节的可能污染物、疾病与危害实施安全检测；最后，工商局与公安局负责相关秩序的维持工作。

（2）提高机构检验检测能力。联合一批高水平的质检技术机构，发挥其龙头作用，基于以下四点，提高我国农产品安全检测机构的核心竞争力。其一，跟踪国际检测技术的发展，研究农产品安全检测新技术。重点研究关于农药、兽药、生物激素、有害重金属以及有害微生物含量的快速、精准检测技术，掌握部分知识产权。另外，要通过人才与技术引进的手段，加快研究与研制先进的检测方法、检测设备等，破除技术壁垒，走在农产品安全检测的前沿。其二，建立检测信息共享网络，实现多部门农产品安全检测的资源共享。从种养殖环节起，及时记录农产品安全检测的相关信息，随时监控农产品的安全状况，保证农产品生产全过程安全检测信息的完整性，有效发挥预防、保障功能，实现农产品安全检测的全面管理。其三，继续培育高素质的农产品安全检测人才，保证农产品安全检测队伍的发展与壮大。针对种养殖环节，不仅要组建一支熟悉种养殖环节业务知识的专业队伍，还要培育一些知识全面的安全检测专家。对从事农产品安全检测的人员实行职业资格技术制度，持证上岗、定期考核，不断提高检测人员的专业水平。其四，检测机构通过内审、管理评审等形式，改进自身管理、提高农产品安全检测能力。通过对检测过程、检测质量进行评估，及时解决检测机构存在的问题，是提升检测机构质量管理能力的有效措施。

（3）加强农产品业户的自主检验检测。完整的农产品检验检测制度应当包括政府检测、中介机构检测与农产品业户的自主检测。目前，我国应注重改变在种养殖环节中以政府检测为主的局面，通过推广良好生产规范（GMP）、良好卫生规范（GHP）和危害分析与关键控制点（HACCP）体系等方式，发挥农产品业户自主检测的积极性以及中介机构对农产品业户自主检测的监督作用。农产品业户的自主检测是保证农产品源头安全的基础力量，业户对其自身的种养殖环境，原料采购，农药、兽药、激素使用量以及可能涉及的有害物等方面进行自我检测，有利于减少农产品安全问题的出现。对于规模较小的业户，政府应鼓励与倡导其进行自我检测，对于规模较大的业户，政府应强制其进行自我检测，从源头上保证农产品的安全。

（4）对农产品的种养殖环节进行全程监控。对农产品的种养殖环节进行全程监控主要是从建设与完善农产品污染物监测网络、食源性疾病监测网络、动植物检疫防疫制度、产地环境监测制度四点出发。一是建设与完善农产品污染物监测网络是有效控制食源性疾病的一项基础性工作。通过农产品污染物检测网络，收集相关的污染物信息，可以连续性地对生物及化学污染物进行检测并开展危险性评估，也可以利用农产品污染物检测网络进行田头控制，如对杀虫剂、兽药残留等进行检验，最终实现农产品污染物的危险预警，避免消费者遭受过量有害微生物或高化学污染物的危害。二是建设与完善食源性疾病监测网络，并同国际食源性致病菌及其耐药性的监测网络接轨，连续主动地对食源性致病菌进行监测。建设我国农产品食源性疾病监测网络共享平台，强化对食源性疾病暴发的快速溯源、准确诊断、应急处理能力。三是建设与完善动植物检疫防疫制度。首先应完善各级动植物疫情监督与控制机构，在各地区成立动植物疫情监测实验室，完善动植物疫情诊断标准。其次，加大对动植物疫情的监测力度，在主动监测、快速报告的基础上，采用目标监测、爆发监测、平行监测、特定区域监测等多种监测方式。最后，提高对动植物疫情的检疫水平，配备先进的动植物疫情检疫仪器和设备，并针对敏感地区和高风险的动植物，有计划地进行检疫工作。四是建设与完善产地环境监测制度，针对影响农产品安全的土壤污染、大气污染、水体污染和病原体进行严密监测，掌握各类污染物含量的基础数据。

2. 农产品安全认证保障制度

农产品安全认证保障制度具有信息收集与信息披露的功能。在种养殖环节，业户可以通过聘请专业认证机构对其农产品进行检测与认证，以专业认证机构的信誉为自己的农产品质量提供担保，并向社会披露认证机构给出的认证结果或认证标识，获取社会的认可与认同，为该业户经济利益的获取提供有效保障。随着政府监管职能的逐步弱化，采用第三方认证机构对农产品进行安全认证，有利于分担政府职责，降低政府管理成本。

（1）完善安全认证保障制度。我国安全认证体系发展起步晚，同时存在认证标准陈旧、数量稀少等问题，与发达国家还存在一定差距。现阶段我国安全认证保障制度的发展，应以与国际接轨、符合国情为目标，以管理统一、结构合理为导向。首先，应当整合现有的安全认证机构，扩大安全认证机构的认证范围。目前，我国不同类别的认证隶属于不同部门，业户想要不同资质的安全认证，需要四处奔走、多次准备材料，这大大增加了业户进行安全认证的成本，同时由于市场上安全认证机构数量众多，容易出现管理混乱的问题。因而对安全认证实行统一管理，减少安全认证审批程序，有利于提高社会效率。其次，完善与绿色产品认证相关的法律制度。目前，绿色产品的认证工作占据我国农产品安全认证的主要部分，虽然国务院在 2016 年发布了《关于建立统一的绿色产品标准、认证、标识体系的意见》，但在绿色产品标准、绿色产品认证、绿色产品标识体系等方面尚未形成统一的规范化管理局面。2019 年党的十九届四中全会明确提出，要"完善绿色生产和消费的法律制度和政策导向"，这表明，构建包括法律、法规、标准、政策在内的绿色生产和消费制度体系，加快推行源头减量、清洁生产、资源循环、末端治理的生产方式已是势在必行。最后，实施农产品认证培训机构、农产品认证人员注册、备案制度，农产品认证机构、认证培训机构和咨询机构的国家认可制度。

（2）加大认证监管力度。农产品安全是一种公共物品，因而农产品市场难免会发生信息不对称、市场失灵等问题，此时政府监管就显得十分必要。政府对认证机构进行监管，明确认证机构的法律责任，制定农产品认证标志管理办法、认证机构管理方法等。通过加大认证监管力度，维护公共利益。

（3）规范认证机构行为。为确保第三方认证机构能够对农产品质量安全进行客观、公正地认证，政府相关管理部门应对第三方认证机构的运营进行规范。如规定第三方认证机构不得接受任何形式的可能会对其客观公正性产生影响的资助，也不得从事任何可能会对其客观公正性产生影响的开发、营销活动。第三方认证机构应定期向监管部门提交真实的业务报告。任何单位和个人有权举报第三方认证机构的违法行为等。

7.1.3　建设种养殖环节集中化监管模式

1. 促进种养殖环节的集中化生产

改革开放40多年以来，我国由传统农业逐渐向现代农业过渡，但目前无论是种植业，还是养殖业仍呈现出规模小、分散程度高、抗风险能力差等特点，仍然面临着小生产与大市场之间的矛盾。这种分散的组织方式，不利于农产品安全控制活动的进行。因此，采取有效措施，提高种养殖组织化程度，实现种养殖环节的产业化，一是有利于土地集中管理，二是便于政府或第三方进行质量安全检查，减少业户的成本，符合现实需求。

（1）培育新型农业经营主体。借助专业大户、"公司＋农户"、家庭农场、合作社等新型农业经营主体，实现专业化生产与规模化经营。以市场为导向，将分散的业户组织起来，以标准化的方式对种植、养殖过程进行严格控制，提高农产品质量。专业大户是围绕某一种农产品展开生产，且其种养规模超过一般农户，如种粮大户、经济作物种植大户、畜禽养殖大户、水产养殖大户等。"公司 + 农户"的形式，即是公司与农户的合作开展种植、养殖生产，公司负责生产技术及内部质量管理，农户负责组织生产。"公司 + 农户"的形式可以分为松散合作型和紧密合作型。松散合作型内部管理较弱，农民只是被雇用参加劳动。紧密合作型管理较强，生产由农民协会或合作社的形式进行。家庭农场是美国农业体系中最重要的形式，美国的农场几乎都是大中型的家庭农场，通过规模化、集约化经营，提高了生产效率，美国也由此成为世界上最大的农业出口国。家庭农场一般是独立的法人，以家庭成员为主要劳动力，以种养业为主，可分为大型、中型、小型三种规模。农业合作社是生产同类农产品的农户进行合作，覆盖生产资料购买、种植养殖、运输、销售、加工、储藏等全过程，服务于本合作社成员的互助性组织。

（2）发展专业合作组织。扶持技术协会、流通协会等专业合作组织的发展。专业合作组织通过农民自发组织或政府协助组织的方式成立，是促进农业政策落实、农业技术开发、农产品生产与销售的有效载体，同时具有连接农户与市场的作用。通过专业合作组织，可以提高种养殖环节的组织化程度，有助于大规模生产与统一管理；可以实行统一的申请颁证、安全检测，有助于节省费用、降低成本；可以组织开展知识培训、技术推广会等活动，有助于发挥示范作用、提高农民自我服务水平；可以统一对外联系，有助于扩大销售渠道、建立农产品品牌、防范市场风险等。

（3）推行标准化生产方式。在种养殖环节推行标准化生产，可以有效保证农产品质量。按照科学的农产品生产标准组织生产，将标准化渗透到种养殖的全过程，标准的环境条件、标准的种养技术、标准的管理办法以及标准的规则流程等。推行标准化生产方式，科学合理地使用农药化肥、生长激素、药品等投入品，也有利于从源头保障农产品安全，减少农产品质量风险，将标准化的生产方式与开发无公害农产品有机结合起来。

（4）完善种养殖环节的组织管理。第一，以《农产品质量安全法》为核心，健全种养殖环节农产品质量安全法律法规，完善市场准入、检验检测等制度保障。第二，整合质检资源，加大资金投入，加强技术研究，促进管理工作的绩效提高。第三，建立以产品认证（包括绿色食品、有机食品、无公害农产品等类别）为工作重点、产品认证与体系认证（包括"良好农业规范（GAP）""良好兽医规范（GVP）""危害分析和关键控制点（HACCP）"等类型）相结合的认证制度保障，建立符合国际通行规则的认证机构，实行统一的认证制度。第四，建立包括预警系统、追溯系统等在内的种养殖环节长效、稳定的安全管理系统，提高对食品安全事件的预防、控制能力。

（5）促进农业社会化服务发展。现阶段，农业发展具有明显的社会化协作、专业化分工趋势，对农业社会化服务的建设提出了强烈的现实需求。就目前而言，我国农村经营性服务尚不健全，经济实力偏弱，而公益性服务的供给与需求衔接不紧密，机制有待完善。因此，需要大力促进农业社会化服务发展，培育以生产性服务为重点的农业服务组织，不仅要提供农业市场服务、咨询服务、统计服务等，还要提供与农产品市场变化相关的宏微观信息。

2. 建设农业综合示范区

农业综合示范区是现代农业发展的先导领域，在种养殖环节，大力推进农业综合示范区建设，纵向上，有利于引领三次产业之间以及农业内部间的相互融合，夯实产业基础；空间上，有利于农业综合示范区建设与美丽乡村建设相互联动，促进经济、文化事业的共同繁荣。建设农业综合示范区要以促进农业现代化建设为中心，以发展高产、优质、高效、生态、安全农业为总体要求，以发展农业新技术、培育新品种、改进新技术为重要手段，以实现农业产业化、规模化经营为根本目标，力争把农业综合示范区建设成优势产品集中区、高效农业展示区、现代农业示范区、生态农业样板区、农业科技辐射区、统筹发展先导区，促进农业的换挡升级。建设农业综合示范区有两条路径：一是从进一步深化农业内涵角度，发展自然农业、有机农业等现代农业；二是从拓展农业角度，将农业与其他产业相互融合，如农业与旅游业结合形成旅游农业、观光农业，农业与文化产业结合形成创意农业、文化农业等。

（1）建立农业综合示范区的基本原则。第一，农业结构调整与经济效益增长并重的原则。建设农业综合示范区，要依托当地资源、突出区域特色、培育优势产业，要加快农业结构调整，形成农产品竞争优势。第二，需求导向、问题导向的原则。以供给侧结构性改革为指导，由供给导向转向需求导向，关注农业需求发展的小众化、差异化；坚持问题导向，即在充分发挥比较优势基础上，找准发展的难点、关键点，因地制宜地统筹布局。第三，农业技术先进性与实用性相结合的原则。研发先进农业技术，实现关键技术攻关，用现代技术改进传统农业，提高农业科技含量，为农业综合示范区建设提供强有力的支持。第四，创新体制机制的原则。体制机制创新是建立农业综合示范区的重要保障，是激发农业发展内生动力的重要途径。深入推进投融资制度、人才引进与保障制度等相关制度建设，促进种养殖管理机制、质量安全监测机制等相关的机制创新，推行市场化经营管理方式，充分发挥市场机制作用。第五，推进产业转型升级的原则。促进农业与相关产业的融合发展，发展电商农业、智慧农业等新型农业形式；促进农业与科技产业的紧密结合，借助先进的技术、管理方式等进行产业化开发，发展优势产业与优势农产品。第六，可持续发展原则。可持续发展原则要求以绿色发展为导向，合理开发、有效利用现有资源，重视生态文明建设，强化对土壤、水质、大气的质量指标监测，搞好环境综合治理工作，为农业综合示范区的建设提供强有力的条件支撑。第七，发挥引领示范作用的原则。农业综合示范区通过深度分析，明确自身发展方向，实现了高标准的发展，在此基础上，发挥示范区的带动作用与辐射作用，成为农业新产品、新技术、新模式、新业态的示范窗口。第八，提高科技水平的原则。加快推进信息服务技术、网络管理技术、生物技术等高新技术的应用，在种养殖环节，可推广无土栽培、组织培养、无菌环境、立体种养、恒温大棚等农业新技术的运用，提升农业综合示范区的科学技术水平。

（2）建设农业综合示范区的关键问题。建设农业综合示范区亟须解决的关键问题是在"从农田到餐桌"全过程中发挥引领示范作用，在种养殖环节，要用现代化先进设备提高农业生产效率，用先进科学技术提升农业科技含量，用先进科学经营管理模式提高农业经营管理效率，最终实现种养殖全过程安全、高效、协调发展。一是加强质量安全控制。严格按照农产品质量安全标准开展种养活动，推行国际认可的安全控制模式。HACCP被认为是农产品生产安全控制的基本模式，应在

217

农业综合示范区推行 HACCP，对农产品的质量安全进行监管。在农产品加工、储藏等环节，也要严格遵守农产品安全质量标准。二是应用农产品质量安全预警系统与安全事件应急反应系统。这两个系统是保证农业综合示范区农产品安全的有效尝试，对农产品进行经常性、常规性的安全检测，监管潜在风险、建设信息快速传递、反馈机制以及完善农产品安全档案记录，对于种养殖环节的监控有着重要作用。三是加快基地建设。以公开招标、项目引进等方式，引进达标的农产品生产入驻示范区，同时加快农产品基地标准的建设。四是加快农产品快速检测技术的开发与应用。

（3）加强农业综合示范区建设。建设农业综合示范区，应加强以下几个方面的工作：一是优化顶层设计，提升竞争水平。政府相关部门应加强对农业综合示范区建设的规划、引领，统筹示范区建设计划，拟定示范区建设目标、方向、优势等，突出示范区特色。成立示范区领导工作小组，促进部门协同，提高办事效率；成立示范区专家咨询小组，负责示范区具体的技术指导工作等。二是完善财政机制，保证资金到位。可成立农业综合示范区专项资金，确保资金按时足额到位，同时对资金支出严格检查、审核，做到专款专用。三是调动多方力量，整合外部资源。农业综合示范区的建设，除了政府给予相应的政策倾斜、资金支持外，还应调动多方力量，有效利用外部资源，加强与科研院校、龙头企业的交流与合作，实现农科教、产学研一体化。四是加大宣传力度，把握发展契机。利用报纸、杂志、电视、网络等媒体，对农业综合示范区进行宣传，结合当下热门的农产品安全、绿色发展理念等话题，引发公众的关注。五是开展评价工作，加强检查考核。开展农业综合示范区管理运行机制评价、安全监控机制评价、产业组织机制评价等系列评价活动，及时发现问题、解决问题。对农产品项目实行不定期检查考核，对实施顺利、成果显著的项目，继续给予扶持；对实施较差、管理混乱的项目，根据具体情况，采取调整任务、通报批评、减少经费、叫停项目等处理方式。六是增强管理力度，提供环境保障。严格把控综合示范区的项目立项工作，出台相关流程准则与管理办法，为示范区建设创造有序的环境；推行 HACCP、GMP、GVP、GAP 等模式，为示范区的农产品安全提供保障。

7.1.4　健全种养殖环节的应急反应机制

现实中，影响农产品质量安全的因素众多，农产品质量安全事件发生的原因也十分复杂，农产品质量安全事件发生的地域性、季节性规律通常不明显，因此，农产品安全事件的发生具有隐蔽性。在种养殖环节，发生农产品质量安全事件的原因主要有农兽药、激素等使用不规范，使用违禁药物或其他有害物品，产地环境遭到污染或含有有害物质等。健全种养殖环节应急反应机制，在农产品安全事件发生时，快速响应、及时管控、科学决策、舆论引导，有助于最大限度地降低安全事件带来的负面影响。

1. 完善应急管理系统

应急管理系统主要由事前预防、事中反应、事后总结三部分构成，事前预防包括应急准备、安全预警等，事中反应包括快速响应、及时管控、科学决策、舆论引导等，事后总结包括总结反思、善后处理、讨论完善等。完善应急管理系统，应重点提升应急反应能力、组织协调能力、信息传达能力三个方面，保证实施应急措施的畅通与连贯。从长远考虑，应急管理系统应该为遭受安全事件的社会群体提供扶助、补助与救助等，保证其度过由安全事件带来的不幸。

2. 提高事件预警能力

种养殖环节的应急反应机制，应以事前预防为主。以农产品安全监测、预警系统为基础，对潜在隐患及其他可能发生的安全事件进行有效分析，通过统一的平台实现监测结果的信息共享。除此以外，县级以上的各级卫生行政专管部门应当事先制订监测计划，指定机构负责农产品安全的日常监测和报告工作，确保农产品安全。

3. 完善信息传播制度

农产品质量安全事件具有突发性特点，要求安全事件发生后的应急反应必须突出"快"字，快速响应、快速传达、快速决策等，这表明完善信息传播制度十分关键。信息传播制度主要包括应急报告制度和信息公布制度，要求信息输入、信息分析、信息输出、信息决策的每一环节都要快。这就要求首先应建立起高效统一的信息收集平台，准确、及时掌握农产品的质量状况变化；其次，适度赋予相关机构信息发布权，增加信息发布的层级，使更多有关安全事件的信息均能及时发布；最后，更好地发挥新闻媒体的作用，及时传播真实信息。

4. 采取快速处理措施

种养殖环节发生安全事件时，卫生行政主管部门可对业户的农产品实行禁令，对业户的水源、饲料、事件发生现场等一并采取控制措施，以防事件影响范围扩大。首先，通过调查找准安全事件源头，对其他潜在危害实施跟踪调查。其次，根据调查结果，划定重点地区并设置警示标志，对重点人群、重点动植物以及重点污染物，采取有针对性的措施。再次，若发生传染性疫病，要及时调动医疗机构、医务人员负责疫情控制、病人救治等其他工作。对受威胁的人群可采取疫病预防、免疫接种、疏散隔离等措施，对疫区可实行封锁，对染病的动物及其排泄物、禽畜舍、用具、被污染饲料等均实施无害化处理，对受威胁动物，采取免疫接种等措施。最后，在处理农产品安全事件过程中需建立完备的信息系统，详细地记录安全事件的产生、发展、处理过程、处理效果、后续措施等内容。

5. 建立应急保障系统

应急保障系统主要包括物资保障、资金保障、机构保障和人员保障。物资保障旨在保证安全事件应急处理所需的设备、药品、器械等物资的生产、供应与及时运送，其基础是具备充足的物资储备、人员与交通工具的紧急调动能力等。资金保障旨在解决处理安全事件所需经费问题，对于业户损失，也可根据情况给予适当补贴。机构保障旨在负责安全事件涉及的防疫监测、鉴定、诊断、救治等技术工作。人员保障旨在确保重大农产品安全事件及其他公共卫生事件发生时，有充足的救治人员、专业的应急队伍。

7.1.5　加强种养殖环节溯源管理建设

农产品溯源管理，或称农产品追踪管理，有利于明确农产品责任主体，是对农产品质量安全进行监督管理的重要手段。农产品溯源管理借助现代化信息技术手段，运用红外光谱、同位素、条形码、二维码等标志，进行追踪溯源，其目的一是向监管部门及消费者提供农产品从源头到餐桌的全程信息，降低农产品的信息不对称水平；二是通过追踪溯源，锁定农产品的责任主体，强化产业链上各责任人的责任意识，大幅度降低生产过程中的隐患与风险；三是有助于农产品市场的"优胜劣汰"，消费者通过追踪溯源获取农产品相关信息并决定购买行为，政府监管部门通过溯源管理系统大大提高了监管农产品安全的能力，从而促进了高质量农产品建立信誉、赢得市场，低质量农产品退出市场。

农产品溯源管理最早起源于英国。20 世纪 60 年代欧洲爆发疯牛病，英国建立了家畜跟踪系统（CTS）以记录牲畜的整个生命周期，确保牲畜疫病暴发时，及时追溯源头，控制疫情。国内有关农产品溯源管理的建设，较早启动的有中国肉牛全程质量安全追溯管理系统、上海食用农副产品质量安全信息查询系统、北京市农业局食品（蔬菜）质量追溯系统等，为溯源管理体系的建设提供了较为丰富的实践经验。为进一步完善农产品溯源管理的相关法规与制度，2015 年国务院办公厅出台了《关于加快推进重要产品追溯体系建设的意见》，指出各地区各部门要加快产品追溯体系建设，"建立食用农产品质量安全全程追溯协作机制，以责任主体和流向管理为核心、以追溯码为载体，推动追溯管理与市场准入相衔接，实现食用农产品'从农田到餐桌'全过程追溯管理"，为农产品安全提供连续保障。

农产品溯源管理由农产品信息、相关检测数据与执法数据、可追溯管理、黑红榜名单等模块构成，可以对用户信息、功能模块等进行预先设置，对本地区农产品的生产主体、检测结果、执法情况等方面进行全方位管理，甚至可对获取的农产品数据进行汇总分析，对农产品潜在风险进行预警。在种养殖环节，一方面农产品分散经营、产量巨大，另一方面农产品市场诚信建设困难、监管方式匮乏，更应大力推广建立农产品溯源管理。农产品溯源管理应由政府与市场协同实施，覆盖蔬菜产业、粮食产业、肉食产业、水产养殖产业等各个产业，并对饲料、农药化肥等与种养殖相关的投入品强制实行溯源管理，做到环节与环节之间可以相互追查。对猪、牛等肉食产业实行"耳标管理"，推行"养殖场与屠宰场"的对接，对蔬菜、粮食、家禽等产品推行"市场与产地"

的对接，建立、健全食品安全承诺制度。此外，还应重视原产地识别问题，完善农产品的产地标签，以便在出现安全问题时，迅速查出产地与农场，采取预防措施与应急处理，也有利于建立和维护农产品品牌。

7.1.6 打造种养殖环节市场化公共监管模式

1. 加强种养殖环节的宣传教育

从过去的经验来看，解决农产品安全问题，只依靠政府监管是不够的，农产品安全教育问题也应得到相应的重视。改善种养殖环节的安全状况，就要对政府人员、业户、消费者进行道德教育和专业培训。一来提升政府人员、业户的业务素质，二来提高消费者的自我保护意识与参与监管能力。

（1）根据参与者不同，进行差异教育。第一，针对政府人员的农产品安全教育。政府人员在农产品安全教育中占据重要位置，政府人员既是农产品安全的主要监管者，又是农产品安全教育的主要发起者。对政府人员的农产品安全教育应注重观念培训，增强其对农产品安全政策、农产品质量检测、消费者权益保护、开展农产品安全教育活动等问题重要性的认识，特别要加强基层政府人员的道德教育和专业培训，重视选拔与培养青年干部，充分发挥青年人的积极性与创造性。第二，针对业户的农产品安全教育。从事农产品生产的业户是农产品安全问题的源头，加强对业户的道德教育，以提升业户的自律意识与责任意识，加强对业户的专业培训，以提升业户的安全理念与知识水平。在一些西方国家，从事农产品生产的业户需经过国家统一组织的培训学习，才可从事种养殖工作。而在我国，由于业户人数多、劳动力素质低、生产分散等问题，对业户的培训多处于自流状态。现阶段，可通过设立专门的农产品知识协会、学会等方式，通过定期举办培训会的手段，逐渐将这种安全培训正式化、普及化。第三，针对消费者的农产品安全教育。随着经济社会的快速发展和人们生活水平的提升，消费者的食品安全意识在增强，但整体来看，消费者自我保护意识仍不够强，对农产品安全知识的掌握也有很大提升空间，目前消费者一般通过检测标识、检疫标志等专业机构认证结果判断农产品质量，缺乏对农产品质量状况鉴别的专业知识，需要通过开展培训，加强宣传教育。可通过以下几条途径对消费者开展农产品安全知识普及工作：一是有计划有组织地开展博览会、培训会、讲座等系列活动，向公众传递政策、法规、标准等农产品安全信息。二是利用报刊、网络、新闻、电视等媒体进行农产品安全知识宣传、农产品安全标准解读，在公共场所摆放宣传农产品安全的宣传板、广告栏，印发宣传册、宣传图片等，逐步增强公众对农产品的安全意识。三是设立电话热线，提供农产品安全知识指导、安全事件举报等服务，密切关注消费者的农产品安全问题。四是针对孕妇、老幼病残等高风险人群，进行专门的农产品安全知识准备、宣传与教育工作。

（2）重视农产品安全教育体系的建设。农产品安全教育是"德育"与"智育"的重要组成部分，进行农产品安全教育体系建设，有利于从根本上加强对农产品安全问题的认识与意识。农产品安全教育体系建设包括在高等院校开设农产品安全专业，开展栽培技术、养殖技术、检测技术等职业教育，中小学农产品安全教育课堂，行业培训，在职人员考核等内容。通过多形式、多受众、多层次的农产品安全教育与培训活动，将农产品质量安全渗入到安全管理工作的方方面面，形成一支有效保障我国农产品安全的专业人才队伍。第一，高等院校农产品安全教育体系。高等院校农产品安全教育体系建设关系着农业的未来发展，造成目前农产品质量安全问题的一个重要原因就是在农产品生产、流通、经营与管理过程中缺乏专业知识人才，因而必须培养和造就一批专业的高等人才，满足农产品安全监管、农产品安全教育、农产品安全研究的需要。在高等院校开设农产品安全专业，增设农产品安全研究方向的硕士点、博士点；开展消费者对食品安全满意度、农产品安全检查状况、农产品不安全导致的健康风险等社会调研项目，让学生成为农产品安全领域发现问题、解决问题的新生力量；借助高等院校平台，聘请国内外专家学者对政府人员、社会技术人员等展开培训；高等院校参与到社会农产品安全项目中来，利用学校的号召力与宣传力，针对保障农产品质量安全展开具体行动。第二，农产品安全职业教育体系。农产品安全职业教育培养的是农产品安全领域懂技术、会管理的一线人才，对建设农产品安全教育体系有着基础性作用，是主动应对市场需要、缩小与国外农产品质量差距的必然要求。在农产品安全职业教育中设立栽培技术、养殖技术、检测技术等相关专业，有利于农产品生产走向专业化、规范化。第三，中小学农产品安全教育课堂。中小学生安全教育是基础教育的热点内容，目前我国已形成包括防暴力安全、体育安全、生命安全、心理健康等内容的安全教育体系，但在农产品安全教育方面还较为薄弱。从中小学生入手开展农产品安全知识教育工作，采取将农产品安全知识编入教材、开设农产品安全课程，组织中小学生参观种养基地、参观及体验食品加工过程等方式，可以有效提高中小学生对农产品安全的认知水平。第四，除了常规的教育教学外，还可开展其他形式的教学活动。如利用在线课堂、远程教学等低成本、高效率的方式，进行行业培训、在职人员考核；针对广大公众开展全国性农产品安全教育的活动，多形式、多途径地搜集与发布农产品安全信息；开展农产品质量安全事件应急教育，即针对发生农产品安全事件的危急时刻如何防范与处理的教育等。

2. 充分发挥行业协会、媒体的作用

（1）充分发挥行业协会、消费者团体与专业性组织的作用。近年来，行业协会、消费者团体与专业性组织在保障农产品安全方面发挥出了重要作用，尤其是在处理跨区域、跨部门的农产品安全问题，展示出灵活性强、行动能力强等特点。在我国农产品的种养殖环节，存在生产分散、规模小以及竞争激烈的问题，为改善农产品生产氛围、完善农产品生产规范、提升农产品安全管理，应充分发挥农产品行业协会优势，积极组织业户运用先进生产技术对农产品实现科学、标准化的生产，同时应积极组织专业技术领域方面专家对农产品生产过程中的实际问题进行指导与解决。当前，我国农产品领域的专家分散于各科研机构、高等院校、企业之中，又受部门分割与各自为政的管理体制影响，无法充分发挥其独立作用。因此政府应统筹兼顾、积极协调并组织开展专家会议、发展专业性组织，保障专家能力的顺利发挥。

（2）进一步发挥第三方监测与认证机构的监管作用。在建立第三方监测与认证机构的过程中，应充分吸收民间机构力量，发挥其独立检验检测农产品安全的作用，这样既能够促进政府简政放权、节省资源，又可以充分发挥第三方监测与认证机构的主观能动性。建立第三方监测与认证机构，首先要符合政府部门所设立的检验认证标准，只有通过认可后才可接受委托。同时，政府部门要依照相关法律条例对第三方监测

与认证机构进行规范化管理，明确第三方监测与认证机构的责任、义务与权力。

（3）增强社会舆论的监督作用。社会舆论通过对农产品安全问题进行客观、准确的报道以及向公众传递即时信息的方式，已经成为当今社会非常重要的监督手段。因此为增强社会舆论的监督作用，为政府监管创造更有利的工作环境，首先需要鼓励新闻媒体开展更为广泛、客观的舆论监督活动，其次积极引导、鼓励公众指出在农产品日常生产活动中存在的安全隐患，最后媒体应积极承担教育公众的责任与义务。

7.2　生产环节监管模式重构

目前在食品生产环节，政府工作重心偏重于食品生产许可，而忽略了食品安全监管，假冒伪劣、以次充好的现象仍然时有发生。在生产环节出现食品安全事故的主要原因是企业利用信息优势追求自身经济利益最大化而忽视安全生产。因此，应提高对食品生产监管的重视程度，重构生产环节的监管模式。

7.2.1　加强生产环节法制化监管

1. 明确生产环节食品安全监管的法律主体

食品生产环节的安全监管部门较多，在国家层面上，有食品安全委员会、国务院食品药品监督管理部门、卫生行政部门以及其他有关部门，在地区层面上，地方人民政府、食品药品监督管理部门、卫生行政部门以及其他有关部门都有权利对生产环节的食品安全进行监管。监管部门数量较多，不仅增加了企业负担，还使政府部门间的协调与配合更具挑战性，统筹各个监管部门之间的信息共享、沟通交流，改善食品安全监管体制，明确食品安全监管法律主体，避免重复监管与监管缺失问题，是食品生产环节监管工作的一项重要任务。针对这一问题，美国的做法是统一监管权力与监管责任，将所有的监管权限集中于一个部门，除几种特殊食品外，其他食品品种均由该部门进行监管，从而实现快速

225

有效的管理。但是美国这种方式并不符合我国现有国情，因为我国生产环节的食品安全监管部门较多，合并重组质检、卫生等部门的难度较大。在现阶段，建立权力集中的、高效统一的协调机构，实现对生产环节的全程监管，可操作性更强。具体来说，应由国务院牵头、多部门协同参与，共同指定或成立新的食品安全监管机构，从法律上明确生产环节食品安全监管主体，明确中央及地方、区域之间、部门之间的职权划分问题，改变一个问题多部门监管或无人监管的现状，在生产环节建立起统一的监管体系，从而实现垂直一体化的监管方式，提高监管效率。

2. 完善生产环节食品安全监管的协调制度

在生产环节，食品安全监管是一项综合性工作，需要多部门配合、共同完成。只有各部门协调合作、优势互补、联动执法，才能最大限度地发挥监管效力。针对现阶段我国部门较多、管理较为分散的状况，最有效的方式是通过完善生产环节食品安全监管的协调制度，加强部门间的沟通与协调。其目的一是在生产领域，实现信息的准确、畅通传递；二是实现技术与资源的共享；三是实现管理上的无缝对接。完善生产环节食品安全监管的协调制度，应做到以下几个方面：

第一，充分发挥食品安全委员会的作用。首先，明确食品安全委员会的法律地位。应使食品安全委员会拥有独立于地方政府的法律地位，以防受到地方保护主义的约束，保护其公平性、公正性以及统筹全局、全程指挥、协调各部的功能能够得到顺畅的发挥。其次，明确食品安全委员会的职权范围。作为食品安全的最高统一协调机构，食品安全委员会不仅应当加强食品安全监管部门与其他部门之间的沟通与配合，还承担着建设与完善食品安全监管体系的重任。一方面，食品安全委员会应对监管工作统一部署与指导，解决各部门之间存在的现实矛盾，并在监管过程中，尤其是在基层的执法环节，应加强各部门之间的合作，在部门之间形成合力，共同对食品企业的违法行为进行治理与处罚；另一方面，食品安全委员会应当深入落实部门间的信息共享制度、技术支持制度、联系人制度、会议制度等制度保障，不断建设和完善包括食品安全认证、溯源管理、召回、安全预警、激励性监管等在内的食品安全监管体系。最后，虽然食品安全委员会并不直接参与食品安全监管，但应赋予其对食品安全监管部门以及相关执法、配合单位进行行政处罚的权利，以保障食品安全委员会的职权得到切实发挥。

第二，监管部门应及时更新工作范式、调整监管方式。随着经济社会的日新月异，食品安全监管方式也在不断地更新。从最初的温饱到现在质量上的严厉要求，从监管食品安全问题到治理食品安全问题，食品安全监管方式的转变，折射出我国"监管型"的发展路径。然而就现实状况来看，基层部门尤其在农村及一些偏远地区，食品监管工作缺少规范性，仍然依据按照过去的经验来开展，难以满足当代社会和人民群众的要求。同时出现了麦当劳过期肉制作肉饼、专供网络订餐的速食生产"黑作坊"等新的食品安全问题，亟须采取新的监管手段，给食品监管工作带来了新的挑战。2015年，《中华人民共和国食品安全法》进行了新修订，各个部门应按照新法详细梳理本部门的监管职责，及时调整监管方式、厘清监管范围、丰富监管工具，加快填补监管工作的不足之处，提高监管绩效，依法为食品安全提供保障。

第三，建设信息共享平台。信息共享平台可以最直接、有效地实现部门间信息的真实、迅速传递。负责监管种养殖的部门在获取违法违规信息后，需要尽快通知生产环节的监管部门，而生产环节获取的违法违规信息，又需要尽快通知到相关部门。如，质监部门依法吊销了生产企业的生产许可证，需要通知到工商部门，工商部门负责取证调查，防止无证生产的产品进入流通市场。

3. 强化食品安全监管主体的法律责任

食品安全问题是基本的民生问题，法律和社会赋予食品安全监管部门权利的同时也给予了这些部门重大的监管责任。食品安全监督检查工作应常态化，采取拉网式的检查方式，挨个食品企业、小作坊检查，将不定期地突击检查与定期检查相结合。同时，食品安全监管人员应强化自身的责任意识，依法履行自身的监管职责，仔细检查生产环节的食品安全问题，在检查过程中，对于企业不合法、不合规现象要立刻立案查处，严格执法，克服地方保护主义，斩断利益链条，从根本上保障人民群众"舌尖上的安全"。

如果食品安全监管人员存在玩忽职守、滥用职权等问题，应根据情节轻重，依法承担相应的责任。一旦权利失去约束，就会被少数人用来获取非法利益，而食品领域出现问题，就会直接威胁到人民群众的健康与生命，甚至影响到社会的和谐与稳定。因此，食品安全问题无小事，政府部门作为行使权利的主体，更应遵守法律的约束，依法办事，否则相关人员必须承担相应的法律责任。在现阶段，为了切实保障行政执法的公正性、维护食品生产的安全性，应积极强化食品安全监管主体的法律责任意识，杜绝执法的随意性，做到有法必依、执法必严、违法必究。

7.2.2 完善生产环节安全认证保障制度

食品安全认证是市场准入的基本要求，简单来说，食品生产环节的安全认证是指第三方依据相关法律法规给予食品企业生产符合安全标准的证明。当前，我国的食品安全认证制度还不够完整，表现在：一是对申请认证的食品生产企业的指导工作不足，缺少相应的咨询机构，生产企业对认证知识的认知程度较低。二是食品安全的国内外认证存在差距，与国际接轨程度较低，有些认证内容数十年未变过。在当今世界经济全球化以及中美贸易战巨大的外部压力之下，我国食品生产企业在对外贸易中屡屡遭到发达国家的技术壁垒，其中国内外食品安全生产标准的差异以及国内标准的缺失就是主要因素之一。三是现阶段的安全控制与管理技术相对落后，难以适应社会需求。人民对美好生活的向往与现阶段不平衡不充分的发展之间的矛盾在食品生产环节表现得更为突出，随着经济社会的发展，消费者对产品质量提出了更高的要求，食品生产环节中原料的使用、添加剂含量、卫生标准、加工技术的安全性等都是影响食品质量的重要因素，安全认证所要做的工作之一就是准确获取这些信息，以对食品生产安全准确评估，而现有安全控制与管理技术的落后，将影响食品监管工作的开展，难以保障消费者希望获得的更高的质量水平。

由此可见，食品生产环节安全认证制度的建设对提供生产依据、规范市场行为、提升食品质量、保障人民健康、维护社会稳定、促进国际贸易等方面都有着重要的积极意义，必须充分认识到建立一个规范系统的、与国际标准接轨的食品生产安全标准迫在眉睫、责任重大。

第一，加强标准的基础性与科学性的研究。食品标准制定部门应当在符合我国基本国情的前提下，以保护消费者身体健康作为根本出发点，整合我国现有的食品标准，消除国家标准、地方标准、行业标准中重复交叉以及不合理的标准。加强食品安全标准的基础性与科学性研究，尤其应加强危险性分析。具体来说，首先应当通过开展危险性评估，对食品生产环节的质量标准进行前期研究，如通过危险性评估确定食品中的添加剂含量、有毒有害化学物质残留最高限量，以经过科学研究得出的数据结论作为制定食品质量标准的依据，保证标准的合理性。针对国外的技术性壁垒以及由标准引起的贸易摩擦问题，研究食品生产环节的安全标准，以提高我国的食品竞争力。

第二，加强对国际与国外先进标准的学习与研究，深化与国际食品安全认证组织机构的合作。一方面，加快与国外标准的接轨。国外的食品安全认证标准是依照产品划分，一种产品一个标准，但是国内的认证标准就较显笼统与混乱，一类产品一个标准。比如国内的蔬菜类产品，统一使用一个农药残留限量标准，而国外的西红柿、土豆、豆角等每一种蔬菜有不同的标准，更具体和合理。对此，我们要借鉴国际通用的标准和操作规范，对适合我国国情的国际标准，要尽快吸收和转化，出台统一的、协调的食品安全认证体系，促进我国安全标准的完善。另一方面，要鼓励、引导有条件的企业推行和使用国际标准，由于我国的标准建设起步晚，与国外的较大差距短时间内难以彻底改变，可以促进有条件的企业使用先进标准，以提高食品的安全水平与国际竞争能力。

第三，加强对食品生产环节安全标准与认证知识的学习与宣传。加强标准与认证知识的学习与宣传，学习如举办标准知识培训班、到先进地区进行实地学习等；宣传如开展先进标准化企业评选活动、加强对食品生产企业产品标准的备案管理与监督检查等。通过开展标准与认证知识的培训学习与宣传，既培养了安全标准与认证方面的专业技术人才，又有利于促进标准与认证制度的普及与实施。

第四，加强对食品生产环节安全认证的后期管理工作。当前，对绿色产品、有机产品的认证虽然受到越来越多的重视，但主要是对取证工作的重视，而不是后期管理上的重视。我国食品安全问题的严峻形势要求我们要对食品安全工作实行长期性的检查，而食品生产的安全认证工作存在培训流于形式、员工流动性较大的问题，后期管理工作难以得到保障。因此加强对食品生产环节安全认证的后期管理，首先应加强对食品生产环节安全认证工作的重视，加大对食品生产安全标准与认证的投入；其次，强化认证工作人员的监管责任意识，从思想道德、技术手段等方面进一步提升工作人员的综合素质水平；最后，应加强食品生产企业的责任意识，不定期地对取得认证的企业进行产品抽查，一旦发现问题，立即收回认证书。

第五，明确生产环节安全认证的建设重点。目前生产环节安全认证工作的重点不够突出，管理混乱。应当加强设计，既要有强制性标准，也要有推荐性标准，松严结合；既要有国家普适性标准，也要有地方特色标准，可操作性要强；既要有食品基础标准，也要有行业特殊标准，互相协调。最终实现强制性标准与推荐性标准、普适性标准与特色标准、基础标准与特殊标准的相配套，既能满足国家食品行业发展要求，又能保障消费者安全健康。

7.2.3 健全生产环节安全预警机制

健全食品生产环节安全预警机制是监管工作的新趋势。食品安全预警机制将事后的治理转为事前的预防、将被动地接受转为主动地解决，可以有效消除影响食品生产环节安全的危害因素。具体来说，应做好以下工作：

第一，强化风险意识，推进风险评估机制。风险评估机制的推进，首先，需要建设一支食品安全专家队伍，要充分利用高校、科研机构、行业协会等第三方社会力量，聘请专家参与风险评估机制的建立。其次，食品安全监管部门应加强对各级监测网络等基础设施的建设，依托当地食品检测机构开展对食品生产风险的监测与评价，并针对食品安全监测的数据进行科学评价。按照食品产业分布情况，确定重点监控、监测区域和产品，形成覆盖省级、市级以及县级单位的三级食品安全生产预警系统。同时，组织食品安全专家团队，对可能存在的风险和危害进行深入分析，形成科学且准确的评估报告。最后，食品安全监管部门应对生产环节重点监测和监管的产品深入开展专项整治活动，及时发现食品生产环节监管过程中的盲区和死角，打破常规的、传统的检验模式转变监督检验角度，以便能够更多渠道和角度的获得食品生产安全风险信息。

第二，转变监管方式，落实食品生产企业分级分类监管制度。相对于我国众多食品生产经营单位，监管力量明显不匹配，还存在着监管手段落后，监管人员业务能力不足等问题。食品生产加工企业分级分类量化监管制度的实施，能够有效配置监管资源，提升监管水平，在一定程度上解决食品安全监管资源的有限性与监管需求的不断增加之间的矛盾。根据风险防控的基本思路和原则，对食品生产企业划分风险等级。一方面，通过风险分级可以简单直观地表示出生产企业的安全状况，掌握生产环节的风险现状与风险集中点，有利于采取针对性措施进行有重点的整改与控制，对于食品安全风险较高的生产企业，应重点监管，增加监管频次和监管力度，改善企业内部管控，预防和消除安全隐患。对于食品安全风险较低的生产企业，重点提升监管效率与实现监管资源的合理配置，在监管频次与监管资源的分配上可以适当减少。另一方面，通过风险分级可以加强生产环节各主体的责任意识与安全意识，对生产企业抵御风险、提高产品质量起到激励促进作用，有利于生产环节食品安全的稳步提升。

第三，对食品生产企业实行网格化监管。网格化监管是将监管区域划分为网状单元格，通过加强对单元网格的监管，从而对整个区域实现监管。一方面，网格化监管对监管人员的权责划分更为明确，强化了监管人员的责任意识，实现了监管工作的定区域、定岗、定人、定责。对提升监管质量与效率，抓好监管工作，都有一定的积极促进作用。另一方面，网格化监管也提高了政府对生产企业的服务能力，不同区域的企业有明确的监管人员负责，实现了企业与政府的对接。企业在标准、技术等方面需求可以直接向政府寻求帮助，政府也可以直接引导生产企业实现健全管理体系、管理办法等工作，大大加强了两者之间的沟通，有利于政府转变政府职能，提升服务绩效。

第四，采取激励性监管手段，督促企业建立自身风险监控系统。政府食品安全监管部门应通过政策补贴或奖励等手段促进食品生产企业在自建实验室的基础上建立风险监测系统，对食品原材料、添加剂的投入、包装材料的使用以及食品加工过程中的风险进行监测和防控。企业可以在最短的时间内知晓引起食品不合格的原因与隐患出现的生产阶段，及时采取补救措施，避免流入市场，危害公众健康。

7.2.4 加强生产环节溯源和召回管理制度建设

1. 生产环节溯源管理制度建设

在食品生产环节，溯源管理主要是企业按照法律法规的要求和结合自身生产工艺和产品特点等，利用现代信息管理技术对食品生产每个步骤如实地记录，如产品信息、原辅材料信息、生产信息、检验信息、销售信息、设备设施信息、人员信息、召回信息、销毁信息、投放信息、贮存信息、运输信息等，形成以原辅料采购管理、生产过程控制、产品检验和产品销售管理四个核心环节为主要内容的信息链条。食品生产溯源管理的推行应坚持以企业为主体、属地管理、切合实际、便于追溯的原则，实现食品安全顺向可追踪、逆向可溯源、风险可管控、责任可追究。

目前，我国食品安全存在的主要问题就是无法明确区分产生食品安全问题的责任方，在责任明确方面纠纷较多。在生产环节建立溯源管理，可以同时实现正向追踪与反向追踪，能够有效地解决这一问题。正向追踪是指由生产链上游到下游的追踪，即实现由生产环节到流通环节的追踪；反向追踪是指由生产链下游到上游的追踪，即实现由生产环节到种养殖环节的追踪。这样的做法一是保证了信息的全面性、确定问题源头，二是有利于强化环节责任，最终有利于实现生产环节食品企业的优胜劣汰，保障食品安全。现阶段，我国的食品生产环节溯源管理已经初具规模，但是仍存在溯源管理地区差异、市场差异等问题。为促进溯源管理体系的普遍建立与高效运转，提出以下建议：

第一，加强生产环节与种养殖环节溯源管理衔接。实现食品可追溯性需要依靠内部追溯与外部追溯，内部追溯指食品沿着供应链移动，实现食品的可追溯，外部追溯是指相邻供应链主体实现信息交换等。食品生产企业的原辅料有很多都是食用农副产品，建立生产环节的食品安全溯源管理就必须与农、林、畜等部门的溯源管理进行衔接，既要有产品的流动衔接，也要有相关信息的衔接。我国监管部门应尽快协调制定食品监管部门与农产品监管部门的溯源管理衔接机制，使得食品安全溯源体系建设确实能从源头抓起。

　　第二，加快食品生产环节溯源管理的制度建设。食品生产企业对建立溯源管理的积极性欠缺，特别是中小企业由于自身资金、人力、技术等资源所限，溯源管理的推进更是困难重重。即便建立了生产环节溯源管理，如果管理维护跟进不及时也会导致运行缺乏效率。我国尚未出台具体的溯源管理制度，只是其他法律中有所涉及，难以用作建设溯源管理的推进依据。因此，政府应组成专家团队对目前溯源管理中存在的问题进行深入调研分析，并制定可行性政策，特别是推动与 HACCP、GMP、ISL22000 的衔接工作。

　　第三，充分发挥食品生产环节溯源管理建设中政府的主导作用。首先，信息化溯源管理建设是一项系统工程，仅靠单个企业的力量，难度较高，可由政府主导开发建设相关数据平台，企业有偿使用。其次，监管部门应尽快完善食品生产环节溯源管理的信用制度，以保证食品生产经营者所提供信息的真实性。具体来说，可以通过依托社会科研机构，制定追溯信息的详细标准，建设统一的信息披露与传递平台，由政府专门部门对信息的真实性与标准性进行管理等。最后，实现全过程溯源管理的建立，就意味着任何一环的信息都不能缺失，因此政府部门应当加大对溯源管理体系的监控力度，及时发现问题、解决问题，以免信息缺失、追溯难以实现的状况发生。对企业或个人违反溯源管理规定的情况，依法追究其法律责任。

2. 生产环节召回制度建设

　　生产环节的召回制度是一种事后的救济制度，指食品生产企业在确定其进入流通领域的产品存在一定的缺陷和危害以后，为了避免对公众健康和环境造成进一步的危害，及时向食品监管部门提供食品危害调查、评估报告，及时通知消费者，同时根据产品缺陷程度的不同，采取更换、退货、停止生产等不同的处理措施。生产环节召回制度作为缺陷产品管理制度的一部分，能快速有效地处理不安全食品，最大限度地减少和预防食品安全危害。

　　第一，完善食品生产环节召回制度的相关法律法规。目前，我国食品召回工作主要依据《食品召回管理办法》，缺失具体而且严谨的食品召回启动和作用程序。如果程序不规范，很容易滋生寻租或者本地保护等现象。通过完善相关法律法规，明确实施召回程序的流程规范，有利于保障召回工作有序、有效开展，避免受到利益集团的控制和影响，做到有法可依，有法必依，法律面前人人平等。在对召回制度的相关法律法规进行完善的同时，还应关注扩大召回食品品种范围、分析食品安全形势等问题，以进一步提升对食品安全风险的控制能力。

第二，协调食品生产环节召回工作的各部门合作。根据《食品召回管理办法》，召回工作主要由国家市场监督管理总局、地区质监部门负责指挥，同时需要卫生部门、工商部门、环保部门等多部门配合。若食品召回管理部门监管职责交叉不清、沟通不畅，将导致一旦出现食品安全问题，各部门可能会基于不同利益的诉求，互相推诿责任，使得召回工作进展缓慢，消费者利益遭受更大的损失。因此在食品生产环节的召回过程中，必须以立法的形式明确相关部门在食品召回工作中的权利与义务，为食品召回制度的实施提供有效的组织保障。

第三，完善食品生产环节召回制度的配套措施。首先，加强对缺陷食品的检查力度。由于缺陷食品信息不能轻易获取，一般来说，只有通过调查或在餐饮消费环节出现问题了才能被发现，而在餐饮消费环节一旦产生问题就会危害到消费者身体健康，因此应通过加强检查力度来降低缺陷食品可能带来的危害。其次，加强食品召回完成后的监管工作。为了避免被召回的不安全食品再次危害消费者身体健康以及错误的处理方式造成环境污染，对于被召回的不安全食品的处置过程需要加强监管，严格按照法律法规，对召回后的食品采取销毁、无害化处理等措施。最后，完善与食品生产环节相关的配套机制与制度，如预警机制、信息公开制度、召回责任险制度等，实现各个机制与制度的密切配合，发挥生产环节食品安全监管的合力。

7.2.5 优化生产环节激励性监管模式

处罚和赔偿制度、肯定性的奖励激励制度都能在一定程度上对当事人的行为进行规范，都属于激励性的监管方式。激励性监管方式既包括法律，也包括行业的规章制度与社会道德规范。在食品生产领域，这种监管方式目的在于促进食品生产企业维护消费者权益，实现最佳的社会效果。但如果缺少足够的动机激励生产企业保证食品质量或违法违规的成本较低，企业很可能利用自身的信息优势，生产低质量产品。因此，处罚和赔偿制度、肯定性的奖励激励制度是十分必要的。以处罚和赔偿制度严格执法、严肃处罚，再施以正面的诱导，能够促进企业加大生产投入，有效地解决生产环节的食品安全问题。

1. 处罚和赔偿制度

处罚和赔偿制度是对违法者处以金钱或刑事上的处罚，具有预防违法行为发生的正向激励作用。在食品领域的生产环节，适用的法律一般有《食品安全法》《产品质量法》《侵权责任法》等，法律条款较多会带来适用上的困难。比如，对于食品中缺陷产品的概念，《侵权责任法》没有清晰的界定，但却设有相应的处罚制度，这就需要结合《产品质量法》来使用；关于赔偿金额，《侵权责任法》缺少明确的规定，就可能会带来执法上的随意性。2015 年，我国修订了新的《食品安全法》，针对食品安全的处罚和赔偿制度，相较于 2009 年的《食品安全法》更为严格。但是现行的处罚和赔偿制度，仍然存有进一步优化的空间。具体来说，有以下几个方面：

第一，应强化食品企业的举证责任。通常情况下，只有受害方提起诉讼并举证，才能立案侵权案件。不同于普通的侵权案件，在食品安全的纠纷案件中，消费者处于信息劣势，举证难度较高。消费者不仅需要证明企业生产的食品存在质量问题、自身健康受到了损害，还需要证明两者具有因果关系，这就大大增加了消费者的举证成本。相反，食品企业需要承担的诉讼成本就低得多，这种诉讼成本上的差距，会抑制消费者维权的积极性，加大了食品企业逃脱法律制裁的概率，让法律的威慑力大打折扣。为此，应强化食品企业的举证责任，由其承担基础性的举证工作，比如出示生产许可证、工商营业执照以及食品批次质量合格证等证明。这些举证被采信后，消费者可以向法院申请对食品企业进行检验检疫工作，以检查食品生产是否符合安全标准，佐证消费者的诉讼请求。

第二，加快食品案件的仲裁或调解流程。食品的保质期长短不一，对于事实清楚、责任明确的食品案件，应加快仲裁或调解流程，及时予以结果裁决或纠纷调解。同时，快捷的食品案件程序处理更有利于激励消费者维权。因而，食品安全监管部门以及相关法律单位，应对消费者或其他人员的法律诉求予以重视，并立即采取行动。

第三，探索符合我国国情的多元化处罚和赔偿标准。目前《中华人民共和国食品安全法》的惩罚手段相对单一，局限于一种一次性的处罚，从经济学的角度来说，仅对生产的总成本有影响，而对生产的边际成本没有影响。同时，目前处罚与赔偿金额的计算标准也过于单一，无论是十倍于食品价款的罚款还是三倍于损失的赔偿，由于食品单价较低，导致最终处罚的金额都不会很高。违法成本与违法收益之间的关系影响到食品企业未来行为的选择，当违法收益显著高于违法成本时，相对于违法违规带来的巨大收益来说，违法的成本太低，企业"以身试险"、牟取利益的可能性会比较高；当企业违法成本与违法收益持平时，企业存有侥幸心理，仍有可能"铤而走险"；只有当违法成本显著高于违法收益时，企业才会惧于违法，选择守法。因此，应对《中华人民共和国食品安全法》的处罚和赔偿制度进行修改，一方面，加大处罚和赔偿力度，尤其是对食品生产企业弄虚作假、隐瞒成分等违法行为以及食品监管部门玩忽职守、以权谋私等渎职行为的惩罚力度，设立"罪罚相当"的强制性惩罚措施；另一方面，改变单一性的计算标准，探索适合我国国情的多元化惩罚性赔偿标准。例如，可以建设食品行业违法违规企业披露网站，分区域的、定期的发布食品企业"黑名单"，通过影响企业在社会上的声誉，以提高企业违法违规的边际成本；也可以根据受害人的实际损失、被告的主观过错程度和经济状况等因素综合评估后确定赔偿数额和处罚力度等。

2. 肯定性的奖励激励制度

仅仅依靠法律强制性的监管方式和手段，不能从根本上解决食品安全问题，肯定性的奖励制度是食品生产环节激励性监管方式的另一种形式。肯定性的奖励激励制度通过巧妙的机制，可以很好地弥补法律强制性监管本身存在的弊端。根据逆向选择理论，肯定性的奖励激励制度，通过钱财、荣誉等奖励手段诱导和激励不同质量的食品生产企业对消费者发出不同的信号，形成分离均衡，从而监管部门和消费者通过对不同企业发出的信号的甄别就可以知道其所生产的产品的质量等级，从而可以有效提高我国食品安全效率。

新修订的《中华人民共和国食品安全法》提出，要在食品安全监管中运用贡献奖励等监督手段，而贡献奖励就是典型的肯定性奖励激励手段。具体来说，奖励可以分为物质奖励与精神奖励。物质奖励包括税收优惠、财政补贴、投资倾斜、技术开发资助、市场优先准入、优先采购等，精神奖励包括信用等级制度、表彰性宣传等。物质奖励能够为食品生产企业带来直接利益，精神奖励虽然不能直接带来经济利益，但是有利于食品生产企业树立良好的品牌形象，是重要的无形资产，有利于长期经济效益的实现。同时，精神奖励可以督促当地食品产业形成守信褒扬、失信惩戒的信用评价机制，规范食品生产企业经营行为。

7.3　流通环节监管模式重构

食品通过在市场上流通，实现由生产向消费的转移，这个过程即是食品的流通环节。流通是一个动态过程，因而流通环节相比其他环节而言，检测更为困难、监管难度更高。目前，相应于我国食品流通市场面临的严峻形势和不断提高的监管要求来说，流通环节的安全监管工作还有待进一步完善与提升。食品流通环节的安全监管模式应从完善流通环节法制化监管、完善流通环节检验检测制度、健全流通环节安全预警机制、加强流通环节召回管理制度建设、强化网络食品流通专项监管、完善流通环节安全监管保障运行机制等六方面着手，多措施并举，实现对食品流通环节的有效监管。

7.3.1　加强流通环节法制化监管

食品作为人类生存的基本物质保障，具有数量规模大、流通性大的特点，这一特点决定了食品流通环节的安全监管工作要走法制化道路。流通环节法制化监管是各级食品安全监管部门开展日常监督检查工作的根本依据，也是监督食品流通环节监管工作有效落实的关键。

1. 完善食品流通环节法律法规

为满足食品流通环节安全监管的需要，我国制定了《流通环节食品安全监督管理办法》，对流通环节的基本监管流程作出了详细规定。但目前还存在两个问题：一是缺少对问题食品检测标准的详细规定，致使在实际工作开展中无法认定某些食品是否属于问题食品，规定上的模糊可能会引发监管乱象、监管工作无法顺利开展等问题；二是该管理办法在食品安全法律体系中的作用和地位未得到明确，未充分考虑该管理办法和其他相关法律法规在内容和结构方面的联系，导致现有的食品流通环节安全监管法律体系缺乏逻辑上的完整性，安全监管工作缺乏系统性。

完善现行有关食品流通环节监管的法律法规，应以《中华人民共和国食品安全法》为基础，明确食品流通环节监管法律的立法意向，把握食品流通环节监管机制的改革趋势，左右兼顾，承前启后。既要加强政府各部门之间的监督与联系，又要注重避免法律法规之间的冲突与各部门重复规定问题。同时，随着我国检测技术水平和食品安全监管水平的不断提升，难免法律法规中存在某些条款有待优化，因而应进一步提高我国相关法律法规的修改频次。通过对现行法律法规的修改与完善，制定出具有中国特色又符合国际标准的食品流通环节法律法规。

2. 统一食品流通环节的违法行为认定和处罚标准

（1）对于食品流通环节相关法律法规的适用情况，应当统一原则、避免争议；对于食品流通环节方面的违法犯罪行为，应彰显食品安全法的一致性，统一认定与处罚标准。（2）维护法律的权威性，加大违法犯罪行为的处罚力度。对于严重破坏食品安全的违法乱纪者，除了处以高额罚款、刑事处罚外，要严格地限制其再进入食品流通环节，以对其他生产者、经营者起到威慑作用。（3）加强食品流通环节安全监管工作的监察力度。建立、健全覆盖中央、省、市、县各级食品流通环节安全监管的监察机制，督促安全责任制度与追究制度有效落实，加强食品安全监管的监察力度。在对食品流通环节运营商开展监管工作的同时，也要对食品流通环节安全监管者进行监督，真正实现食品流通环节监管质量和效果的全面提升。

7.3.2　完善流通环节检验检测制度

流通环节中，我国对食品的检测主要依靠实验室抽检和现场抽检的方式完成，食品检测体系不完善、投入资金不足、检测设备陈旧、检测人员缺乏等问题，都可能导致农药、化学制品等有毒有害物质残留不能及时检出，最终导致消费环节的食品安全问题。而且，在食品运输的过程中，由于食品安全控制技术相对落后，缺乏有效的储运设备，致使部分原本安全的食品受到污染，从而导致后续环节出现食品安全问题。因而，提升监管部门在流通环节的检验检测能力对于改善整体的食品安全状况尤为重要。

1. 整合食品流通环节检验检测资源

从表面上看，放弃任何一个部门的检测资源都会造成资源的浪费，但换一个角度看，如果继续加强各部门在食品流通环节的检测职能，将会导致检测人员、资金和设备投入的大量增加，容易导致重复投资，进而导致更加严重的资源浪费。同时，检测人员的分散管理以及检测设备的分散使用，导致其使用价值难以充分发挥，不仅增加了行政成本，还给食品送检、检测结果验证、检测信息发布，特别是给司法部门对检测结果的采信增添了很多的麻烦。可以看出，食品流通环节安全检测资源的分散配置有很大弊端。因此，建议在每个省、市、县设立专门负责食品流通环节安全检测的机构，其他现有机构可以撤销或合并，整合食品流通环节安全检验检测资源，适度集中地分配现有检测资源，防止产生人力资源和财政资源的巨大浪费。

2. 设立食品流通环节安全检验检测机构

食品流通环节安全检测机构的设立，应以科学、经济、合理为原则，结合所在辖区人口数量、检测需求量、经济状况等条件，同时考虑到食品流通环节未来发展的需求和基层部门对食品流通环节安全检测的需要，在实现安全检测功能的前提下，体现出人性化、智能化和标准化的特点。在国家、省、市、县各级食品安全检测中心内部设置专门负责食品流通环节安全检验检测的机构，逐步建立起以这些检验检测机构为核心的检验检测网络，为我国食品流通环节安全监管提供技术支持。食品流通环节检测对快速检测技术的要求较高，需求量也很大，因而需进一步加大对食品流通环节检验检测技术研究的投入，逐步实现检验检测技术的快速化、便捷化，提高我国食品流通环节安全检测能力。

3. 推进食品流通环节安全检验检测机构的社会化发展

安全检测本质上属于技术性工作，不仅服务于行政机关，还服务于公众，因此它必须具有公平公正的属性。如果让行政机关直接领导安全检测机构，有利用行政权力控制检测结果的嫌疑，不利于维护公平公正。所以，推进食品安全检测机构的社会化发展是必然选择。当下须通过食品安全监督部门代管的方式，对现有食品流通环节的检验资源进行合理整合，再引入市场机制，推进食品流通环节安全检测机构的社会化发展。

4. 提高食品流通环节经营者的自我检验检测能力

发达国家食品安全检测体系的重要特点是充分发挥食品生产者、经营者的积极性，鼓励他们进行食品安全的自我检测。经营业户的自我检测是食品流通环节安全检测系统的重要力量，也充分体现了企业主体责任的落实。目前，中国的检测系统大多是由政府机构主导的，在未来，应注意加强生产者、经营者的自我检测与相互检测，加快农贸市场和大中型超市的快检室建设，并重视第三方检测机构的作用，鼓励以行业检测为主的第三方机构进行食品安全检测工作。同时，应把食品安全检测工作作为食品安全监管部门工作的考核指标，以强调流通环节安全检测工作的重要性。在工作开展过程中，要不断加大检测投入，并邀请相关专家进行专业指导，不断提高检测人员的专业技术水平，同时引进专业人才加入检测队伍中。保证检测质量，扩大检测范围，联合社会各方，增强检测力量。

7.3.3　健全流通环节安全预警机制

健全食品流通环节安全预警机制，主要完成对食品运输环境、运输时间、食品抽检结果、食品安全异常信息等相关信息的量化分析，对食品安全隐患的预测，向公众进行预报、警示等其他工作。建立食品流通环节安全预警机制，应做好以下两项工作：

1. 设立食品流通环节安全预警机构

依据流通环节现行的监管机制，在国务院食安委的统一领导下设立食品流通环节安全预警机构，整合食品流通环节安全相关监管部门的监测预警系统资源，建立健全部门间食品安全监测预警信息共享机制，统一发布预警信息，并在各部门设置信息点，以便及时迅速地了解食品流通环节的安全状况。建立覆盖全国的食品流通环节安全预警信息收集渠道，对食品流通环节安全信息进行系统、科学分析；建立食品流通环节安全状况量化分析模型，纳入食品色泽、质量营养物质含量、毒害物质含量等更多指标，强化预警能力；建立食品流通环节安全的评价系统，制定评价标准，及时向相关部门和社会通报评价结果；并采取相应的预防措施，对可能发生的安全事件进行预防与控制。

2. 完善食品流通环节信息处理系统

首先，明确食品流通环节信息处理系统搜寻的信息种类，主要有：一是国家市场监督管理总局对进出口食品检验检疫的异常信息；二是有关部门对食品流通环节的日常监测信息；三是食品流通环节经营业户报告或专项抽查信息。其次，建立食品流通环节安全预警分析系统，科学的分析系统是食品流通环节安全预警系统权威性的基本保证，因而该分析系统是食品流通环节安全预警系统的核心部分，其输入端主要是以上三个信息种类，输出端是对食品安全状况的评估和分析，通过专门的预警信息发布系统发布。同时，应借助立法的手段进一步规范我国食品流通环节信息发布制度，依据预警信息采取应对措施，冷静应对食品安全危机。最后，在食品流通环节建立分级预警系统。使用统一的分类标准，以食品流通环节发生的安全事件潜在危害程度为划分对象，根据从高到低的程度，预警级别可分为极重级、重大级、较大级、一般级；根据预警级别，确定应对措施的实施机构，四个预警级别对应的实施机构分别是中央、省、市、县。对于极重级和重大级的预警事件，必须快速应对，统一部署。

7.3.4　加强流通环节召回管理制度建设

流通环节召回管理制度是一种事中的监管或事后的补救制度，是在发现安全隐患或发生安全事件后，为了尽量减少对消费者利益的损害，而对存在危险的食品实行紧急召回，使食品再次回到生产者手中的制度。健全食品流通环节的召回制度，能够有效降低食品安全风险、保护消费者食品安全，同时对食品生产者信誉的挽回、食品品牌的维护也有重要作用。做好食品流通环节的召回工作，对社会良性运转、推动质量变革等重大命题具有巨大推动作用。

1. 完善流通环节召回管理制度的法律法规

目前尚无专门的与食品流通环节召回制度相关的法律法规，食品在流通环节的召回工作主要依据《中华人民共和国食品安全法》《食品召回管理办法》《缺陷消费品召回管理办法》，三者对食品流通环节的召回工作均有所涉及。但目前看来，现存的法律法规无法满足对食品流通环节详尽的指导。我国缺乏对存在危害食品的定义与分类，缺乏食品流通环节有效信息的获取手段，同时还存在着召回工作靠"约谈"等一系列问题。因而食品流通环节召回制度的建立需要详细的、专门的法律法规来加以指导，规定生产者、消费者、经营者、市场监管部门的权力和义务，明确责任归属问题；引入对生产者、经营者的惩罚性赔偿，一旦发生食品召回，无论是否危及消费者健康均严肃问责，但对主动召回与被动召回的惩罚力度要有所区别；完善流通环节问题食品召回后的处理规定，做好问题食品的销毁、无害化处理等后续工作。

2. 设立食品流通环节专门的召回管理机构

我国多个部门同时重叠管理食品流通环节的召回工作，容易造成资源浪费，在国家、省、市、县各级食品安全监管部门设立专门负责流通环节食品召回的机构，可以解决这一问题。召回管理机构通过协调与流通环节相关的各部门工作，明确各部门在食品召回管理中的具体分工。该机构的主要责任包括：（1）负责问题食品的认定工作，通过对食品危害程度进行评估，做出停止生产、停止销售、强制召回等决定。（2）生产者主动提出的食品召回申请时，及时予以批准。（3）协调和监督问题食品的召回工作，在整个召回过程中起到辅助作用。（4）召回完成后，协调和监督问题食品的后续处理工作。

3. 规范流通环节食品召回程序

通过编写一套标准化的流通环节食品召回程序，为召回工作提供详尽指导，从而实现"政府领导，食品生产者、经营者合作"的召回工作目标。规范流通环节的食品召回程序，一是有利于促进食品召回工作的有效、迅速开展。标准化的召回程序包括食品召回的分工安排、时间计划、通知下达，食品召回的完成评估，问题食品的责任主体惩罚、受损者赔偿等内容，全面把控流通环节的食品召回工作。二是有利于促进政府部门简政放权。流通环节的食品召回工作，主要由责任主体完成，政府负责部门间协调与监督工作进展状况，在召回工作中发挥辅助作用。这就有利于推进政府放管结合、优化服务的工作，加快政府"放管服"进程。

4. 分类管理流通环节食品召回工作

对流通环节食品召回进行分类管理，具体而言，是对存在不同危害程度的食品采取不同的管理方法。借鉴美国等发达国家的食品召回制度，按照食品的危害程度将召回工作分为三级——一级召回、二级召回和三级召回。一级召回面向危害严重甚至可能导致消费者死亡的食品；二级召回面向危害较轻、但足以影响消费者身体健康的食品；三级召回面向不会影响消费者身体健康、由于其他因素需要召回的食品。这种分类管理，一方面，可以使公众清楚地认识到被召回问题食品的危害程度，从而采取不同的态度；另一方面，政府部门也可以对被召回的问题食品进行分类管理，提高工作的针对性，提高办事效率。

7.3.5　强化网络食品流通专项监管

网络经济的蓬勃发展，"互联网＋"战略的提出，为食品行业的发展提供了契机。线上销售、外卖行业欣欣向荣，互联网已经成为一条重要的食品流通渠道。一方面，网络与食品行业的结合，是营销形式、营销思维的转变，扩大了销售市场，创造了发展机遇；另一方面，网络食品市场鱼龙混杂、规模庞大又具有隐蔽性，更容易引发安全问题。因而对于流通环节的食品安全监管不能仅停留在现实生活中，也应扩展至网络流通这个新领域，根据其特点提出相应的监管措施。

1. 杜绝网络食品的无证经营

网络食品的市场规模庞大，更应严格把关、层层审核。（1）落实许可证制度，对网络食品经营者严格执行资质审查。经营者在网络平台销售食品前，必须先进行登记工作，提供《食品流通许可证》，网络管理者应将许可证发布在网络平台的醒目位置上以供社会大众、行政人员检查。（2）加大对网络平台的监督力度。对放任无许可证的经销商经营食品的网络平台，追究其法律责任，促进网络食品管理与流通的不断规范。（3）完善网络平台的举报机制，充分发挥消费者对网络食品安全的监督能力。消费者在发现食品存在安全问题或经营者存在不实信息时，可以通过网络平台直接进行举报，举报信息应及时传达给网络管理者以及公安系统，确保举报得到妥善处理、及时回馈。

2. 加强网络食品信息的监管

网络食品的营销也是一种信息的营销。进行网络食品销售时，消费者无法在购买行为发生前接触实物，这使得本就处于信息劣势一方的消费者，处于更加不利的地位。为了减少买卖双方的信息不对称，应加强对网络食品信息的监管。一是强制要求网络食品经营者通过网络平台发布食品的完整信息。这些信息应当包括食品的原材料、加工工艺、标签等，进口食品还应提供出入境检验检疫合格证明、中文标签、中文说明书、食品的原产地、境内代理商的名称、地址、联系方式等。二是网络平台与政府相关部门应对经营者发布的食品信息进行检查，确保信息的真实性、准确性，切实保护消费者的知情权、选择权。

7.3.6 完善流通环节安全监管保障运行机制

1. 革新流通环节安全监管制度的基本原则

目前，流通环节的食品安全监管行政成本巨大，工作效率低下，资源浪费严重，安全监督也无法完全满足实际需要，存在监管空白。针对这些问题，食品流通环节安全监管制度改革的方向应该是节约办事成本，提高执法效率，优化行政资源配置。与此同时，革新监管体系还应遵循以下两条基本原则。

（1）从全局长远考虑，避免走弯路。我国现阶段采取了一种分段式的监管方法。在分段式的监管模式下，一方面，当国家各职能部门高度关注食品流通环节安全时，大部分监管资源都集中到流通环节，那么许多其他重要的监管环节和领域无疑会被冷落；当国家开始关注其他环节和领域时，各种监管资源将集中在其他领域，从而忽视了食品流通环节，一旦流通环节出现食品安全事故，必会不知所措，相互推诿。因而，这种分段式监管的行政方式必会导致关注一件事，而无法顾及另一件事。另一方面，当国家高度重视食品流通环节安全时，各有关部门就会在这方面加大资金投入、增加人员比例、加强流通环节监管力度，如果对资源不能合理配置，不可避免地会造成冗余建设和资源浪费，甚至会产生各种新矛盾。所以我们会发现，虽然从表面上看，分段式的监管体系方式成本较低；但实际来看，行政执法成本很可能大幅上升。因此，当前监管体系的改革应着眼于降低总行政成本和长期成本，循序渐进，不绕道而行，避免走弯路。

（2）提高执法效率，合理配置监管资源。监管部门越多，部门层级越多，监管效率就会越低。机构改革之前，食品流通环节主要的监管部门包括农业、质量监督、工商、卫生、食品药品监督，除此以外，还有畜牧业、渔业、林业、贸易、进出口检验检疫、海关部门等其他安全监管部门。多部门同时监管有利于食品流通环节监管专业化，但是由于某些食品经营单位很难划分属于哪个环节，具体由哪个单位负责监管就成了一个大问题，不利于提高监管效率，如在流通环节中，农贸市场或批发市场的蔬菜农药残留监管问题就十分棘手，农业部门不专门负责食品流通环节，工商部门无法从专业角度监管农药残留；对于食品加工小作坊，它们也进行生产加工，也进行销售，工商部门可以进行监管，质检部门也可以进行监管。机构改革之后，尽管食品安全监管的职能主要移交到了市场监督管理局，但由于机构改革之初尚未完全形成统一连贯的监管体系，致使对于食品安全问题的监管存在着诸如人员配备不合理和不规范、监管资金不到位等问题，致使食品安全监管未起到应有的效果。同时，鉴于当前食品安全问题监管的复杂性，单纯地依靠市场监督管理局的力量已然不能满足当前的监管需要，食品安全日常监管同样需要诸如农业农村局、城市管理局等多个部门，如何统筹协调多方监管力量，可能依然会面临由于同时监管产生监管重复的问题，也可能会由于相互推诿产生监管缺失的问题。从监管工作的实际运行来看，分段式的监管显然不是最好的解决方案，也明显不利于监管效率的提升。简而言

245

之，分段式的监管是为了降低眼前成本而使简单问题变复杂的低效做法。

2. 构建全面高效的流通环节安全监管保障机制

（1）完善食品安全机构，统一食品安全监管的领导工作。借鉴发达国家的经验做法，进一步完善我国食品流通环节的安全监管机构。2018 年 3 月，根据第十三届全国人民代表大会第一次会议批准的国务院机构改革方案，国务院食品安全委员会具体工作由国家市场监督管理总局承担，并由食品安全协调司具体承办国务院食品安全委员会日常工作。新形势下，应统一食品安全监管的领导工作，进一步明确监管方向，推进食品安全战略的重大政策措施并组织实施，统筹协调食品全过程监管中的重大问题，推动健全食品安全跨地区跨部门协调联动机制工作。

（2）集中监管权力，精简监管环节。食品流通环节的监管不仅要依靠严格执法，还要依靠专业人员进行食品卫生安全等方面的监管工作。现阶段，应继续推进食品流通环节安全监管人员和设备的整合工作，加大对监管人员和监管设备的财政支持力度；向社会招聘不足人员，也可在现有的行政机构进行调剂，不足的设施设备由国家设置专项资金解决。同时，通过法律明确食品监管部门在食品流通环节的法律责任，真正实现权力集中与责任明确。当然，在执法过程中，其他相关单位部门应配合食品安全监管部门的工作，实现多部门共同合作。

（3）构建合作共赢的食品流通环节行业自治机制。在食品流通市场上，由于食品经销商为了实现自身利润最大化，往往会采取转嫁私人成本的做法，从而导致了严重的外部不经济问题，而仅仅依靠市场自身的调节机制解决外部不经济问题一般来说是低效的，只有信息完全的情况下，一般竞争均衡才能达到效益最大化。然而，由于食品流通市场中的买卖两方存在明显的信息不对称，因此很难实现效益最大化。因为消费者无法得知流通市场上食品的卫生状况、质量优劣等方面的完备信息，而销售者拥有信息优势，从而造成消费者难以进行合理的选择。当销售者有意隐瞒不良信息时，消费者就无法获得完全的、准确的信息。在这种情况下，消费者很可能会选择不合格的产品，从而引起食品安全事件的发生。

加强对食品流通环节的监管，首先，以合作共赢为原则，促进食品安全监管部门与其他相关部门开展联合监管，签订监管协议，明确权利与义务。其次，应重视食品流通协会在食品流通环节的积极作用，在各地区设立相应的食品流通协会，加大资金投入，保持协会的独立性与自主性，丰富协会的组织结构，充分发挥协会的协调作用，积极调动社会各方力量，参与对流通市场的食品安全监督治理，实现社会共治。最后，落实食品流通经营者主体责任，构建合作共赢的食品流通环节行业自治机制。食品流通环节行业自治包括流通行业经营者准入准出机制，自检自查制度，互查制度，追溯机制以及市场开办者、食品经营者和食品安全监管部门签订的食品安全责任合同制度等。

（4）完善食品流通环节监管保障机制。对于经营业户分散、地处偏远的食品流通区域，由于监管力量不足，很难监管到位。如农村、城乡接合部等区域，受地理位置、经济状况等因素的影响，加大了产生食品安全问题的可能性。同时，劣质食品的供应商一般隐蔽性较强，送货时也不留下可以用于追溯的票据。监管人员在流通环节发现存在安全问题的假冒伪劣食品，向上游环节追查索要供应商发票或送货单时，经营者无法提供送货单据，或有单据，但单据信息不全，致使无法追溯伪劣食品的源头。针对存在安全问题的食品供应商不易被追溯以及经营业户分散面广的特点，各级政府部门应该加大对食品流通环节监管力量的投入力度，加强对人员、设备、资金等各个方面的投入，使得各级食品安全监管力量对本辖区真正做到监管全覆盖，不忽略每一个角落。

7.4　餐饮消费环节监管模式重构

餐饮消费作为食品产业链的末端环节，承载着从农田到餐桌的全部食品安全风险，是事故多发、频发的环节，因此，餐饮消费环节的食品安全问题就成为整个食品供应链中最重要的环节。餐饮食品安全与否，是衡量人民生活质量、社会管理水平和国家法制健全程度的一个重要标准，不仅关系到人民群众的健康和安全，更是我国行政监管能力的实践检验，因此，提高餐饮消费环节的食品安全水平无论对消费者还是社会来说都具有重大意义。

然而，随着我国餐饮消费行业的快速发展，餐饮消费行业的食品安全事故也日益增多。例如，从业人员操作失误导致消费者食物中毒，餐饮具清洗消毒不到位，非法添加禁用食品添加剂，学校集体食物中毒等。目前，虽然食品安全监管部门不断加强对餐饮消费行业的监管，但餐饮消费行业的食品安全监管仍然存在着相关法律法规不健全、监管体系不完善、社会共治水平低等诸多缺陷。因此，为了提升餐饮消费行业的食品安全水平，亟须加强法制化监管，创新、优化餐饮消费环节监管模式，提高餐饮消费行业的食品安全监管效能和食品安全保障水平。本部分从多个维度构建系统的餐饮消费环节食品安全监管模式。

7.4.1　加强餐饮消费环节法制化监管

明确食品安全监管的体制机制，对加强餐饮消费环节法制化监管有至关重要的作用。为此，原国家食品药品监督管理局先后出台了《网络餐饮服务食品安全监督管理办法》《餐饮服务食品安全操作规范》和《餐饮服务食品安全监督抽检工作规范》等多个法律法规文件，初步形成了餐饮消费环节的食品安全监管法律体系。然而，餐饮消费行业的食品安全监管具有环节多、涉及面广、监管难度高等特点，需要进一步完善餐饮消费行业食品安全监管法律体系，制定更加细致具体的餐饮消费行业食品安全监管法律法规。

1. 加强餐饮消费环节食品安全标准体系建设

截至目前，我国已经初步建立了餐饮消费行业的食品安全标准体系，为餐饮消费行业提供了经营操作规范，也为食品安全监管提供了执法依据、执法标准。但在具体的餐饮消费行业食品监管实践中，仍然存在着部分环节缺乏标准、部分标准过于宽泛等问题，迫切需要加强餐饮消费环节食品安全标准体系建设。

第一，梳理、整合、统一餐饮消费行业的食品质量标准，改变目前食品质量标准重叠、混乱的局面，建立一套统一完善的权威的国家食品质量标准体系；第二，加快国内食品质量标准体系与国际接轨，结合国际先进标准体系，紧跟行业发展实际，科学制定和完善餐饮消费行业的食品质量标准，例如，应加强餐饮消费行业中食品添加剂的监管标准建设，实行食品添加剂公开申报制度，制定食品添加剂使用标准清单，注明食品添加剂的使用范围，并不定期地修订、更新食品添加剂使用标准清单；第三，加快临时性的大型活动（美食节、啤酒节）、酒吧、农村宴席等领域的监管标准建设；第四，在《中华人民共和国食品安全法》的总框架下，制定覆盖餐饮消费环节所有流程的食品安全标准和具体实施细则，并进一步细化餐饮消费环节的食品安全标准；第五，加大食品安全监管的人财物支持力度，加强食品安全监管部门执法装备设施建设，建设高水平食品安全检验检测中心，引进和应用检验检测先进技术，保障食品安全标准的有效落实；第六，鼓励企业制定符合自身生产经营实际的食品质量标准，从而为自身的食品质量安全提供有效保障。

2. 提高餐饮消费环节法律法规的科学性、严谨性和可操作性

首先，提高食品安全法律条文表述的准确性。针对法律条文中模糊笼统的说法进行修改，将涉及的概念、主体等进行明确的界定，避免食品安全监管中的主观执法问题。例如索证索票制度当中的固定供应商，固定供应商既可以是食品生产企业，也可以是食品流通企业，现行法律法规中缺乏明确的界定，会导致监管执法部门难以把握；餐饮消费单位是经过加工制作后的再销售，现行的对于餐饮消费单位违法所得和货值金额的界定过于笼统，实际操作面临着较大困难，不可避免地会导致违法所得和货值金额估计偏差的问题，也为监管部门自由裁量执法提供了较大的空间；此外，对现行的表述模糊、无法明确界定和判断的法律法规条文应该及时进行修改和调整，保证上位法与下位法的一致性。

其次，明确食品安全事故责任方的法律责任。由于食品安全事故原因的定性难度较大，往往无法确定食品安全事故的原因和责任方。因此，现行的法律法规尚未对食品安全事故责任方的法律责任进行明确规定，导致大多数食品安全事故都未进行相应的处罚，未能对餐饮消费单位形成有效的法律约束，客观上纵容了餐饮消费环节的违法违规行为。

最后，增强餐饮消费环节法律条款的实际可操作性。在现行餐饮消费行业食品安全法律法规基础上，结合餐饮消费经营单位的实际情况，进一步将法律法规具体化、细致化，如将餐饮消费经营单位进行科学、合理的分类，实行分类分级管理，修订、完善针对不同类型餐饮消费经营单位的食品安全法律法规体系；明确检查频次和检查指标；明确餐饮消费经营单位在食品原材料购进与储存、半成品与成品的生产加工储存、食品销售等各环节应遵守的法律规范；明确餐饮消费经营单位的法律责任，健全、完善违法处罚机制；减少模棱两可的法律法规条款，削弱监管部门在执法过程中的自由裁量权。同时，充分考虑地方的经济、社会、文化、习俗等各方面的实际情况，重新修订现行法律法规中操作性不强的条款。

3. 建立预防为主的餐饮消费环节食品安全监管法律制度

目前，我国餐饮消费行业的食品安全监管存在着工作量大、面广、困难度高等问题，目前实行的以专项整治行动、"以罚代管"等事中和事后监管为主的监管模式不利于餐饮消费环节的有效监管，也无法从根本上解决食品安全问题。因此，应着手建立、健全预防为主的餐饮消费环节事前监管体制。

建立从业资格证制度。餐饮消费行业的食品安全风险主要取决于从业人员的专业知识储备情况。然而，虽然我国的《食品安全法》规定食品生产经营单位应对职工进行食品安全培训，但目前只对食品生产经营单位的管理人员进行严格的培训，对其他从业人员的食品安全培训形式、时长、考核等内容未进行明确规定，缺乏完善的监督与处罚机制，食品安全培训制度存在很大的完善空间。因此，应将食品安全培训提升到立法层面，建立健全食品安全培训法律法规体系，实行从业资格证制度，针对不同环节、不同教育程度的从业人员进行差异化的培训，加强从业人员的食品安全培训，提高餐饮消费行业从业人员的法律意识、专业素养和食品安全意识。

建立完善的餐饮消费行业扣分管理制度，降低食品安全监管部门自由裁量权。餐饮消费环节不同于食品产业链的其他环节，由于其具有即制即售即食的特点，轻度违法违规现象普遍存在，而且具有反复多次、屡教屡犯、取证困难等特点，导致监管过程中的执法成本较高，现行的法律法规对这类行为追责较轻，甚至不进行追责，缺乏针对性和有效性，对食品安全违法违规行为的威慑力度较小，食品安全监管部门和企业对此类轻度违法违规行为的重视程度不高，导致餐饮消费环节的轻度违法违规行为监管不到位，食品安全隐患增加。为有效监管餐饮消费经营单位的违法违规行为，应继续完善餐饮消费环节食品安全监管法律法规体系，明确餐饮消费过程中违法违规行为的含义、类型、监管措施、责任归属及处罚措施，提高监管部门和餐饮消费企业对轻度违法违规行为的重视程度。同时，结合量化分级管理制度和信用档案制度，建立餐饮消费经营单位的违法违规行为扣分管理制度。首先，健全餐饮消费企业食品安全信用不良行为的收集和管理，根据餐饮消费经营单位所属的业态和规模来制定科学的检查标准，合理确定食品安全关键控制点，并根据食品安全风险水平和违法违规行为的严重程度设定分值，制定相应的扣分规则；其次，结合量化分级管理制度和信用档案制度，合理制定不同扣分标准下的处罚规则，实行餐饮消费经营单位约谈制度，对总分扣至一定水平以下的餐饮消费企业食品安全责任人进行约谈，将不良行为扣分值与餐饮服务许可证年审复核及延续相挂钩，迫使企业整改到位，提升食品安全水平；再次，健全餐饮消费企业食品安全信用通报制度，将不良行为记录、约谈记录与企业信用等级挂钩，记录在食品安全信用档案中，设立和公示食品安全信用"黑名单"，对不良行为屡教屡犯和约谈次数较多的企业进行曝光，通过经济处罚和舆论施压倒逼餐饮消费经营单位切实履行食品安全义务，增加法律法规的责任追究效果和震慑力度；最后，围绕扣分管理制度，制定具体的包括食品安全操作流程、注意事项等在内的餐饮消费环节食品安全操作规范，同时将扣分管理制度法律化，明确监管部门和餐饮消费经营单位的权利、义务和法律责任，避免监管过程中的自由裁量执法行为。

4. 设立食品安全事故罪，明确刑事责任

在食品安全监管过程中，只依靠监管部门以行政方式治理食品安全问题，无法实现有效打击违法行为与预防犯罪的目的，只有对食品安全违法行为追究刑事责任才能形成有效的震慑，从而保障食品安全。第一，设立食品安全事故罪，加大对食品安全违法行为的震慑力度，明确追究重大食品安全事故责任方的刑事责任，提高餐饮消费经营单位的法律责任意识，减少食品安全潜在违法行为。第二，明确餐饮消费行业食品安全刑事责任的追究范围，例如滥用食品添加剂，非法添加禁用食品添加剂，使用过期原材料、地沟油、腐烂变质原料、不合格肉制品等。第三，修改餐饮消费行业的食品安全违法行为认定标准，统一采用销售金额进行食品安全违法行为的认定。第四，完善餐饮消费行业的食品安全行刑衔接机制。现行的法律制度对行刑衔接并没有进行具体的规定，仍然停留在原则性规定层面，存在很大的制度缺陷和漏洞，导致了很多监管执法问题，为此，应进一步修订和完善食品安全法律法规，加强行刑部门间沟通联系，完善餐饮消费行业食品安全领域的行政处罚与刑事司法的衔接机制，保障行政执法与刑事司法的衔接通畅有力，进一步推动食品稽查办案从单打独斗向联合作战转变，形成打击食品违法犯罪的合力，提高追刑成功率。

7.4.2 完善餐饮消费环节检验检测制度

1. 科学谋划餐饮消费环节检验检测工作

一是将事后监管转变为主动排查，强化事前预防监管，加强对餐饮消费行业食品原料、餐饮具及产成品的检验检测工作。二是完善餐饮消费行业食品安全检验检测法律法规，对食品安全抽样检验的主体、客体、抽样频次、抽样食品类别、操作规程等进行详细规定，明确相关主体的法律责任、权利和义务。三是与国家和地方政府的餐饮消费行业抽检工作相统筹，各级食品安全监管部门应科学制定餐饮消费行业食品抽检计划，合理设定食品抽检的种类。四是将餐饮消费行业抽检问题发现率和处置率、抽样次数占辖区内餐饮消费企业的比例以及抽样次数占常住人口的比例作为食品安全监管部门和地方政府的科学发展考核指标，提高各级政府和监管部门的食品安全检验检测重视程度，保障餐饮消费行业食品检验检测工作有效开展。五是整合各地食品安全监管部门对辖区内餐饮消费行业的检验检测数据，建立统一的餐饮消费行业食品检验检测信息公布与共享平台，实现餐饮消费行业食品安全检验检测数据的有效汇集和共享，一方面定期、不定期地公布食品安全检验检测结果，传递食品安全信息，引导社会力量参与食品安全监督，另一方面有利于充分利用大数据优势资源，促进餐饮消费行业食品安全风险监测和评估，指导食品安全监管部门有针对性地进行餐饮消费环节专项整治，提高食品安全监管质量和监管效能。

2. 加强餐饮消费环节检验检测技术支撑

为保障餐饮消费环节食品安全检验检测工作有序开展，必须加强餐饮消费行业食品安全检验检测的装备设施、检验检测技术和人员支撑。首先，加大食品安全检验检测设施设备的资金投入，引进先进的装备设施和检验检测技术，加强基层监管部门的快速检验检测设施设备的配备，将食品安全快检作为提升食品安全监管能力的重要手段，保障餐饮消费行业食品安全检验检测工作的顺利进行。其次，建立一支稳定的专职检验检测队伍，保障餐饮消费环节食品安全检验检测工作的稳定性和延续性，同时加强餐饮消费行业食品安全监管部门检验检测技术人员的专业知识与技术培训，提高检验检测技术水平和食品安全快速筛查能力。最后，由于餐饮消费环节具有即制即售即食的特点，通过最终产品的检验检测可能无法有效寻找食品安全潜在问题，应在有条件的餐饮消费企业安装监控设备，最终在监管区域内建设餐饮消费企业网络监控系统，对餐饮消费企业进行无缝隙全过程监管，同时建设餐饮消费行业食品安全检验检测信息共享平台，促进餐饮消费行业食品安全信息的有效沟通与共享。

3. 积极引导餐饮消费环节检验检测第三方机构的发展

随着餐饮消费行业的迅速发展，餐饮消费行业的食品安全监管面临着企业数量多、检验检测任务重、抽检覆盖面较小、检验检测技术人员不充足等困难，因此，为了保证餐饮消费行业检验检测工作的有效开展，及时发现和控制食品安全风险，应建立、健全食品安全第三方检验检测机制，引导社会力量共同参与餐饮消费行业食品安全检验检测工作。首先，政府应加大对食品安全检验检测第三方机构的资助和扶持力度，通过直接提供资金、间接提供补贴、成立专项基金等形式，推动社会力量按照专业化、市场化、社会化的方向建立第三方检验检测机构；其次，制定可操作性强的政府购买食品安全检验检测招标细则，提高第三方机构购买服务的比例，激励第三方机构积极参与食品安全检验检测工作，引导第三方机构成为保障餐饮消费行业食品安全的重要力量；再次，充分利用检验检测中心、高等院校及专业院校、科研机构等第三方机构在食品安全检验检测方面的先进仪器、专业人力资源和专业技术，为餐饮消费行业食品安全检验检测提供科学、准确、公正的技术支撑，有效解决食品安全监管部门检验检测资源配置不足的问题，同时应出台相应的扶持政策提供资金和政策支持，推动食品安全检验检测标准、方法等的进步；最后，重点发展一批技术力量强、信用状况优、服务水平高和综合效益好的食品安全第三方检验检测机构，合理利用各类社会资源，提高食品安全检验检测效率。

7.4.3　健全餐饮消费环节风险预警和应急反应机制

与食品产业链其他环节有所不同，餐饮消费环节的食品安全危机事件具有明显的突发性、不可预见性和较强的爆发性，具体表现为突发性的食物中毒。因此，针对餐饮消费环节食品安全危机事件的特殊性和严重性，为了保障餐饮消费环节的食品安全，只能通过建立餐饮消费环节食品安全风险预警和应急反应机制，及时阻止或降低危机发生的概率。而且，随着餐饮消费行业食品安全问题的影响范围日益扩大，食品安全危机事件不再仅仅是公共卫生领域的问题，甚至会危及整个国家和社会的安全、稳定，因此，为了维护社会安全和稳定，必须健全餐饮消费环节的食品安全风险预警机制，提前捕捉风险发生的征兆，加以分析，并采取相应的措施，避免餐饮消费环节食品安全危机事件的发生；健全餐饮消费环节的食品安全风险应急反应机制，在风险发生时，将风险事件造成的经济社会损失降到最低，保障人民群众的生命安全。

1. 健全餐饮消费环节风险预警机制

由于餐饮消费环节食品安全的试错成本较高，因此，亟须健全餐饮消费环节的风险预警机制，以最大程度降低食品安全危机发生的可能性。食品安全风险预警机制通过大数据分析，及时发现食品安全隐患，准确预警食品安全风险，为餐饮消费行业的食品安全监管提供科学依据和重要保障，从而避免、减少餐饮消费行业食品安全危机事件的发生，保障餐饮消费行业的食品安全，降低经济社会损失。

首先，加快建立完善的餐饮消费环节食品安全风险监测体系，强化对餐饮消费行业的原料采购与储存、生产加工、成品的储存、食品污染、食品中的有害物质以及食源性疾病等的全方位、全过程监测，及时有效地确定风险来源，对潜在的食品安全风险进行分析、控制，降低餐饮消费环节食品安全危机事件的发生率。其次，建立餐饮消费环节食品安全风险评估制度，对食品原材料、产成品及食品添加剂的性质和食品生产加工操作流程进行风险评估,为食品安全标准、操作规范和相关法律法规的制定和修订提供科学依据。相应地,为了保证食品安全风险评估的客观性、公正性与有效性,将风险评估与风险管理相分离,建立独立的餐饮消费环节食品安全风险评估机构,再由食品安全行政监管部门根据风险评估结果进行有效的风险管理;同时,食品安全风险评估具有较强的专业性和技术性,因此,应组织各个领域的专家组成食品安全风险评估机构,从而保证食品安全风险评估的科学性、权威性和严谨性。再次,加快推进以食品安全良好操作规范和标准卫生操作规程为基础的HACCP(危害分析与关键控制点)体系建设,有针对性地确定包括食品原料采购、食品生产加工、餐饮具清洗消毒、食品原料及产成品的储存、从业人员健康问题及操作规范等在内的餐饮消费环节关键控制点的具体危害及相应的控制措施,有效预防食品安全问题,保障餐饮消费环节食品安全,降低监管成本,提高监管效率。最后,建立、健全食品安全风险信息收集、流通与共享制度,解决食品安全信息不对称问题。加快整合食品安全各监管部门的食品安全信息,构建统一的食品安全风险监测、评估与预警信息平台,建立、完善部门间信息沟通与共享机制,全面提升餐饮消费环节食品安全监管效能。

2. 健全餐饮消费环节应急反应机制

首先,应健全餐饮消费环节食品安全突发事件应急反应方面的法律法规,明确食品安全突发事件应急管理机构、工作职责、应急处置流程等。其次,成立独立的餐饮消费行业食品安全突发事件应急管理机构,负责餐饮消费行业食品安全突发事件应急处置工作,作为处理食品安全突发事件的最高机构。再次,制定餐饮消费行业食品安全突发事件应急预案,有效应对餐饮消费行业的食物中毒等突发性食品安全事件,从而最大程度减少食品安全危机事故的伤害,同时要具体问题具体分析,应根据餐饮消费行业食品安全监管的事前、事中和事后三个阶段的不同特点,有针对性地制定完整的应急反应机制,并根据以往发生的食品安全突发事件的特征,总结应急经验,对应急预案进行相应的修改完善。最后,建立回访制度和责任追究制度,完善食品安全突发事件应急反应的事后控制机制,明确相关主体责任,加大对食品安全危机事件的查处力度,增加对餐饮消费环节违法违规行为的震慑力度,从而切实保障餐饮消费行业食品安全。与此同时，在餐饮消费环节食品安全突发事件应急反应实践中，还存在着监管人员专业技术水平低、执法装备落后、执法车辆不足等问题，因此，应继续加大餐饮消费环节食品安全监管在人力财力物力的投入力度，加强监管人员专业技术培训，引进高水平的专家队伍，充实食品安全监管队伍，改善食品安全监管执法装备，保障食品安全突发事件应急反应工作有效开展。

7.4.4 打造餐饮消费环节市场化公共监管模式

目前，我国主要以"命令控制型"的行政性规制对餐饮消费环节食品安全进行监管，但由于受到信息不对称、监管机构独立性、监管体制不健全、政绩考核制度等因素的制约，餐饮消费环节的监管工作收效甚微。因此，在经济社会发展的新阶段，应在完善市场经济体制的基础上，转变监管理念、创新监管模式，有效发挥市场机制配置资源的决定性作用，打造餐饮消费环节市场化公共监管模式，通过制度设计、机制创新与政策供给，推动餐饮消费环节食品安全监管实现由体制内"多头混治"向架构内"多元共治"转型。

1. 构建餐饮消费环节食品安全宣传教育培训机制

建立完善的食品安全宣传教育培训机制，增强公众的食品安全意识，以政府监管部门、行业协会、餐饮消费经营企业、科研部门、消费者为基础，开展多层次、全方位的宣传教育培训。

一是加强食品安全宣传工作，营造社会共治良好氛围。鼓励各类企业和消费者共同参与监管，加强媒体监督，优化宣传方式，建立包括广播电视、报纸杂志、门户网站、微信、微博、移动客户端等在内的多形式、多渠道、立体化的宣传报道体系，完善宣传内容，加大食品安全公益、科普宣传力度，强化宣传效果。定期、不定期地组织食品安全宣传日、宣传周等公益性的食品安全宣传培训活动，了解食品安全现状以及提高食品安全的重要意义，提高消费者的食品安全认知和法律意识，营造人人知晓、人人参与的良好社会氛围，推动食品安全社会共治。加强辖区内中小学生食品安全知识课程的教育和培训，依据中小学生的年龄特点对其开展多种形式的培训教育，增强其食品安全意识和自我保护意识。

二是提升全民教育水平。重视普及食品安全教育，提高消费者识别风险的能力，同时对不遵守食品安全法进行生产和经营的业主形成震慑，从而减少潜在的食品安全风险；加强经济伦理教育，提高食品从业者的责任意识和职业操守水平；尽快组建食品产业专门的声誉信息采集和管理机构，完善食品安全信息采集与传递渠道，整合现有企业的各种声誉机制，建立食品产业分级制专有声誉机制，同时增强声誉机制的惩罚作用，提升市场对于声誉机制的认可度，增强声誉机制的激励作用。

三是加强食品安全培训。首先，建立并严格落实监管人员定期培训机制，充分发挥各方职能作用和技术优势，通过分层次、分业态、专家授课、集中学习、岗位练兵等多种形式加强食品安全监管人员培训，全力提升监管人员理论业务水平、实际操作能力、行政执法能力和综合素质，力求打造一支政治素质好、业务能力强、服务水平高的人才队伍。其次，由食品安全监管部门联合第三方评估机构及科研机构，合作开发针对餐饮消费不同环节的食品安全培训教材及课程，开展系统性、针对性的食品安全培训，尤其是要加强对企业负责人及食品安全管理人员的培训教育，提高其文化素质及职业道德操守，增强其社会责任感及对相关制度的理解与执行能力，引导和督促企业落实食品安全的主体责任，严格各项企业内部质量安全管控制度，从而提高食品安全保障水平。最后，构建教育培训考评机制，对食品安全宣传教育活动进行考评、督促，以考促学，定期组织考试评比，提升培训的质量和效果，使培训规范化和执法专业化。

2. 完善信息公开与共享制度

信息公开与共享有利于推动食品安全治理各主体间进行信息传播和交换，并能够反复提炼和相互转化，产生协同效应，因此应继续完善餐饮消费行业食品安全信息公开与共享制度，解决信息流通不畅导致的诸多监管不力问题，引导多元主体共同参与食品安全监管。

第一，建立、健全餐饮消费行业食品安全信息采集和发布制度，保障食品安全信息第一时间向公众发布，通过定期、不定期地公布、介绍食品安全工作开展情况，及时发布权威信息、消费提示和风险警示，同时增强对餐饮消费行业食品广告信息的监管力度，保证消费者能及时获取有效信息。第二，建立、完善餐饮消费行业食品安全检验检测信息公开制度，及时发布食品安全检验检测、重点问题和领域专项检查的信息，曝光违法违规行为，责令主体责任未有效落实的企业及时整改纠正，同时加大对餐饮消费行业诚信自律典型、监管执法先进企业和任务的宣传报道力度，形成对餐饮消费行业食品安全的有效社会舆论监督。第三，建立健全餐饮消费行业食品安全信息共享制度，构建由政府主导，餐饮消费企业、科研部门、教育单位、社会组织及消费者等多主体共同参与的食品安全信息共享平台，健全信息共享的法律支撑体系，同时加强餐饮消费行业食品安全监管主体部门间在食品安全信息沟通、传递和共享方面的协调联动，实现无缝衔接，促进深层次、多主体的食品安全信息共享，解决食品安全监管过程中的信息不对称问题。

3. 鼓励公众参与餐饮消费行业食品安全监管

培育有效的市场激励是保障优胜劣汰的市场机制有效运行的前提，加强市场惩罚约束才能促使企业更加重视食品安全问题，形成正向激励。因此，第一，积极优化良好的公众监督环境，拓宽公众参与餐饮消费行业食品安全监督的渠道，鼓励公众共同参与到食品安全监管，有效发挥市场监管机制。例如将食品安全公众评议情况纳入地方政府官员晋升评价体系中，加强公众对政府食品安全监管执法工作的监督；积极推进餐饮消费行业"明厨亮灶"工程建设，公开食品生产加工过程，公示食品原料及其来源等信息；成立食品安全网络评议平台等食品安全监督方面的专业网站等。第二，积极组织公众建立消费者协会，增强消费者的市场势力和谈判能力，提高消费者维权意识和参与食品安全监督的积极性，充分发挥消费者协会沟通调解、缓和矛盾的润滑剂作用，尤其是对于餐饮消费经营单位的侵权行为应积极主动要求和配合食品安全监管部门的调查，降低维权成本和举证难度，并及时披露、发布有关调查信息，维护消费者权益。第三，建立健全、严格落实食品安全有偿投诉举报制度体系，鼓励公众积极参与餐饮消费行业的食品安全监管，严厉打击违法违规行为。开拓投诉举报途径，如设置投诉举报电话、开通网络投诉平台和微信投诉平台，同时保障投诉举报渠道畅通，对人民群众举报的违法违规行为和安全隐患及时核查处理，及时回复；严格落实食品安全有偿投诉举报制度，实行投诉举报奖金专款专用，根据投诉举报线索价值细化奖励标准，简化投诉举报奖金发放程序，有效激励公众对餐饮消费行业的食品安全违法违规行为进行投诉举报，形成对食品安全违法违规行为的高压态势；通过多种形式的媒体开展食品安全知识、信息和问题互动，积极回应群众关注的热点问题，对舆论中存在的质疑、误解主动发声，做好澄清和解疑释惑工作，对造谣传谣违法行为给予严厉打击。

4. 推动餐饮消费环节行业协会加强行业自律

积极鼓励建立覆盖面大、权威性强的餐饮消费行业协会，通过法律形式明确行业协会的建立标准、权利和义务，并对其进行适当授权，引导行业协会准确把握食品安全政策导向，提高其自治与自律水平，承担好行业的管理、服务职能，同时应充分了解餐饮消费行业的发展状况和诉求，有效发挥业内自我监督的"内部吹哨人"作用，扮演好政府、行业、企业之间的桥梁、纽带、协调和服务的角色，通过推动餐饮消费行业协会加强行业自律，引导和督促餐饮消费经营单位严格依法生产经营。具体来说，餐饮消费行业协会通过制定、完善和执行协会章程或行规行约，加强协会成员经营单位的管理和食品安全教育培训，明确餐饮消费行业的食品安全规范，保障行业食品安全水平，同时支持餐饮消费行业协会积极参与食品安全信息采集、信用评估等工作，实行行业协会内部奖惩制度，奖励行业协会内食品安全信用水平高、守法自律的餐饮消费企业，采取通报批评、约谈、经济处罚、刑事处罚等方式惩戒食品安全信用水平低、从事违法违规行为的餐饮消费企业，维护、保障行业内的公平竞争和食品安全。与此同时，餐饮消费行业协会还要为行业内企业积极谋发展，为行业协会成员经营单位提供食品安全信息、技术、知识的宣传培训教育等服务，帮助餐饮消费企业不断提升从业人员的食品安全知识水平、专业素养和法律意识，提高企业食品安全管理能力，推动餐饮消费行业的健康发展。

7.4.5　加强餐饮消费环节社会信用体系建设

1. 培养餐饮消费企业经营者的食品安全信用理念

餐饮消费企业是餐饮消费环节食品安全的主体和第一责任人，培养

259

和强化餐饮消费企业经营者的食品安全信用理念，对于促进餐饮消费环节社会信用体系建设具有重要意义。第一，建立健全餐饮消费企业食品安全承诺制度，明确餐饮消费企业经营者作为食品安全第一责任人的主体责任，要求其提交包括承诺诚信守法经营、主动接受社会监督、承担社会责任等方面内容的书面承诺由食品安全监管部门备案，并向社会公开，从而强化餐饮消费企业责任人的食品安全责任意识和信用理念，通过完善事前监管保障餐饮消费环节的食品安全。第二，督促餐饮消费企业落实主体责任。加强餐饮消费企业开办者和从业人员的食品安全法律法规和专业知识的培训考核，企业开办者和从业人员应通过考核持证上岗，强化餐饮消费企业的法律意识和责任意识。同时，食品安全监管部门应督促餐饮消费企业有效落实进货查验、索证索票、食品安全操作规范、食品留样、清洗消毒、餐厨废弃物处理等食品安全管理制度。第三，有效落实餐饮消费企业食品安全信息公开制度，及时公示食品安全信息，例如，加快推进餐饮消费行业"明厨亮灶"工程建设，鼓励企业公开食品原料来源、添加剂使用情况、食品生产加工过程和餐饮消费企业的环境卫生情况，自觉接受社会监督，激励餐饮消费企业有效落实食品安全操作规范等企业主体责任，保障餐饮消费环节食品安全。

2. 完善餐饮消费企业食品安全量化分级管理制度

第一，深化量化分级管理制度的有效落实。食品安全监管部门通过强化日常监督检查，推动量化分级管理制度的有效落实，实现监管区域内餐饮消费企业全覆盖；实行静态、动态相结合的量化分级管理制度，保证量化分级管理制度的科学性和合理性；要求餐饮消费企业将笑脸和等级张贴在明显位置；根据不同等级确定相应的一定周期内的监管次数和抽检次数，提高餐饮消费环节食品安全监管的针对性，提高监管效能。

第二，加强量化评分表的灵活性和可操作性。量化评分表是餐饮消费企业食品安全量化分级管理的关键组成部分，食品安全监管部门通过日常监督检查，根据量化评分表打分判定餐饮消费企业的食品安全等级，因此，量化评分表的灵活性和可操作性直接关系到餐饮消费企业量化分级管理的效果和监管效能，应结合餐饮消费企业监管实际，按照科学标准，进一步提升量化评分表的灵活性和可操作性。首先，充分考虑不同地区、不同业态、不同环节、不同规模的餐饮消费企业的差异性，结合实际制定差异化的、实用性更强的日常监督检查标准和等级评分标准；其次，适当简化评分表，减少食品安全监管部门工作量，保证实际监管工作的可操作性，提高量化分级管理质量。

第三，建立健全量化分级管理的第三方评分制度。为了保障餐饮消费企业食品安全量化分级管理制度的公开、公平与公正，可以建立第三方评分制度，鼓励行业协会、消费者协会和各种中介组织等非政府组织和社会团体来实施餐饮消费企业的食品安全量化分级工作，不仅能够增加评分的透明度、客观性和有效性，促使餐饮消费企业量化分级管理制度更好地发挥作用，还有利于提高餐饮消费企业的企业形象和竞争力。

3. 制定科学、合理的餐饮消费企业食品安全信用评估标准

科学、合理、公正、客观的信用评估是建设餐饮消费企业食品安全信用体系的核心工作，也是餐饮消费企业信用信息收集、信息披露、信用奖惩等食品安全信用评估体系其他环节得以顺利进行的基础，因此，制定信用评估标准是建设食品安全信用体系的前提条件和首要工作。首先，明确食品安全信用评估的评价主体和评价原则；其次，通过制定相应的食品安全信用评估法律法规，完善信用评估标准体系；最后，采用层次分析法确定食品安全信用评估指标的权重，建立食品安全信用评价模型，对食品安全信用进行定量定性分析评价。餐饮消费企业食品安全信用评估指标体系由食品安全风险评价指标、行政处罚记录评价指标和食品安全信息公示评价指标构成。食品安全风险评价指标主要衡量餐饮消费企业保障食品安全的能力，可以选择原材料购进、食品生产加工、食品销售等餐饮消费操作流程中的关键控制点为评价内容。行政处罚记录评价指标是餐饮消费企业食品安全信用评估指标体系中的重要组成部分，是综合考虑食品安全违法违规行为的主客观性和社会影响做出的行政处罚，可以作为餐饮消费企业失信行为的证据。食品安全信息公示评价指标将监管部门每次监督检查结果的公示情况作为评价内容，考察食品安全信用信息收集、处理及结果公示的时效性。

4. 建立健全餐饮消费企业食品安全信用信息公示制度

为了有效发挥食品安全信用体系的规范、引导和督促作用，必须建立健全食品安全信用信息公示制度，由政府相关部门主导建立餐饮消费

企业食品安全信用信息公开、共享与交流平台，例如设置食品安全信息公示栏、电子显示屏、食品安全信用信息公示与查询网站、便民服务微信公众号等，向社会公开餐饮消费企业的食品安全信用档案，包括餐饮服务许可证、从业人员健康证明、量化分级等级、信用评估等级、食品原材料来源、供货商资质证明、食品生产加工关键控制点、食品生产加工操作流程、日常监管记录、监督投诉举报方式等食品安全信用信息，增强餐饮消费企业与消费者之间的互动，拓宽公众对食品安全的监督渠道，引导公众共同参与食品安全监管，从而有效发挥食品安全信用体系对餐饮消费企业的激励和威慑双重作用。同时，食品安全监管部门还应该通过报纸、广播、电视、微信、网页等途径发布食品安全信用"红黑名单"，表彰诚信守法餐饮消费企业，增加餐饮消费企业违法违规的失信成本，充分运用市场的自我调节机制，倒逼企业提升食品安全水平，从而保障餐饮消费环节的食品安全。

5. 建立和完善守信奖励、失信惩戒机制

对于守信企业，食品安全监管部门应列入食品安全信用"红名单"，并通过多种途径加大宣传力度，适当予以表彰，同时在法律法规允许的情况下，在餐饮服务许可、监督检查抽检次数、评奖评优等方面提供优惠条件。食品安全监管部门还可以通过举办食品安全示范单位创建活动，加强食品安全的宣传教育培训，将食品安全信用评估纳入示范单位创建标准，加强动态管理，激励餐饮消费企业诚信守法经营。对于失信企业，应从监管约束、联合惩戒和市场调节等方面强化失信惩戒机制。首先，政府监管部门应对失信餐饮消费企业的经营资格进行严格审批，加大食品安全监管约束，增加日常监督检查次数和抽检次数，对于重大失信企业进行适当的行政处罚，矫正失信企业的违法违规行为。其次，建立社会联合惩戒机制，将食品安全信用评估结果与企业及责任人的贷款审批、债务融资、保险服务、金融服务、从业资格、专业技术职称、房屋租赁、住房贷款、道路交通管理等方面挂钩，对失信企业及责任人制定适当的惩戒措施，形成对食品安全失信行为的有力外部约束。最后，完善市场调节机制，有效发挥市场的优胜劣汰、自我净化作用，例如，将失信企业加入食品安全信用"黑名单"，通过多种媒体途径曝光失信企业与责任人的信用档案，引导公众理性消费，促进企业诚信自

律经营，倒逼餐饮消费企业提升食品安全水平。

7.4.6　完善餐饮消费环节监管保障运行机制

1. 增加餐饮消费环节食品安全监管经费投入和保障

政府财政保障是完善餐饮服务监管体系的强大支撑，应在现有投入的基础上继续加大政府投入，建议引入市场机制，积极引导社会各方面资金投入，多方筹措，进一步提升食品安全资金、装备、人员保障水平。硬件设施建设方面，应按照国家市场监督管理总局相关文件标准充实市、县（市、区）、乡镇（街道）监管机构的硬件设备，加强各级监管所执法车辆、现场检测设备、应急处置、移动终端等执法硬件装备建设，特别是在信息化建设方面，应更加积极运用信息化手段创新监管方式，普及应用食品安全监管移动执法终端，加快推进"智慧监管"信息平台的建设，全面推广应用食品药品安全"智慧监管"工程食品经营许可系统、食品监督抽检系统，积极建设在线"明厨亮灶""透明工厂""食安地图"等创新性、个性化信息化项目，推进食品生产经营者电子化管理和食品安全管理数据库建设，既方便相关部门及时掌握治理进度、调控治理过程中的紧急情况，也有利于信息及时更新，保障群众的知情权，将收集的"输入通道"和反馈的"输出通道"都开放，双效促进食品安全工作开展。

2. 加强餐饮消费环节食品安全监管队伍建设

针对当前餐饮消费环节食品安全监管量大、面广、人少的监管力量不足现状，建议加强餐饮消费环节食品安全监管队伍建设，增加人员编制及监管人员配备，尤其要加大基层食品安全监管执法人员的增配力度，强化基层食品安全监管力量，实现高频次、全覆盖的监管，确保餐饮消费环节食品安全监管的监管执法队伍保障。首先，积极探索与餐饮消费环节食品安全监管相适应的行政编制制度，使各级食品安全监管部门人员编制与辖区内人口数量保持在合理比例配置范围内，合理配置监管人员。例如，可以集中使用地区政府部门的空余编制充实到食品安全监管部门，并通过采用公开统一招考、定向招考等途径，扩充食品安全监管执法队伍。其次，积极探索建立专职食品安全监管员和协管员队伍，将食品安全协管员纳入社会公益岗范畴，配套相应的资金支持，扩大食品安全基层监管队伍，形成县（市、区）、乡镇、村（社区）的四级监管网络，保障辖区内食品安全网格化监管全覆盖，同时要加强协管员的食品安全知识培训，明确协管员的工作职责、补助发放、考核办法等，有效发挥食品安全监管协管员作为宣传员、情报员的"千里眼"作用。再次，针对餐饮消费环节食品安全监管的专业性强、技术性强的特点，亟须建立一支结构合理、业务素质过硬、综合素质优良的监管执法队伍，因此，应积极引进食品学、法学、管理学等专业技术人才，壮大监管队伍规模，从年龄、学历和知识水平等方面优化餐饮消费环节食品安全监管队伍结构。最后，在各级监管机构层面和监管人员层面，建立合理有效的监管激励机制、奖惩机制，根据工作完成情况实施奖惩，充分调动监管部门、监管人员的积极性。

3. 加大部门间协调力度、强化部门联动

食品安全工作量大面广、动态性强，需要加大协调力度，实现各部门协调、全民参与、全过程管理和全方位保障，构建共治局面，让食品产业展现于世，服务于人。加强食品安全监管主体部门间的协调联动，完善"三安联动"监管工作机制，提高食品安全监管执法力度，对于食品安全执法监督过程中所出现的执法困难问题，应积极向上级有关部门反映，推进食品安全行政执法体制改革。同时，应充分发挥各方职能作用和技术优势，推进各监管环节间的资源共享，实现无缝衔接，消除监管空白和盲区，提高食品安全保障水平。一是加强行刑部门间沟通联系，实现行政执法与刑事司法的无缝衔接，实现食品涉刑案件行政执法过程的无缝衔接，进一步推动食品稽查办案从单打独斗向联合作战转变，形成打击食品违法犯罪的合力，提高追刑成功率；二是强化业务培训，结合食品领域案件的发案情况，有针对性地开展业务培训，提升公安局与食品领域的行政执法部门联合侦办食品领域犯罪的能力；三是进一步强化基层基础，将派出所与行政执法部门基层所队的业务协作、部门联动、职能融合制度化、常态化，让行政执法部门的基层所队参与到派出所的社区警务工作中来，拓宽行政执法部门基层所队服务群众的渠道，在社区警务中搭建全方位的食品安全监管服务平台。

264

4. 建立健全食品安全监管问责机制

餐饮消费环节的食品安全密切关系到公众的身体健康和生命安全，因此，要强化政府重视程度，明确监管责任，建立健全监管问责机制。首先，加强政府重视。各地政府及食品安全监管部门应认真学习党中央关于食品安全的"四个最严"要求和重要批示，坚持政府主导，重视顶层设计和整体统筹谋划，优化工作机制、强化推进措施，提高重视程度，推动监管工作有序开展。其次，明确监管责任。各地应根据监管实际，将监管工作任务全部分解细化，建立健全"监管部门各负其责，企业是第一责任人"的食品安全责任体系，同时进一步完善网格化监管体系，减少监管盲区。最后，建立健全问责机制。建立科学的绩效考核评价机制，将餐饮消费环节食品安全工作纳入各级政府的年度绩效目标考核和科学发展考核体系，将餐饮消费环节食品安全水平作为相关责任主体的绩效考核、任用、晋升等的重要考核指标；制定和完善食品安全监管问责法律法规，建立严格的责任追究制度，加大问责力度，使权力和责任紧密挂钩，督促食品安全监管人员履职尽责，保障公众"舌尖上的安全"。

7.5 覆盖全过程的普适性监管手段

从种养殖、生产、流通、餐饮消费四个环节重构食品安全监管模式，有利于形成"从农田到餐桌"环环相扣的监管链条，保障食品全过程的安全。在对食品安全进行分环节监管的同时，也应统筹全局，充分利用普适监管手段，将覆盖全过程的普适监管手段与分环节的特色监管手段相结合。分环节监管重点在于各个环节的差异性监管，不同环节工作倾向性不同；而普适监管手段面向全过程，从整体上配置监管资源、管控食品安全风险。在全过程监管中，应以管理规范手段、信息监管手段等普适监管手段覆盖全程，包括加强食品安全法制化监管、完善食品安全检验检测制度、加强覆盖全过程的溯源管理建设、打造市场化公共监管模式、完善安全监管保障运行机制等。

7.5.1 加强食品安全法制化监管

法制化建设是食品安全问题的基础性建设，是监督食品各环节监管工作有效落实的关键。食品安全的法制化监管应以《中华人民共和国食品安全法》为基础，以《中华人民共和国农产品质量安全法》《中华人民共和国农业法》《中华人民共和国进出境动植物检疫法》等其他法律为补充，以保障安全为核心，以食品特性为遵循，重点加强法律法规的完整性、统一性、及时性建设，具体如下：

1. 完整性建设

一是食品安全法制化建设应在逻辑上保持完整性，即食品安全相关的法律法规应做到详细与全面。对缺陷食品等核心概念有清晰定义，对食品安全相关责任主体的权利、义务有明确界定，对食品安全监管流程、标准做出详细制定，对食品安全的行政执法、基层治理做出全面规定，避免监管缺失、监管不当等问题产生，保障食品安全工作有法可依。二是食品安全法律法规的修订与完善应加强顶层设计，做到监管无重叠、无交叉。鼓励食品安全监管实行分级监管的同时，杜绝监管工作"上下一般粗"的粗糙分配，监管职责与任务的制定应当精细化，避免出现部门间重复监管、"上级压下级"的低效率现象。

2. 统一性建设

统一性建设主要包括监管机构职能的一致性、执法依据的一致性、标准的一致性等内容，其内在逻辑是由监管的统一性实现监管的专业性，由监管的专业性保障监管的权威性。一是通过协调统一食品安全相关法律性法规的适用情况、认定与处罚标准等，形成一个统一的食品安全法律法规系统，避免监管混乱、标准不一等问题的产生。二是应从不同层面、不同角度调整我国食品安全法律法规与其他国家或国际组织食品安全法律法规的关系，尽可能地减少矛盾与冲突，保障国际贸易、国际交流与合作的顺利开展。三是促进食品安全相关部门监管目标的统一。当部门间的监管目标不一致时，各部门受各自的目标驱使，可能产生行为上的冲突、利益上的摩擦，这种扭曲的监管最终影响监管效率的提升和监管效果的实现。因此，统一部门间的监管目标，是统一性建设的又一重要内容。

3. 及时性建设

政府应及时更新法律法规条例、调整监管方式，跟进社会需求。随着经济社会的日新月异，社会对食品安全的要求也时刻发生着变化。从最初的温饱到现在质量上的严厉要求，从"吃好"到"吃得放心、安心"，从监管食品安全问题到治理食品安全问题，这些转变隐藏着监管需求的改变。然而就现实状况来看，某些食品监管工作仍然依据过去的经验来开展，难以满足当代社会和人民群众的需求，同时新的食品安全问题也层出不穷，现有法律法规条例难以指导监管工作，亟须更新。应加快法律法规修改频次，及时增添新内容，对食品安全监管流程要尽可能细化，避免监管工作缺失依据的现象发生。

7.5.2　完善食品安全检验检测制度

食品安全检测是丈量食品安全形势的一把尺子，是实施食品安全监管的重要手段。在食品安全监管过程中，完善的食品安全检测制度为监督管理工作提供了强大支持。食品安全检验检测的对象较多，包括配料、添加剂等食品成分，细菌、病毒、病原体等微生物，农药、化肥、兽药等毒害物质以及环境污染物检测等。食品安全检验检测工作需要依靠检测机构和实验室、完善食品安全检测标准、开展检测设备与检测技术研发工作、培养专业的检测人员重视基层监管人员的诉求等。

1. 建设权威检测机构和实验室

我国现有的检测机构和实验室与国外设备尚有一定差距，具体表现在检测方法少、快速检验准确性差、技术不够成熟等方面。应继续加大监测机构和实验室的资金投入，建设权威检测机构和实验室，开展检测方法、检测设备与检测技术研发工作，跟踪国际检测技术的发展，加快研究与研制工作的进展，破除技术壁垒，走在安全检测的前沿。

2. 完善食品安全检测标准，统一定量标准

目前我国所使用的食品安全检测标准，大多数内容都是 2000 年以

前制定的，有些标准早就难以适应社会需求，这就造成了检测工作与现实需求的脱节，缺乏实用性。应及时更新食品安全标准，淘汰落后的标准，建立跟踪评价制度，制定兼具科学性和实用性的食品安全标准。

3. 培养专业的检测人员

目前，我国尚未有食品安全监测工作的职业队伍，而培养专业化、长期的食品安全监管人员是发展的趋势与要求。尤其是在实地快速检测过程中，对检测人员的熟练程度、反应能力、解决问题能力等业务水平要求更高，因此，必须加快培养专业化检测人员的脚步。现阶段，应加强对检测人员工作的领导与培训工作，可以对从事安全检测的人员实行职业资格技术制度，持证上岗、定期考核，不断提高检测人员的专业素质，保证安全检测队伍的发展与壮大。

4. 重视基层监管人员的诉求

一方面，食品安全基层监管人员处于监管工作的一线，对检验检测的真实需求与困难，对食品安全检测的新情况、新形势，有着更深入的了解。重视基层监管人员提出的意见与建议，对于及时跟进社会需求，提升食品安全检测检测能力大有裨益。另一方面，基层监管人员直接与食品生产经营者、消费者打交道，是联系各个主体的桥梁，保证基层监管人员的诉求得到实现，对于提高基层监管人员工作积极性、充实基层队伍具有有效的帮助。

7.5.3 加强覆盖全过程的溯源管理建设

食品溯源管理通过对食品供应链上的种养殖、生产、流通、餐饮消费四个环节进行资源整合，形成详细记录食品综合评估、流动过程、检验检测结果等内容的信息系统，便于政府监管部门、消费者与食品生产经营者对食品进行跟踪与查询，实现了食品"由农田到餐桌"全过程的透明可追溯，是一种科学的管理方式。目前，我国的溯源管理建设还存在很大的不足，一方面，实施溯源系统的对象主要是包括肉类、蔬菜类、水产品在内的初级农产品，且实施溯源管理的生产经营者数量较少，集中于具有一定规模的农场与企业，并没有覆盖大多数生产经营者；另一方面，溯源管理并没有涵盖整条供应链，通常只有某一个或多个环节实现了信息的可追溯。而溯源管理建设对于食品安全全过程的管理、产品召回的顺利实现以及食品安全责任的明确都具有重要意义，应不断加强建设覆盖全过程的食品溯源管理。可以从以下两方面着手：

1. 食品标识工作

食品标识是信息追溯的载体，溯源管理建设中必不可少的一环。食品标识的设置借助于现代化信息技术手段，运用红外光谱、同位素、条形码、二维码等标志对食品对象进行标识。通过食品标识工作为每一个初级农产品或食品产品建立起生产档案，储存着食品"从农田到餐桌"全过程的、动态连续的信息。

2. 信息采集、输入与查询工作

第一，信息采集工作。应依托于食品供应链上的生产经营者，在种养殖环节，完成种畜禽资格证照、检疫证明、动植物品种信息、种养殖产地信息、饲草饲料信息、日常农事操作、药品使用等相关信息的记录工作；在生产环节，完成食品原料来源、加工流程、检验检测数据、质量抽样分析结果、卫生环境、添加剂使用等相关信息的记录工作；在流通环节，完成食品生产商、仓储单位、配送单位、物流信息、转运信息等相关信息的记录工作；在餐饮消费环节，完成食品经营商的入库信息、销售信息记录。第二，信息输入工作。在食品供应链各环节搜集到的信息大部分可以由食品生产经营者直接进行信息输入工作，对于食品检验检测数据、质量抽样分析结果、卫生环境等由政府监管部门分析得到的信息，应由政府部门进行信息输入工作。信息输入即将信息存储到食品相应的条码或标签中，由专门的部门负责核查信息的真实性。第三，信息查询工作。完成食品查询终端的设计，构建食品的在线信息共享平台与自主查询系统，根据使用者不同，将其分为政府端、生产经营者端和消费者端三类，需要具备在线查询、条码识别查询等功能。

最后，建立覆盖全过程的食品安全溯源管理系统需要遵循以下几个原则：一是科学性原则。以食品安全管理理论为指导，以先进的信息管理手段、现代的技术方法等为支撑，实现食品的全过程可控。二是系统性原则。从信息采集、输入、查询等信息管理流程出发，覆盖种养殖、生产、流通、餐饮消费四个环节，实现信息的紧密相连、环节的无缝衔接。三是经济实用原则。食品安全溯源管理建设需要耗费一定的人力物力，会不可避免地增加企业的生产成本，导致企业实施溯源管理的积极性较差。因而，建设溯源管理应以政府或行业协会为主导，企业有偿使用，并充分考虑到溯源管理的经济实用性，不能片面地追求技术与设备的先进性。

7.5.4　打造市场化公共监管模式

1. 全面及时公开食品安全信息

生产经营者及相关食品监管部门的信息公开，可促使公众及时获取全面的食品安全信息，实现食品安全信息的透明化，对于预防食品安全事故、明确食品安全责任主体、保障消费者知情权、提高食品安全水平等方面具有重要意义。

（1）食品安全事件信息公开。食品安全事件一旦发生，就会不同程度地影响人民群众的生命安全，造成恶劣的社会影响，需要及时反应、快速传达、迅速解决。遇到突发性食品安全事件时，一方面，应及时公开调查结果、可能危害、产品批次等食品安全信息，并及时出台解决方案，着力解决突出问题，随时公布事件进展状况，避免在公众中造成不必要的恐慌，将食品安全事件带来的负面影响降到最低；另一方面，信息公开有利于扩大事件的影响力，便于集中与调动社会各方资源，如需要交通部门配合食品安全事件处理所需的设备、药品、器械等物资的生产、供应与及时运送，卫生部门配合疫情控制、病人救治等医护工作。

（2）生产经营者信息公开。生产经营者的信息公开主要是指全面及时地公开原料材料、生产加工等各环节的相关信息，标明食品中的相关安全标准，定期公布食品安全的有关指标。要求生产经营者进行信息公开，目的是保障消费者知情权，尽可能消除消费者与食品生产经营者之间的信息不对称，提高消费者防范食品风险能力，实现交易的相对公平。目前，《中华人民共和国食品安全法》《中华人民共和国产品质量法》《中华人民共和国消费者权益保护法》《中华人民共和国广告法》

270

等法律文件中都对消费者知情权的保护有所涉及，法律数量与层面虽多，但执行效果却并不理想，究其原因，关键在于消费者与食品生产经营者的信息不对称问题并没有得到根本性的解决。消费者不能掌握食品安全的真实情况，就难以维权。因此，促进生产者的信息公开仍然是一项艰巨且现实的任务。现阶段的任务主要有：一是扩大生产经营者信息公开范围。明确生产经营者向消费者公开信息的义务，除了基本的产品信息以外，应将完整成分信息、过敏源信息、警示信息等列入信息公开内容，确保消费者可以了解到食品的全方位信息。二是严厉打击虚假宣传、作假信息的行为。某些生产经营者存在侥幸心理，为促进产品销售发布虚假信息，让消费者对食品产生认知错误，加大了消费者与生产经营者的信息不对称，严重侵犯了消费者权益。目前，这一问题的解决还是集中在事后维权与处罚，治理效果并不明显，应在信息公布以前加大对信息真实性的审查力度，遏制虚假信息的发布，建立消费警示，避免虚假信息对消费者产生误导。

（3）监管信息公开。食品安全监管部门及时向公众发布各类食物检测结果及食品安全监测报告，加大对企业监管信息的公开力度。政府应指定部门定期公布信息，最有效的途径是设立专门的食品信息公布部门，避免信息发布的遗漏或重复，其他职能部门应配合信息公布部门的工作，两者间建立协调机制，做到种养殖环节、生产环节、流通环节、餐饮消费环节全过程的食品安全监管信息的共享，有效执法、透明执法，提升食品安全监管效率。

2. 加强食品安全宣传教育，促进食品安全的多元共治

宣传教育主要包括对消费者、企业、社会组织的宣传教育，其重要意义包括以下几个方面：（1）消费者投诉是食品安全信息的重要来源，而消费者投诉又与消费者的防范意识、安全观念息息相关。因而加强对消费者的宣传教育，既有利于建立良好的公众监督环境、增强对食品全过程的安全监管，及时发现问题、解决问题，又有利于增强消费者市场势力和谈判能力，提升消费者维权意识，保护消费者自身权益，减少问题食品带来的损害。（2）食品企业是食品安全的重要责任主体，在食品生产、运输、进货查验等工作中具有很强的自主性。企业为获取眼前利润，可能选择添加过量的添加剂、低于标准要求的运输方式，也可能

选择不对购进食品进行查验，甚至对假冒伪劣食品也不进行有效处理等。因而加强对企业的宣传教育，既有利于向生产经营者普及安全知识，减少问题食品的产生，又有利于增强生产经营者法律意识、责任意识，维护自身的商业信誉，考虑长远利润。（3）此处的社会组织是指行业协会、媒体等与食品安全相关的社会主体，食品行业协会具有专业的食品安全知识，同时也是企业与政府连接的纽带，而媒体具有信息传播、监督企业、协调社会关系等功能，是食品安全监管的有效主体。加强对社会组织的宣传教育，有利于鼓励行业协会与媒体在食品安全监管过程中发挥自身优势，积极参与到食品安全监管的工作中去，增强食品安全监管的社会约束力。

加强食品安全宣传教育，促进食品安全的多元共治，主要做好以下几项工作：（1）针对消费者的宣传教育，主要阵地在农村。较城市人口而言，农村人口在受教育程度、信息获取、安全意识等方面均处于劣势，从而面临着更高的食品安全风险。加强对农村人口的食品安全宣传教育，一要多样化开展宣传教育，提倡多种渠道、多种形式进行宣传教育活动，既要通俗易懂、易于接受，又要生动有趣、乐于接受，让农村人口真正从宣传教育活动中受益；二要尤其重视对低学历、高年龄的农村人口的宣传教育，这类人群格外缺乏食品安全知识、维权意识以及自我保护意识，是宣传教育的重点对象。（2）加大力度支持引导消费者参与食品安全监管。通过建设微信、网络、热线电话等食品安全监管平台，拓宽消费者参与监管的渠道，持续推进企业食品安全信息公开、政府食品安全监管信息公开，建立健全消费者举报制度体系、诉讼"绿色通道"，为消费者参与食品安全监管扫清障碍。（3）充分发挥行业协会的行业内管理、桥梁纽带作用。一方面，行业协会通过制定行业的章程、规定，实现行业的自我管理、自我监督，同时，行业协会能够集合力量、汇集资源研发新技术、新方法，有利于提升食品安全的自治水平；另一方面，行业协会既可以向企业传达政府政策，又可以向政府传达企业的诉求，协调政府与企业间的关系。（4）充分发挥各大新闻媒体的宣传教育作用。充分利用网络、报纸、电视、广播、LED屏等各种平台，定期宣传食品安全相关知识，食品安全事件的典型案件，并及时公布问题食品信息。一方面，新闻媒体的广泛宣传会引发社会舆论，给食品安全的相关责任主体以无形的压力，而食品安全事件的典型案例，也将起到教育和警示作用；另一方面，及时公布问题食品信息，既有助于曝光问题，帮助消费者远离问题食品，又有助于扩大事件影响，避免掩盖事实、徇私舞弊的违法行为发生。

3. 强化对食品企业的激励性监管

激励性监管是政府规制的一种有效手段，以信息不完全、"有限理性"等理论为基础。一方面，市场中的参与者不可能拥有某种经济环境状态的全部信息，即经济活动参与者并非无所不知，必须通过搜寻才能获得选择的可行办法；另一方面，"有限理性"表明参与者并非无所不能，受知识、时间、注意力的限制，参与者只能采取期望中满意的行动。在信息不完全、"有限理论"的假设前提下，个人的理性就可能会导致集体的不理性，造成前者行为所产生的后果由后者承担。由此，政府通过激励机制设计而对参与者行为进行约束就显得十分必要。激励性监管通常包括法律、行业规章制度与社会道德规范，在食品安全领域，这种监管方式目的在于保证食品生产企业的行为是消费者所期望的，即食品生产企业的利益与社会公共利益一致。

在解决现实问题时，激励性监管显示出更明显的效率和更佳的社会效果，受到越来越多学者的重视。张晓莹和张红凤（2014）提出应多采取以绩效为基础的或以市场为基础的规制方式、少采用命令控制式的规制方式、规制政策应因地制宜等政策建议。由行政命令型监管向激励性监管转变是监管形式正在发生的重要变化。命令带有浓厚的政治色彩，行政命令型监管即政府强制要求或命令企业的行为，在行政命令型监管下，政府一家独大，市场缺乏活力。激励性监管下企业拥有一定的自主权，市场活力得到释放，公众主体地位得到真正确立，弥补了之前大量采用以命令和控制为主的规制政策的缺陷。从转变政府职能的角度来说，由行政命令型监管向激励性监管转变也即政府由全能型、家长型的传统管理模式向服务型转变，是深化政府改革、激发市场活力的必然要求。食品安全监管是一项要求灵活性与应变能力的工作，需要及时、简便、畅通的反应体系，行政命令型监管效率低下，无法满足监管需求，而激励性规制一方面具有灵活、高效的特点，另一方面给予企业正向发展的动力，促使企业主动提升质量、提高效率，经济效率与社会效益两方面均得到改善，更有利于维护食品安全。因而在食品安全监管领

273

域，我国应多采取激励性监管方式，灵活运用激励性监管工具，维护消费者权益。具体来说，应从以下几方面着手：

（1）建立高额处罚和赔偿制度。如果食品生产企业违法违规的成本较低，企业很可能利用自身的信息优势，生产低质量产品。高额处罚和赔偿制度通过数倍或巨额罚金的形式不仅补偿了受害人损失，也为其他食品企业敲响警钟，显示出法律的严肃性与威胁力。食品安全事关公众的生命安全，应在处罚和赔偿制度中体现出更高的标准与更严的要求，加大对食品生产企业弄虚作假、隐瞒成分等违法行为以及食品监管部门玩忽职守、以权谋私等渎职行为的惩罚力度，探索适合我国国情的多元化惩罚性赔偿标准，例如可以根据受害人的实际损失、被告的主观过错程度和经济状况等因素综合评估后确定赔偿数额和处罚力度等。

（2）完善肯定性的奖励激励制度。一方面，肯定性的奖励激励制度有利于识别食品企业的产品质量。根据逆向选择理论，肯定性的奖励激励制度，通过钱财、荣誉等奖励手段诱导和激励不同质量的食品生产企业对消费者发出不同的信号，形成分离均衡，从而监管部门和消费者通过对不同企业发出的信号的甄别就可以知道其所生产的产品的质量等级，从而可以有效提高我国食品安全效率。另一方面，肯定性的奖励激励制度有利于促进食品企业提升食品质量的积极性。肯定性的奖励激励可以分为显性的物质激励和隐性的精神激励，物质激励能够为企业带来直接的利益，精神激励是企业重要的无形资产，有利于企业长期经济效益的实现，但无论哪种方式，都是促进企业提升产品质量、维护消费者权益的重要手段。

（3）加强社会信用体系建设。社会信用体系是一种现代化治理方式，通过划分信用等级的方式，促进企业诚信自律，其核心是守信褒扬、失信惩戒的信用评价机制。在食品领域建设社会信用体系，首先，应建立食品安全信用评估指标体系，其由食品安全风险评价指标、行政处罚记录评价指标和食品安全信息公示评价指标构成，用以综合考量企业的生产经营行为。其次，建立健全食品安全信用信息公示制度，通过多种宣传途径，向社会公开守信企业"红名单"与失信企业"黑名单"。最后，建立健全食品安全信用奖惩制度，给予高信用企业相应的税收优惠、财政补贴、投资倾斜、技术开发资助、市场优先准入、优先采购等奖励，对信用等级较低的企业，采取曝光信用档案、加强监管力度、限制银行贷款、强令退出市场等惩戒措施。

（4）运用政府与企业签订合约、行业协会自我管理与奖惩等多样化激励方式。相较于制度、信用体系等形式的监管方式，签订合约、行业协会自我管理等形式的监管成本较低。无论是政府与企业在提升食品质量方面达成协议，约定当企业实现了一定的质量目标时给予一定的奖励；或是行业协会通过行业内自我监管与奖惩机制，引导和规范企业行为，都是提高企业自我管理意识、自我管理能力的公共性治理措施。在我国执法资源短缺、执法成本较高的背景下，不失为一种积极的手段，应继续探索多样化的激励监管方式，凸显公共性治理措施的优势，弥补政府监管能力的不足。

7.5.5　完善安全监管保障运行机制

食品安全监管是维护食品市场秩序的主要手段。目前，食品安全监管保障运行机制改革的方向应该是优化行政资源配置，提高监管效率，节约办事成本等，可以从以下几方面着手：

1. 谋划监管资源的区域性布局

监管资源的区域性布局是食品安全监管的一个重要发展趋势。监管资源的分散很可能会造成资源的浪费与不合理利用，由于各地区存在地域性、经济发展水平等各方面的差异，监管资源会更倾向于向高回报的地方流动、集聚。根据第 4 章的研究结论，一个地区的食品安全监管效果与该地区的经济水平正向相关，这就导致食品安全监管效果越好的地区拥有的监管资源越丰富，形成监管资源的两极分化。为克服这一问题，实现监管资源的合理配置、监管效能的显著提升，应合理谋划监管资源的区域性布局，引导监管资源向落后地区、薄弱环节流动，有针对性地采取措施，弥补监管能力的不足。

2. 食品安全监管的市场化建设

完善食品安全监管的市场化建设，以市场化的手段治理食品安全问题。目前，第三方机构、食品行业协会等社会组织在食品安全工作中发挥的力量尚显薄弱，无论是食品安全事件治理过程，还是食品安全监管过程，都鲜少见到这些社会组织的影子。而食品安全社会组织在掌握食品安全状况、创新力、执行力等方面都具有得天独厚的优势，可以有效弥补政府监管工作的不足，因此应充分发挥食品安全社会组织的优势，积极开展食品安全监管体系的市场化建设。具体地，将市场竞争机制引入食品安全监管体系，通过法律授权，赋予一些私人检测实验室、食品安全评估认证机构等组织与官方机构等同的法律效力，赋予食品行业协会监督各部门工作执行与完成状况的权利，保障食品安全社会组织活力的充分挖掘与释放。

3. 食品安全监管的信息化建设

与以往的监管方式相比较，现阶段食品安全监管的先进性一方面体现在监管范式的改变，由监管食品安全转向治理食品安全；另一方面，体现在技术水平上的进步。当下食品安全监管与现代化信息技术水乳交融，信息技术手段既是其基础工具又是高端工具。基础性体现在食品安全监管的目的之一就是解决消费者与食品生产经营者信息上的不对称，高端性体现在现代化的监管方式要求在食品安全监管的各个环节，建立起一条完整的信息链条，实现对食品安全全过程的把控。加强食品安全监管的信息化建设，一是建设食品"从农场到餐桌"的全信息平台，记录食品从种养殖、生产、流通、餐饮消费的全过程，强化各环节主体的责任意识；二是加强制度保障建设，保证各环节之间信息传递的准确性与流畅性。

4. 食品安全监管的问责制度建设

通过法律明确食品监管部门在食品各个环节的法律责任，实现权力集中与责任明确。加强食品安全监管的问责制度建设，对于监管部门及人员的不作为、乱作为现象，一经发现，严惩不贷。着重提升监管与执法人员的素质水平，严格依法办事、依程序办事，提升监管水平。

5. 食品安全监管的资金保障制度

政府财政保障是完善监管体系的强大支撑，应在现有投入的基础上继续加大政府投入，积极引导社会各方面资金投入，多方筹措，进一步提升食品安全资金、装备、人员保障水平。主要包括充实监管机构的硬件设备，加强各级监管所执法车辆、现场检测设备、应急处置、移动终端等执法硬件装备建设，普及应用食品安全监管移动执法终端，推进食品生产经营者电子化管理和食品安全管理数据库建设等内容，促进食品安全工作开展。

7.6 小 结

通过普适性监管与分环节特色监管相结合，本部分重构了覆盖全过程的食品安全监管模式。与此同时，把握食品安全监管发展的内在规律，有助于探索我国食品安全监管的新思路、新路径，为此，本部分在系统梳理和挖掘国国内外食品安全监管经验的基础上，提出了食品安全监管发展的内在规律，主要包括食品安全监管力度逐步加强、食品安全监管体系逐渐丰富、集中式监管逐步替代分散式监管、由政府单主体监管向市场主导型监管转变四方面内容。

一是食品安全监管力度逐步加强。中华人民共和国成立以来我国食品安全监管演变大致可以划分为三个阶段。（1）指令型阶段。该阶段是从 1949~1977 年，对食品安全的管理主要包括卫生防疫、思想教育、技术指导、质量竞赛、行政处分等内容。这一阶段我国实行的是计划经济，企业缺乏经济利益诉求，食品以次充好、假冒伪劣的现象并不常见，卫生问题是食品安全管理工作的重点。（2）混合型阶段。该阶段是从 1978~1992 年，党的十一届三中全会将党和国家的工作重心转移到经济建设上来，生产力得到释放与发展。而食品行业具有门槛低、需求大等特点，在这一时期，吸引了大量劳动力，得到了快速发展。食品产业日渐壮大、日趋复杂，食品污染、包装质量、添加剂水平、疫病霉变等问题的监管，都取得了明显的进展。（3）监管型阶段。该阶段是从 1993 年至今，1995 年我国正式颁布了《中华人民共和国食品卫生法》，食品监管工作正式步入法制化道路；2009 年《中华人民共和国食品卫生法》被废止，取而代之的是《中华人民共和国食品安全法》，监管由卫生层次向安全层次的转变。紧接着，党的十八届五中全会提出实施食品安全战略，党的十九大提出健康中国战略，食品安全逐渐被提升到国家战略、共享发展的高度。通过对我国食品安全监管历程的简单梳理,可以发现,我国食品监管工作在一步步加强,进一步加强食品安全监管也是未来食品安全监管的发展走向。

二是食品安全监管体系逐渐丰富。伴随着我国食品安全监管力度的逐步加强,食品安全监管体系的内容也逐渐丰富。我国监管体系的形成是从食品安全监管的混合型阶段开始,1978年卫生部成立了"全国卫生领导小组",将食品安全管理工作分成种养殖、生产经营和进出口等环节。在总结管理经验的基础上,逐渐搭建起法律体系框架。《中华人民共和国食品卫生法》《中华人民共和国食品安全法》等一系列法律法规相继出台,食品安全标准、卫生标准、认证许可、检验检疫等方面也做出了较为翔实的制定,食品安全监管体系逐步形成。本研究提出了覆盖全过程的食品安全监管体系,相较原有监管体系,主要有以下几个特点:(1)权责更为明确。首先政府对整个食品安全负全责,与此同时,政府下放管理权限,给予生产经营者更多的自主权,由政府负责协调市场各主体的综合管理工作,食品安全监管流程中的权责划分更为明确。(2)反应更为迅捷。应急反应体系、追溯体系、召回制度覆盖种养殖、生产、流通、餐饮消费整个产业链条,同时更加重视发挥技术手段的作用,重视利用先进的、成熟的技术严格监控、检测全过程,对突发性食品安全事件做到及时反应、迅速处理。(3)工具更为丰富。本研究提出的以激励性机制、惩罚性机制等为代表的政策工具,有助于提升食品安全监管绩效;以风险监测、宣传教育、信用体系为代表的监管工具,有助于防范食品安全风险。

三是集中式监管逐步替代分散式监管。纵观美国、欧盟、日本等发达国家的监管体制演变过程,集中式监管逐步替代分散式监管是食品安全监管的国际发展趋势。放眼国内,2000年以来,我国实行的是"综合协调、分段管理"的监管模式,到2004年,正式提出"分段监管为主、品种监管为辅"的食品安全监管方式,由原食品药品监管部门综合协调、农业部门负责农产品生产环节、质监部门负责生产环节、工商部门负责流通环节、卫生部门负责餐饮消费环节。这个监管方式看似覆盖全过程,然而,食品是一个连续性地生产过程,各部门各自针对本环节出台法律法规,就可能会引发不匹配、不连贯的冲突现象,这种相对独立的、分散式的监管模式,就容易导致各环节之间上下联动、协调工作成本高、工作量大等问题,难以形成统一的全国食品安全监管网络。由分散式的监管向集中式监管发展，由"九龙治水"式监管走向"一龙治水"式监管，正是当前食品安全监管的一个重要发展趋势。

四是由行政命令型监管向市场多主体型监管转变、向激励性规制转变。由行政命令型监管向市场多主体型监管转变、向激励性规制转变是我国食品安全监管的两个重要发展趋势。（1）由行政命令型监管向市场多主体型监管转变强调的是监管主体的变化。行政命令型监管是一种单主体的、线性的监管，反映的是政府对市场单方向的规制与引导；市场多主体型监管则是一种网络型监管，多方主体构成一个综合的管理网络，共同治理食品安全问题。市场多主体型监管与政府的简政放权、放管结合、优化服务改革是交织相融的，其理想的监管模式是充分利用市场竞争机制，让企业优胜劣汰机制成为影响食品安全的决定性因素。在当今风险丛生的社会大环境下，仅政府一个主体无法应对日益复杂的食品安全监管问题。食品安全监管问题的复杂性决定着监管路径的综合性。与政府监管相比，消费者、企业、社会组织、媒介在食品安全监管中更具有灵活性，同样是纠正市场失灵、监管市场风险、保障食品安全的有效手段。因而，食品安全监管应充分依靠消费者、企业、社会组织、媒介的力量，改变政府"单打独斗"的格局，重构各个主体在食品安全全过程中的权利义务关系，谋求食品安全问题的多元社会共治。（2）由行政命令型监管向激励性规制转变强调的是监管形式的变化。命令带有浓厚的政治色彩，行政命令型监管即政府强制要求或命令企业的行为，在行政命令型监管下，政府一家独大，市场缺乏活力。激励性规制下企业拥有一定的自主权，市场活力得到释放，公众主体地位得到真正确立。从转变政府职能的角度来说，由行政命令型监管向激励性规制转变也即政府由全能型、家长型的传统管理模式向服务型转变，是深化政府改革、激发市场活力的必然要求。食品安全监管是一项要求灵活性与应变能力的工作，需要及时、简便、畅通的反应体系，行政命令型监管效率低下，无法满足监管需求，而激励性规制一方面具有灵活、高效的特点，另一方面给予企业正向发展的动力，促使企业主动提升质量、提高效率，经济效率与社会效益两方面均得到改善，更有利于维护食品安全。

第8章 食品安全全过程监管合作治理框架设计

食品安全全过程监管是一项复杂的系统工程。与结果监管相对应，全过程监管既强调预防性监管措施和手段对于风险防范的重要意义，也强调常态化监管和追踪性监管对于风险的控制和化解。在食品安全监管的传统模式下，政府和企业之间的关系往往是关注的重点，政府监管部门和食品生产经营企业的关系是对立的，是"管"与"被管"的关系，从而忽略了其他关系主体的地位，削弱了不同主体基于利益协调之间的联系。食品安全事关民生福祉，关系到健康中国战略的顺利实施，食品安全监管其显著的公共性决定了监管体制必然要实现从行政监管到多元化主体合作治理的转变。从这个意义上讲，食品安全全过程监管合作治理模式是减少因市场失灵而产生的食品安全问题所带来的社会福利损失的必然要求。

8.1 食品安全全过程合作治理的体制突破

中国特殊制度禀赋及其约束形成了政府为单一治理主体的规制模式，致使政府规制面临诸多困境，而这些困境进一步诱发和加深了政府规制失灵，并最终影响政府规制绩效。政府必须转变自身角色，打破自身的垄断地位，改变治理方式，不再用政治权威实行单一向度的管理。这并不意味着政府责任的退出和让渡，而是构建一个由多个权力中心组成的治理网络来共同分担公共责任[1]。同时，后工业化时代的到来也带

---

[1] 张红凤、宋敏：《中国特殊制度禀赋约束下规制困境与规制治理结构的重构》，载于《教学与研究》2011 年第 9 期，第 31~39 页。

来了各种纷繁复杂的社会问题，传统的政府管控治理在应对这些复杂的新问题时显得迟滞而效能低下，无法有效应对社会治理的困境，唯有改变传统治理体制，开启公共事务治理范式变迁之路，形成多中心治理主体合作共治格局，才能实现公共事务治理体制现代化突破，促进治理能力提升。因此，构建由多个权力中心组成的治理网络，并且各权力中心之间通力合作、共同享有公共权力，在公共事务领域实现真正意义上的合作共治是必然选择。多中心治理理论和合作治理理论是食品安全全过程监管合作治理框架的重要理论基础。在食品安全合作治理体制的建设中，多中心、合作治理理念意味着政府将有效地行使公共行政职能，由政府、企业、消费者、社会组织等监管主体根据特定行为准则，在主要监管主体利益关系协调的基础上，通过平等协商、频繁互动等运行机制达成食品安全合作治理目标。

8.1.1　构建社会化的食品安全治理网络

网络化治理是对现行"自上而下"政府管理模式的一种进化和替代，也是一种特殊的公共服务供给方式，其特殊性体现在它的供给对象是极为复杂并变化多样的公共服务需求，其核心是建立并协调社会各种资源，用以创造新的社会公共价值。在这一网络关系中，政府只是一个与企业、消费者、社会组织等其他主体紧密联系、相互依赖、互动频繁的平等主体。社会化食品安全治理网络的建立正是基于政府从行政监管到多元主体合作治理转变基础之上的治理架构。

本研究构建了食品安全监管复杂系统，在理论上实现了各监管主体有机整合与协同监管，有效提高了食品安全监管政策的执行效率，而这一复杂系统在实践中运行的主要模式就是网络治理模式。网络化治理包括若干监管主体，在各个主体进行信任和合作的同时为了达成各方利益需采取必要的协调机制。各监管主体之间是相互联系、相辅相成的，不仅在各自独立的位置上发挥各自的作用，还在相互依存的关系中相互促进。只有各主体及其运行机制相互协调，网络化治理模式才得以运行。在各监管主体的合作中，信任尤为重要，信任机制是参与者对其合作者价值层面的认可，是网络治理模式稳定性的基本保障。同时，合作是参与各方之间的关系所作出的具体安排，也就是政府、企业、消费者、社会组织等具体以哪种方式进行合作。合作效果决定了合作机制中各方关系的形成，能够反过来对信任关系产生正向强化的积极作用。因此，食品安全监管复杂系统在实践中的有效运行，一定程度上受制于各监管主体在复杂系统中的信任、合作效果及网络化治理。若要实现食品安全全过程合作治理的体制突破，就要构建食品安全治理网络，将食品安全监管复杂系统落实在具体的监管过程中，在实践中发挥应有作用。

8.1.2 食品安全监管多主体利益关系协调

当前，我国食品安全监管正处于由单中心监管模式向多中心监管模式转变的过渡时期，在食品安全多元化治理中协调各方利益关系显得尤为重要。如何将监管主体间"对立"的关系调整为利益"共赢"的关系，成为食品安全监管多主体利益关系协调的重要内容。

1. 客体导向原则在食品安全利益关系协调中的作用

客体导向原则是实现从监管到合作治理的重要环节，可以促进客体积极作用的发挥，创造治理结构中多元主体平等协调和处理利益关系的社会基础。在传统的食品安全监管中，食品监管部门和食品生产企业在行政监督的基础上形成了一种"主体"与"客体"的关系，关系中的主体起导向作用，关系中的客体处于被支配地位，从而形成"主"强"客"弱的情境，极大地限制了客体功能的发挥。在食品安全监管中，食品生产企业掌握更多表达利益、维护权益和选择发展等方面的主动权，实现主客体之间的建设性沟通十分重要，客体导向具有重要意义。

首先，通过重视解决客体需求，降低食品企业制度性交易成本，如政府通过简化一些行政审批项目手续，规范审批流程，使企业降低成本，缓和政府部门与食品企业之间的"僵化"关系。通过维护客体权益，如整治各种政府部门针对企业乱收费现象，甚至花了钱都办不了实事的情况，完善监督检查制度，切实减轻企业负担，有效解决耗时长、费用高等问题，提高企业申报效率和问题反馈效率，真正做到了政府与企业之间"无缝隙交流"，使得它们在相互监督、相互合作的关系中调整利益关系。

其次，重视公民在食品安全监管中信息传递者的作用，食品监管部门作为食品安全治理的主体，不仅需要满足公民的食品安全需求，还要重视公民作为客体作用的发挥。公民需要积极参与食品安全监管治理，及时对自己的各项需求进行反馈，还要把食品安全信息传递给他人或者社会机构。政府对此要积极配合加强信息公开，实现食品安全信息透明化，切实发挥主体的作用，并坚持客体导向原则，实现食品安全利益关系协调。

最后，重视社会组织在食品安全利益协调中的作用。社会组织作为客体的一部分，对食品行业进行宏观调控，具有非常重要的地位。当前社会组织活跃在日常食品安全监管中，依据制度规范，结合食品企业以及群众所需利益，在权力范围内尽可能地帮助它们实现利益，并维护权利，对于加强群众参与食品安全监管的积极性，加强食品企业进行自我监督、自我控制起着积极作用，最终有利于多元化主体治理下的多方利益协调。

2. 监管主体相互监督状态下的博弈

在食品安全监管模式中，政府、消费者、食品企业、媒介与社会组织存在着多重委托代理关系，每一层都存在着道德风险，建立高效的委托代理关系最重要的就是建立一系列的激励机制，而在激励和约束信息传递的过程中，经历的环节越少，传递效率就越高，从而激励和约束效率就越高。

（1）食品生产企业、政府监管机构与媒介之间的博弈。食品企业、政府监管机构与媒介之间存在着相互监督、相互竞争的关系，当食品企业的寻租成本越大时，食品企业生产问题食品的概率越小，则政府和媒介选择对食品企业监督的概率会变小[1]，此时媒介选择对政府监管的概率会变大，政府恪尽职守的概率也会越大，使得食品生产企业会很大概率选择安全生产；当食品企业因生产问题食品受到惩罚越大时，食品企业则会采取降低生产不安全食品概率的策略，此时政府承担的监管压力会变小，媒介对食品生产企业的监管概率也会变小；食品企业的行为对品牌美誉度的影响越大，企业选择安全生产策略的概率就越大，此时媒介监督的责任变小；若政府机构监督力度变小，媒介会相应承担更多的

---

① 王冀宁、陈淼、陈庭强：《基于三方动态博弈的食品安全社会共治研究》，载于《江苏农业科学》2016 年第 5 期，第 624～626 页。

责任。综合来看，增加食品企业寻租成本、加大对违规行为的惩罚力度可以减少食品企业违规生产行为；而加大媒介对食品生产状况的披露力度，增加政府工作透明度可以间接减少食品企业违规行为。

（2）食品企业与消费者之间的博弈。在食品生产过程中，每一种食品都有自身的属性，食品加工工艺尤其添加剂的使用方面是否符合国家标准及人体健康的准则，消费者自身很难分辨，必须依靠专业的检测设备或者消费者具备相关的食品安全知识才能够判断出来。不仅如此，食品对人体的危害具有滞后性，难以判断到底是由于哪种食品对人体造成的影响。食品消费中的信息不对称造成消费者总是处于劣势，在获得食品生产加工相关信息方面处于不利地位。因此，食品生产企业和消费者间的博弈就表现为：消费者在自我保护的意识方面处于劣势，如果对食品安全的防范意识不强，食品生产企业在生产过程中可能会利用信息的不对称性，采取机会主义手段，向消费者提供不合格产品，损害消费者的合法权益。在食品企业与消费者之间的博弈过程中，食品企业作为信息的发送者，在信息传递中具有一定的优势，在食品企业生产不安全的产品时会对消费者发出安全产品的信息，如果消费者是理性的，并及时发现问题反馈问题，该食品企业才会受到相关机构的处罚。这需要对食品生产所有的环节进行全面的监管，确保每个食品企业所提供的信息都具有真实性。

（3）社会组织与政府之间的博弈。在政府与社会组织之间的博弈状态下，政府能够积极主动地对整个食品供应链过程中存在的问题进行监管治理，并且能够利用自身的地位和影响，对社会力量主动参与到整个食品安全监管协同治理过程中的行为进行鼓励与支持。社会组织主要是行业协会，对本行业的声誉进行积极保持和维护，并在与政府之间不断沟通、合作、有效协调的过程中，共同构建信誉良好、诚信的生产经营市场环境。这两个演化博弈主体彼此之间互相合作、有效沟通协调，从而使得良性互动的系统和机制能够有效发展，每一方都努力让自己的利益得到最大程度的实现和发展，进而达到了博弈均衡的状态。由于他们都是有限理性的，不会一开始就知道哪个策略是最优的，因此，社会组织与政府之间要进行持续不断的沟通协调，彼此之间要相互信任、相互理解，在不断演化和调整之后，最终找到最优策略，达到博弈均衡状态。

8.1.3   建立各主体利益关系协调下的食品安全合作治理目标体系

在政府部门行政监管模式下，食品安全目标主要是政府行政部门通过相关食品法律或技术法规等形式确定并采取行政强制措施，以确保目标的实现。在这种模式中，利益主体往往是被动的，这一过程中简化了利益，强化了手段，弱化了过程，结果往往也被绝对化。由于各方利益无法充分表达，利益实现的过程通常会受到限制，有些利益甚至无法实现，其结果是激化了食品安全目标的社会冲突，政府与利益主体矛盾加重，一些食品监管手段无法进行。只有确定了食品安全目标，在食品生产"从农田到餐桌"的过程中面临的一系列问题才能统筹考虑，才能确保各层级法律法规体系更具可行性、有效性，使各级监管部门有法可依，更有利地监管市场，完善市场准入制度。此外，利用食品安全目标还可以加强食品安全控制和管理之间的联系，明确权利与责任的边界，切实将食品安全监管体系结合起来，促使我国食品安全监管往纵深方向发展。

因此，实现食品安全监管社会共治的一个重要前提是在社会经济发展的基础上，充分协调各方的利益，通过保证利益主体利益均能实现，确定客观的、相对的、可以让双方接受的社会食品安全目标，确保各方利益在相互作用下能够相互协调，充分满足。最终使政府监管部门可以顺利进行食品监管治理。

1. 确立食品供应链安全目标体系的总目标

保证食品安全在供应链流通过程中的质量安全，实现食品质量的安全零事故，这是供应链食品安全管理的核心和食品安全目标的根本目的。

2. 明确供应链环节中各个主体的目标

首先是食品原料的种植者，其主要目标是防止农作物农药残余过量，从源头危害人们健康，避免运用催熟技术加快农作物生长，规范种植过程。其次是加工制造者，其主要目标是加强食品检测制度，生产合格健康食品，完善基础建设。最后是销售者，其主要目标是保证食品在规定日期销售，加强库存管理。

3. 加强供应链环节的具体目标

如种植环节中的农药安全及安全卫生条件合格，生产环节中的进货查验制度、添加剂合理使用、生产流程合理及工作人员健康等，还有零售环节的进货检验制度、货架储存安全和仓储贮存。

通过完善食品安全目标体系，不仅为食品企业供应链的安全管理提供了共同遵守的框架结构，也指导了企业之间团结协作，并且有预见性地控制了食品质量安全。就政府部门而言，食品安全目标体系梳理了整个供应链监管流程，还为其提供了食品安全监管的评判依据，降低监管成本，提高监管效率，并减少了监管部门在监管过程中与供应链成员因参照标准不同而引发的冲突现象。就供应链中各企业来讲，由于食品安全目标体系为各成员自我监控提供了清晰明了可供参考的标准，充分发挥供应链成员积极性、主动性，有助于成员之间进行针对性的沟通，有效地将食品安全风险降到最低。就公众而言，食品安全目标体系使得消费者对食品生产过程有了更深刻的认识，并有针对性、有依据地监督整个供应链各个环节的安全状况，缓解了生产者与消费者信息不对称和信任危机，缓解了信息缺失造成的对立局面，提高了公众参与监管的积极性。

8.2　食品安全全过程合作治理的实现机制

"打造共建共治共享的社会共治合作治理大框架"，为社会共治合作治理的不断建设指明了前进的方向。当前我国社会结构正在发生深刻变革，社会矛盾日益多样化，加强和创新社会治理，打造共建共治共享的社会共治格局，是构建和谐社会、实现社会治理现代化的必然要求。政府、企业、消费者、社会组织与媒介等治理主体建构的治理框架体系如何实现食品安全全过程合作治理，治理主体内部如何各自发挥作用需要分别研究其实现机制，如图 8-1 所示。

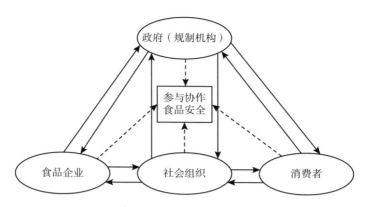

图 8 - 1　食品安全全过程合作治理实现机制

8.2.1　政府发挥基础性引导作用

目前我国食品安全监管主体的职能配置框架过于分散、结构不合理、权力存在交叉，必须以全过程监管为主要路径，对食品安全全过程进行逐个环节的监管。不仅要以先进的管理方法和科学的管理体制机制为基础，采取网格化、一体化的监管方式，进行科层制监管改革，还要充分考虑制度延续性和地区差异的特征，此外还需控制监管成本，尽可能地做到监管成本最小化，提高监管部门、监管人员积极性。发动政府在食品安全多元化合作治理中所发挥的主导作用，引领企业、消费者、社会组织、媒介等积极、有序参与食品安全监管。

1. 以"消费者优先"理念为根本出发点，构建国际化与本土化有机结合的法律法规体系

就中国当前国情来看，完善的法律法规体系在食品安全监管方面起着重要的促进作用，从欧洲国家中可以看出，全面有效的食品安全监管法律体系大多以"消费者优先"理念的现实演绎为基础，而目前我国部分地方的食品安全法还是比较笼统，缺乏细节方面的表述和规范，例如一些食品生产加工小作坊、小餐桌、小摊贩等违法行为处罚仍然由地方性监管方法执行，而地方性管理方法有些不具有合法性、规范性，一些食品监管指标也比较混乱，存在相互交叉、信效度偏低的现象。中国食品安全监管制度体系的建构与完善关键在于理念的更新，以"消费者

为本"的理念务必成为中国食品安全规制的根本出发点。因此政府必须通过新的立法实现这种根本理念的转变。此外，还要在制定法律法规方面实现法律法规相统一、可操作性强、参与主体和责任归属明晰的目标，并实现国际化与本土化的有机结合。

（1）制定严格、广泛的产品责任法，对食品生产全过程进行严格规制，全面保护消费者权益；扩大责任主体范围，不仅限定于生产者、销售者等，还对消费者进行充分保护，减少产品责任事故的发生。只有实现了每一层级食品生产过程中的合法性，才能确实保证食品安全的全面性。

（2）设立专门的权威机构，全面保护消费者利益。这种专门机构不是很多部门职权的整合，而是食品安全监管的专门机构，拥有食品安全管理具体法律规范的执行，及专门处理食品安全问题的特殊权利，在处理食品安全问题上具有权威性、合法性、命令性、禁止性等特征。

（3）实行完整的分级治理模式，因地制宜建立地方管理制度。中央和地方要分别制定食品安全监管法律法规，并包含行政问责制度、权力制衡等方面的协调机制，保证中央和地方食品安全监管高效率、无盲区、合理化。我国各省市经济地区差异大，必须根据经济发展水平、居民收入、消费者水平等情况，通过借鉴欧美国家的先进经验，实行差异化监管政策，在国家政策进一步细化的基础上，满足各地方需求。

（4）为保障多中心主体合作治理食品安全监管可以良性运转，政府必须加强信息披露。这就需要政府进一步建立完善食品安全数据库，收集国家、区域等各层面的食品安全信息，使得社会民众可以通过信息平台及时、真实地看到食品安全信息。建立社会信用档案，鼓励和倡导社会群体以及新媒体通过大数据等先进技术加强监督，确保食品安全问题被实时监控，推动食品安全监管社会共治的建设。

2. 构建食品质量安全标准政府制定、非政府部门实施的分工协作机制

在食品安全监管方面，我国与发达国家甚至一些发展中国家相比存在一定的差距，应加快食品安全监管方式的变革，由分段式有缝监管向无缝对接的全程监管转变，由多部门职能交叉重叠向单一独立的强有力的部门统一监管转变。在不久的将来，消费者与食品企业保护领域需要

"国家－社会"组织体系的建立，在提升立法的可操作性，对消费者协会及食品企业的功能进行调整的同时，发展"自组织"是深入保护消费者和企业权益的有效途径，是食品安全社会共治体系建设的重点。在多元化主体合作治理过程中，仅仅依靠政府是不够的，还需要依托非政府部门主要是社会组织共同参与，政府可采取赋权参与的方法，积极发动社会力量参与食品安全监管。

（1）制定食品安全监管标准，通过这些标准来影响食品供应流通决策。生产者、消费者、监管者均通过这个监管标准进行相互监督，并加强信息交流，促进整个食品供应链的运作。非政府部门主要是社会组织，在食品安全监管中起到联系生产者、消费者、监管者等三者的作用，作为多主体合作治理的信息传递者，有着非常重要的地位。

（2）食品质量安全标准制定听证程序。所谓听证程序就是听取利益相关者意见的程序，特别是听取利益受损方的相关意见。在各方利益存在分歧时，标准制定方听取利益受损方发表的意见，最终综合各方意见制定出科学有效公平的监督标准。通过听证程序，各种意见和建议都得到充分表达，从中暴露出之前的相关问题及矛盾，从而制定出使各方利益都达到平衡的最佳标准。

（3）制定有效宣传标准，引导非政府部门积极参加。在制定食品质量安全标准的同时，应对外公开，引导鼓励社会群体积极参与，在加入听证程序的基础上，使利益相关者深入了解、更加认同食品质量安全标准，并充分给予利益主体表达自己意愿和意见的机会，保证各利益主体的基本权益，做到制定标准过程公开透明，吸纳各方意见，最终制定出全面高效的标准。

3. 建立权威的食品安全信息监管平台

食品安全问题涉及人群众多且人员组成复杂，涉及地域广泛且数量较多，由于整个供应链具有信息复杂、流动性强、范围较广等特征，使得众多食品安全主体之间的信息交流、物资交换等资源之间依赖性逐渐加强，因此，食品监管信息以及资源整合成为各主体间利益关系间协调的关键。然而这种信息资源之间整合需要信息、制度、资金等多种保障才能实现，所以只能通过以政府为主、企业为辅的方式进行信息沟通、资源共享平台的建设。

（1）以政府为主导建立资源共享创新平台，主要通过整合开放科学数据、技术方法等多种数据信息，对全球食品安全状况的资料进行搜集，针对一些全球范围内的食品安全问题召开学术交流会议，吸取各国食品安全问题教训及成功经验，这种信息采集多元化可以保障我国食品安全信息的全面性、完整性、精确性，以确保加快技术创新，促进监管水平发展。

（2）建立专门的食品质量安全信息监视和督查系统，以信息资源管理系统构建食品安全监管信息共享平台，确保食品安全信息的公开透明。一方面，在具体监管部门提交数据的基础上，组织相关部门负责人和有关专家，结合消费者、食品企业以及供应链各成员意见的征集情况，对监管情况进行整体评估和把握，在规定时间范围内，通过指定媒体，以特定的形式在信息共享平台向全社会进行发布。另一方面，还应对食品企业、食品从业人员进行食品安全监管工作具体内容方面的定期宣讲，进行食品安全相关讲座，加强食品监管方面的信息交流，从而实现部门之间信息公开，以及政府与企业之间的"零距离"沟通，加强信息之间交流，实现食品安全信息透明化。

（3）政府还应注重信息反馈，保证信息沟通的时效性与实用性。这里的信息反馈也是信息收集的一部分，它是进一步大范围搜集食品安全信息，实时掌握食品安全监管动态，及时发现并处理食品安全问题，鼓励民众积极参与，并加强其主体意识，更好地促进食品安全监管的公开化、高效化。

4. 完善食品安全源头监管机制，重视食品安全源头监管

近年来老百姓对食品安全问题越来越关心，尽管我国连续出台了关于食品安全的规章制度，但仍旧有一些食品安全问题涌现出来，这些问题的出现表明当前的食品安全监管特别是源头监管还不到位。政府要从源头监管治理开始，实现从农田到餐桌的全过程监管模式。

（1）确立食品安全监管目标和范围。要实现食品安全源头监管，必须要明确目标和范围，因为就我国目前的法律法规来看，对于从农田到餐桌的全过程缺乏程序化管理，需要在明确目标和范围的情况下重新确立具体详尽的法律法规，对于一些不全面的方面加以补充。

（2）加强对农产品质量安全的监管体系，农产品是食品的基础和

源头。食品在整个流通过程中会经历很多环节，如果在源头就出现了问题而未发现并解决，那么在之后整个流通环节中都是有很多危害的。我国应在汲取美国、欧洲、日本等国家先进经验的基础上，根据我国实际国情制定出真正符合我国当前食品安全监管全过程的具体源头监管制度。

（3）规范执法程序，并保证严格执法，使整个执法程序清晰化、简洁化。只有整个执法环节简单快捷，才能有效地监管农产品到食品整个流通过程，提高食品安全监管效率，达到预期效果。此外还要保证法律法规的稳定性和动态性，如果总是调节变化，会导致无论是监管者还是生产者都无所适从，反而会起到反作用。

5. 构建食品安全风险交流机制，为食品安全监管体系提供有力支撑

食品安全问题是民生基本问题，与每个人的身体健康和生命安全密切相关，面对食品安全中各种风险的不确定性、不可预见性，全社会都需要积极应对，同时更需要国家、政府机构通过公共规制体系来共同应对。食品安全风险具有复杂性、潜在性的特点，且贯穿整个社会的全过程食品链条中，鉴于我国食品安全问题的复杂性特征、监管主体中存在的多重博弈以及安全监管资源配比稀缺等状况，有效的食品安全风险交流机制亟须建立，成为食品安全监管体系的有力支撑，形成食品安全立体防控格局。

（1）建立独立的风险评估制度。首先，虽然国家对食品安全风险评估工作非常重视，但是由于政府部门各机构职能分配不均，出现相互推诿的局面，再加上风险评估系统并不完善，其独立性比较有限，卫生部门在进行风险评估的同时还要兼顾其他风险规制，使得这项工作并不真正独立。因此，成立由专门的食品安全风险评估专家组成的独立的风险评估机构至关重要，依托独立的风险评估机构，能够保证风险评估的独立性和科学性。其次，应采用多元化风险评估，实行多元化风险监测网络模式。仅靠国家进行食品安全风险监测远远不够，应建立相关规章制度，自上而下形成风险监测网络。这不仅要求食品生产者、企业进行自我监测，还要鼓励企业之间相互监测企业食品安全的风险，共同承担社会责任，从而形成多方立体防控格局。

（2）构建风险管理与公众参与制度。目前食品安全监管需要多元化主体参与，在食品安全风险交流中也特别重要。明确各监管部门职能，避免出现部门职能相互交叉现象，再把企业、公民纳入风险交流中，创造出多元主体共同参与的管理模式。同时，加强风险信息交流，在进行食品安全风险评估监测时，通过信息系统等方式经由专门机构进行社会公示，让食品安全利益主体及时关注问题，并了解相关信息和应对措施，共同参与到食品安全风险交流中，这样才能更好地制定出科学准确的决策。

（3）建立网络风险预警信息系统。政府部门应通过不同主体对其所管辖范围内发布风险警示信息，采取多元化的发布方式，使各地区、各个主体可以及时收到预警信息，并快速做出相应的应对措施，形成高速、科学、有效的风险预警系统。我国有很多突发事件应急处理制度，而在食品安全危机中上尚未出台类似制度，因此，形成食品安全突发事件预警制度，保障风险被及时关注和处理至关重要。

8.2.2 食品企业承担相应社会责任进行自我规制

1. 建立风险研判和预警机制以及食品企业内部与外部协同的风险交流机制

食品安全风险研判和预警防控机制，是指在食品安全问题出现前有效把控，防患于未然，使问题食品没有被生产出来的机会。这不仅可以使消费者在进行消费选择时做到安心、放心，而且在风险研判的基础上，逐渐将终端监管转变为防源头监管、过程监管等预防性监管，从源头上避免食品安全问题的发生。

食品生产企业内部和外部协同的风险交流机制的有效建立，有赖于专家作用的发挥。不同规模的食品企业，大多在不同岗位上设置了作为技术支撑的专家岗位。无论企业内部，还是企业外聘专家，在企业风险交流中都发挥着重要作用，比如专业技术的输入和输出以及企业声誉由内而外的传递。企业内部，有效的风险交流机制对于提高员工的食品安全意识，形成企业的食品安全文化屏障，构建企业在业界的食品安全信誉度至关重要。企业外部的风险交流，营造了食品行业发展的健康外部环境。政府职能部门、科研机构、民间智库组织、大专院校等企业外部的专家，则为企业内专家提供企业风险交流的理论依据、典型案例和技术支持，与企业内的专家形成协同机制，共同建立起内外协同的风险交流长效机制。

2. 建立食品信息自主自觉披露机制

食品安全信息的披露并不是将所有与食品有关的信息都予以披露。如果食品信息披露量过大，会使得消费者往往无法从庞杂的信息中提炼出关键信息用于消费行为抉择；如果食品信息披露的量十分有限，不足以使消费者据此做出消费行为抉择，使消费者的消费行为变得茫然无措，更起不到对食品消费的警示和指导作用。只有信息量恰当、有效可信的信息才能满足消费者进行正确决策的需要。因此，为了进一步规范食品安全信息披露，应建立相应标准提高披露信息的质量，从数量、信度和效度方面，按照充分、及时、方便可及等原则建立食品安全信息披露标准。

政府是当前食品安全信息的主要采集者和重要监管者，在信息占有、监管角色等方面都有着明显的优势，承担着信息披露、满足消费者知情权的主要职能。但是，企业作为食品安全的生产主体，更应承担起维护民众健康、维持社会良性运行的社会责任，从自身做起，将食品安全的源头问题把控好，加强自身的食品安全透明度建设，自主自觉地履行食品信息披露制度。一方面，食品企业内部各信息采集主体之间要加强规范生产行为的信息交流，在企业内部建立起信息采集、整理分析和交流沟通的内部机制，实现信息数据整合，打破食品安全信息在企业内部各部门间的信息割据情况，实现食品安全信息全面、透明、共享。另一方面，搭建信息内部共享的基础平台，建立食品安全数据库，实现数据库的实时更新。

3. 建立网络餐饮第三方服务平台参与机制

网络餐饮服务第三方平台在网络食品安全方面扮演着十分重要的角色。实现网络食品安全的社会共治，需要凸显第三方平台作为共治主体的重要地位，协助政府在网络食品安全方面发挥监管作用。网络餐饮服务第三方平台参与网络食品安全社会共治主要通过与政府合作、市场机制和"三小"整治三方面开展。

293

第一，提供网络信息数据，打通与政府协作监管通道。政府监管与食品生产者之间的信息不对称是发生食品安全问题的重要原因。网络餐饮服务第三方平台掌握着线上入驻商家的详细经营信息，如食品经营许可信息、食品销售数量信息、消费者评价信息等，其中很多信息是政府监管部门难以获得或者获取成本较高的。将其中有价值的监管数据纳入政府监管信息库实现共享，可以极大地减少政府与企业间的信息不对称问题，提高监管效率，增加企业生产加工的透明度。不仅如此，如果网络平台所售食品一旦出现食品安全问题，充分的信息共享可以迅速实现食品安全问题追根溯源，极大地增加食品安全应急追溯的精确度。

第二，促进市场机制不断成熟并发挥功效，实现优胜劣汰。网络餐饮服务与线下实体餐饮消费相比具有更多的消费盲点，比如商家是否具备餐饮许可、具有怎样的经营规模、食品产品是否受到欢迎、质量是否安全等，这些问题在网络餐饮服务发展初期十分普遍，但随着行业的发展成熟及市场机制的不断完善，以及第三方平台积累的消费者评价信息，一些不规范的生产经营者和不安全的生产经营行为会逐渐暴露出来，规范合格的生产经营单位在竞争中逐渐胜出，而劣质不安全食品的生产经营者逐渐被淘汰。同时，网络餐饮服务第三方平台应提高餐饮经营者入驻的门槛，通过审查其经营证照及食品从业人员健康状况和食品安全相关知识的了解和掌握程度，打破网络餐饮的黑匣子。

第三，协助政府对"三小"监管，解决"三小"治理难题。食品安全监管中的"三小"是对小作坊、小餐饮、小摊点的简称，它们数量众多，监管成本较高，是食品安全监管的难点之一。我国大部分地区对小作坊和小餐饮采取登记证制度，在小摊贩管理方面则多使用登记证或备案制度，但是仍有大量的"三小"处于无证照经营状态，"三小"问题一直是政府在食品安全监管中最难以解决的问题。网络餐饮平台具有扩大食品销售范围的独特优点，如果"三小"想要入驻网络餐饮平台，就需要按照平台的入驻要求提供食品经营的证照，这将督促"三小"转变身份，实现安全生产和规范经营，解决一直以来的"三小"治理难题。

4. 建立非食品企业参与机制

食品企业在与同行业进行交流和学习的过程中，也应积极支持其他

294

非食品企业参与到社会共治这个大家庭中来，这不仅仅是企业社会责任感的体现，也进一步弥补了政府主导的监管模式的缺陷，促进了社会监管层面的不断完善，动员各行各业进行交流和监管，鼓励更多的社会力量加入食品安全监管中来，使食品安全社会共治成为可能。非食品企业参与食品安全社会共治主要有以下路径：发挥征信制度的功效，强化企业间及全国各行业信用联合奖惩机制，逐步加大第三方机构信用评价机制的权重，全面推进国家层面的征信制度发展；倡导企业家社会责任和功能，鼓励倡导各类社会资源向诚信食品企业倾斜，形成食品安全生产的道德风尚和社会氛围，同时继续实施严重违法企业及责任人"黑名单"制度。

8.2.3　消费者有序参与食品安全合作治理

消费者是食品安全的直接受益者或受害者。因此，建立一个秩序井然的食品安全监管公众参与制度，既是政府监管资源配比稀缺的必然要求，也是每一个消费者切身利益的必然诉求。有研究总结了我国现行的食品安全法规定公众参与食品安全监管的途径有：可以对食品安全相关执法守法活动提出批评和建议；在食品安全监管中注意信息公开，保证公众的知情权；各地食品安全监管机构颁发的有奖举报制度[1]。

1. 规范消费者参与行为

得益于政府部门的积极规范和引导，当前中国公众参与食品安全社会共治的意识正在不断提高，发挥的作用日益明显。但是，由于长期受到政府为主导的食品安监管思维和模式的影响，公众参与当前食品安全社会共治还存在很多机制方面的障碍和问题，比如公众参与食品安全社会共治的组织化程度不高、公众在食品安全社会共治中的互动参与不足、公众在食品安全社会共治中的参与制度不完善等[2]。因此，规范消费者作为参与主体的行为对于消费者监管能力的发挥具有重要意义。

---

① 谭志哲：《我国食品安全监管之公众参与：借鉴与创新》，载于《湘潭大学学报（哲学社会科学版）》2012 年第 3 期，第 27～31 页。
② 李洪峰：《食品安全社会共治背景下公众参与机制的现状及完善》，载于《食品与机械》2016 年第 9 期，第 49～51 页。

在食品安全合作治理过程中，消费者是政府监督之外独立的监督主体，因具备公众的身份属性、贴近社会公共价值而自然成为食品安全合作治理价值理念的倡导者和践行者，能够对食品生产经营单位的逐利行为进行适度约束。但是，消费者的无序监管不仅不能够起到政府监管有益补充的作用，而且会进一步扰乱市场秩序，因此规范、有序的参与行为至关重要。现代民主国家基本建立了民众表达自身诉求，监督国家和市场的通道，同时，法制的建立为民众表达自身诉求提供了可能。消费者应通过民主、法制的渠道规范有序参与食品安全监管，一方面找出政府监管的不足之处，另一方面在合法前提下监管食品生产和经营行为。

2. 完善消费者参与机制

消费者通过参与制定有关食品安全监管的法律法规，具体参与到食品安全监管过程中来。当前，我国的食品安全法律法规体系尚未有效扭转消费者与食品生产经营者之间信息不对称的态势，消费者通过参与制定食品安全监管相关法律法规，从自身角度针对现有立法缺陷，促进立法完善，是民众表达自身对食品安全利益诉求的基本保障。美国食品安全监管部门在制定相关法律法规时，一个固定程序就是广泛征求全社会的意见，其中包括专家学者和普通消费者，同时，制定一系列重要的规章制度保障公众参与食品安全立法的合法性和有效性。如《行政程序法》中"告知与评论式"立法程序就很好地反映了行政机关对公众意见的重视程度。依据《行政程序法》中的规定，美国的企业主、消费者、社会团体和公民个人都可以通过不同方式参与法律法规制定。在决策过程中，美国食品安全立法部门还与消费者、社会团体、非政府组织保持密切沟通的关系，以确保决策过程的科学性和民主性。我国食品安全监管立法的消费者参与可以借鉴美国的做法，以法律形式维护民众参与食品安全监管的基本权利。消费者参与食品安全监管立法的过程也可以增强自身的安全意识与责任意识，从而提高食品安全监管消费者参与的主动性与有效性。

消费者参与食品安全监管的具体过程会受到多重因素的制约，如社会参与渠道狭窄单一以及在监管过程中缺乏话语权。通过立法或完善制度的方式打通消费者参与食品安全监管的通道，扫除参与监管过程中的具体障碍十分重要。积极探索多种渠道拓展消费者参与食品安全监管的途径，使参与渠道多元、通畅，才能充分吸纳更多消费者参与到食品安全合作治理中来，并发挥有益的监管功能。同时，消费者话语权需要切实的法律法规来保障，只有将保障消费者话语权与培育食品安全法律意识的社会机制一同放到重要位置，才能保证消费者的声音真正被接纳，才能真正将食品安全监管变成一项政府与社会合作的自觉行动。在具体做法上，以社区为载体普及食品安全举报的方法、渠道和程序，让消费者知晓遇到问题食品时向谁举报、如何举报，同时精简举报的程序、拓宽举报渠道，来降低消费者的举报成本，提高消费者举报食品安全问题的意愿。同时，充分保护举报人，对其个人信息采取保密措施，消除消费者举报问题食品的后顾之忧。

在食品安全信息公开方面，现阶段食品安全信息供给的确受到了重视。但是，忽视消费者对于这些公开信息的"反馈"使得信息公开失去了一定的价值。消费者对于食品安全公开信息的反馈，能够准确反映出信息公开效果，引导监管部门对消费者广泛反应和普遍关注的焦点问题进行查证，及时应答消费者的反馈。因此，在信息公开的同时，充分关注消费者的"反馈"信息，以此作为提升信息公开质量和效率的重要依据，提升监管效能。可设置专职人员对消费者举报的食品安全问题进行及时反馈，同时向社会发布，使民众认识到参与食品安全监管是受到政府相关监管部门重视并欢迎的共治行为，并且举报人是受到法律和相关部门充分保护的。及时向有效的食品安全问题举报人进行一定的奖励，对消费者的举报行为进行及时的正向强化。

大数据背景下，普通消费者可以通过食品安全大数据平台参与食品安全社会共治。在食品安全大数据平台中，通过对每个食品产品进行特殊编码，将食品产品背后的生产经营者信息、加工过程信息、主要生产加工原料等详细信息输入大数据平台，方便消费者在此平台上方便快捷地获得所有关切的信息。同时，消费者通过食品安全大数据平台对不合格食品或扫码发现的问题食品进行投诉或举报，政府相关监管部门也通过这一平台进行集中处理，同时将处理过程和结果及时发布在平台上，给予消费者充分的反馈。将企业、社会组织等监管主体也纳入食品安全监管大数据平台之中，实现以数据为基础的合作共治。食品企业还可利用这一平台实现内部监管和对供货商的监督管理。因此，食品安全大数据平台作为消费者参与食品安全监管社会共治的机制之一，不仅对消费者本身的参与机制来说是一种有益探索，而且对政府相关监管部门、食品企业和社会组织而言，都不失为一种实现自我监管和外部监管的良好机制。

8.2.4 社会组织有力支撑食品安全合作治理

当前我们国家对于社会组织在食品安全合作治理过程中所应有的法律地位并未进行明确界定，同时，由于社会组织本身缺乏相应的公信力，且尚未形成健全的体制机制，导致在食品安全监管合作治理过程中无法发挥应有的监管效果，社会组织本应发挥的作用和价值几乎没有体现。为了促进社会组织更有效地参与食品安全监管，应从以下几个方面做好工作：

1. 优化食品行业社会组织尤其是行业协会的外部法律环境

在整个食品安全监管过程中，社会组织的法律地位应进一步清晰明确，通过法律的形式真正将社会组织纳入治理体系和框架中去，促进其发挥应有的作用。同时，只有让社会组织清晰认识到自身的职责与功能，并将企业、社会组织及政府监管部门的权责划分清楚，才能让社会组织在协同共治过程提供帮助并发挥积极作用。首先需要明确的是社会组织作为非营利性的团体组织，其资金是比较缺乏的，政府应给它们提供一部分资金援助，有必要拿出一笔专用基金，用来单独赞助组织的进步和发展，还应给予社会组织相应的税收优惠，帮助并扶持社会组织的日常工作和运转，从而对食品安全监管起到推动作用。其次，还需帮助社会组织引进人才，必须是对行业内掌握一定程度的专业人才，让社会组织在治理过程中完全发挥作用。最后还要促进社会组织参与食品安全风险治理的法律机制建设。不仅要从消费者角度出发，允许消费者成立公益性打假组织，还要赋予食品行业社会组织更多的自治权，并且为加强食品经营者自律要完善食品安全豁免制度，吸收食品安全组织行业标准，政府必须通过依靠产业界来制定食品安全标准，在"有的吃"和"吃得安全"之间取得平衡。因此，政府标准与行业标准相互依存才是食品安全协同共治应有的状态。

298

2. 加强食品行业社会组织自身建设，强化组织独立性

（1）应巩固和加强社会组织内部体系的构建工作，社会组织应加大力度培育品牌产业，并尽快形成一种规模。从而建立多元化、多样化的社会组织团体和体系，且一定要与政府划清界限、泾渭分明，在社会组织内部一些主要的领导职位，一定不能由政府官员来担任，必须要通过严格公平的竞争来担任，只有让社会组织脱离政府控制，才能做到实实在在地单独运营和运转。

（2）必须要加强社会组织的公信力建设，毫不动摇地实施自我约束、自我管理、自我发展的方针政策，并加强完善内部管理可能会存在的问题，规范运营过程，提高组织成员满意程度和服务质量，积极加强行业信誉和声望，促进整个社会组织的进步和发展，慢慢培养社会组织公信力。还要实现组织内的民主决策，不可采取一刀切的方法，要构建相互制约、相互监督的制衡机制，从而有效规避和避免一些相关人员的不良行为和举止。同时，组织内部的规章制度必须要详细制定并严格执行，对工作链条上的各个环节形成严格的管制和约束，保障生产过程中的高标准和高质量。最后需要构建质量和信用记录体系，科学合理评估组织内部各个部门和成员，在提高评估质量的同时有效提高社会组织信誉。

（3）加强社会组织的服务及自律意识。社会组织服务范畴主要包括查找和咨询相关信息、调研市场信息、对人员进行职能培训等内容。同时还要积极制定其所在行业的安全生产标准和完善相关工作。社会组织服务于政府机构的主要模式在于提供相关建议和意见或者为政府制定相关法律法规收集广泛的社会意见，帮助政府制定食品产业规划等。由于社会组织在整个合作治理环节中对食品行业中信息及问题相对比较熟悉，并有能力整理相关信息且能够做出科学分析，因此可以为政府监管机构提供比较有参考意义的决策行为信息和基本依据。为此，社会组织必须要对成员行为做出规范限制，组织内部指定的各项规章制度要严格遵守和执行，并积极主动维护整个行业声誉。还要严格遵守政府所颁布的食品安全监管方面的规章制度，维护各个方面的协调和良性运转，促进社会利益和行业利益的统一。

3. 承接更多职能，与政府职能良性互动

我国的政府行政权力一直以来处于国家权力的中心，政府也担任着公共产品和服务的主要供给者角色。目前，我国的社会组织并未形成像西方国家那样运行比较完善的体制机制，当前的社会组织还是缺乏组织发展所需要的民主、自治环境，这严重阻碍了我国社会组织的发展。同时，公众对于社会组织的必要性和合法性也缺乏正确的认识。因此我国社会组织要想有长足发展，就必须要改变以政府行政权力为中心的治理模式，加快转变政府职能，进一步简政放权，给予社会组织更大的发展空间，积极建设服务型政府。还要在政府内部逐步推行市场化的竞争模式，促进行政效率的提高，建立信息化的网络管理模式，促进政府与市场的协调发展，达到社会组织承担更多的公共管理职能，政府向社会组织提供更多的支持和帮助的良好协作关系。让社会组织通过其特征和优势来改善政府管理，发挥积极作用，实现社会组织与政府合作共赢的关系，使得社会组织拥有更多机会参与社会管理。就目前我国现实情况而言，必须要以转变政府职能为中心，深入推进服务型政府建设，在食品安全监管具体工作中，清楚划定政府职能的界限，继续采取政府向社会组织购买服务的方式，鼓励社会组织不断承担监管的重要职能，从各种可行的渠道真正将社会组织的监管效能充分利用起来。

4. 借鉴发达国家经验，培养专业化人才和提高人员素质

与一些发达国家相对成熟的食品安全监管标准相比，我国虽颁布了较为统一的食品安全法，但在执行过程中并未完成较为完善精确的监管标准，所以导致不同企业或者监管部门在执行过程中，往往困难重重、倍受阻碍，社会组织参与其中的进程也十分缓慢。社会组织在参与食品安全监管过程中，作为食品安全社会共治领域的重要组成部分，在面对企业的违法违规行为以及行业潜规则时，应借鉴国外成熟理念，依法予以指出并敦促其改正，并与政府监管部门一起对各个部门、企业、组织在整个食品供应链过程中的执行标准做出严格规定并与国际接轨。同时，加强与国际社会组织间的合作交流，学习并借鉴发达国家如英国、美国、日本等国在食品安全监管方面的成熟经验，提高检验技术水平和能力。

社会组织的发展往往受到其特殊性质和组织内部成员专业化素质水平的限制，要推进社会组织快速发展必须先要培养专业化人才、提高人员素质水平。首先，要以人为中心，优秀的专业人才是组织发展的重要基础，必须要保护人才的合法权益，为社会组织的发展积累人力资本；其次，要加强人员的专业素质培训，社会组织的发展必须要与时俱进，管理也必须跟上时代步伐，因此参与社会管理必须具备专业知识素养，要坚持把组织发展目标与个人特点相结合，提供更具针对性、专业性的培训，从而提高组织人员整体素质；最后，完善激励机制，形成良好的组织文化，促进组织凝聚力的产生。社会组织中如果缺乏激励机制，会削弱员工对组织或工作承诺兑现的动力。通过特定的方法和管理体系，将组织内员工的需要、动机、目标和行为充分调动起来，从而提高组织内部人员的积极性，确保社会组织高效运转。

5. 明确社会组织在应急预案中的责任，提高社会组织执行力水平

在食品安全突发事件预案中，及时有效的应对方案十分关键，它关乎政府食品安全监管相关部门的行政能力、政府形象和消费者信心体系的维持与稳定。在食品安全应急预案中，社会组织作为突发性事件应对的重要组成部分，能够发挥重要作用，对应急事件处置中所需的技术支持、企业联络等工作发挥独特优势。根据食品安全突发事件处置的不同阶段，社会组织参与的主要内容也不尽相同。在食品安全事故事前治理阶段，社会组织应积极参与制定有效的危机应对预案，明确社会组织自身的责任与义务，明确社会组织与政府之间分工的界限，建立起与政府协调联动的应急机制，提高社会组织应对突发食品安全事件的处置能力和责任。在食品安全突发事件处置阶段，建立起社会组织与政府部门及时沟通的信息平台，并发挥其涵盖领域广泛多元、资源配置灵活机动的特点，作为公众与政府部门之间的缓冲器来解决危机。此外，社会组织的志愿性质对突发事件处置管理效率的提升有很大的促进作用，政府与社会组织合作处置突发事件，能够极大提升工作效率，尽快解除危机。在食品安全突发性危机的善后阶段，社会组织还要积极参与对企业的后续监督，防止解决不彻底的现象产生，尽量杜绝相关问题再次产生，扰乱市场秩序。因此，政府监管部门要明确应急预案中社会组织的地位和责任，提高社会组织参与度，更好地发挥其积极作用。

6. 媒介监督促进食品安全合作治理

现有的社会共治合作治理研究多从政府、企业及社会第三方力量来阐述这个概念，分析其施加作用的影响因素，较少地从理性假设出发研究媒介在社会共治中起到的作用。而随着时代的发展，媒介这个主体在该社会共治的大框架下发挥的作用越来越显而易见，并间接影响着其他主体。我们应该将对媒体这一参与社会共治的积极力量的研究提上日程。有研究表明，媒体参与社会共治有三个重要的前提条件：一是企业生产者对声誉受损的敏感程度，二是政府为主体的部门对需要监管的企业保持一个稳定态势而非强制性的处罚或约束；三是媒体参与社会共治的价值判断。在这三点重要前提条件下，我们可以发现，媒介参与社会共治合作治理的主要策略依次为以下四个方面：

（1）社会声誉机制是媒体参与社会共治的重要前提。社会声誉是社会对各行为主体的能力、业绩、公众关系以及履行承诺水平和社会地位的评价。社会声誉机制的形成是媒体参与社会共治的重要前提。媒体的传播力、公信力和影响力的发挥程度，都依赖于社会声誉机制的有效建立。具有良好社会声誉的媒体，一般会具有良好的媒体形象，可信度高，就会自然而然得到广大民众的认可和信任，其所传播的新闻报道也会潜移默化地影响社会共治条件下各个行为主体的声望和满意度。有了这个前提，媒介的监管就比较容易落到实处，对那些不符合规定的违规者行为予以警告或实际的处罚，来保证合作治理的切实有效，并不断提高社会声誉机制的有效性。在社会共治的建设中，社会声誉机制不仅是媒体监督的前提，而且应该是食品生产企业赖以生存的生命线。监管者不仅需要提高违规行为的发现概率和实行直接惩罚措施，还可采取判罚社会公共服务等多种方式，提高违规企业对社会声誉"损失"的敏感度和珍惜企业美誉的程度，对社会声誉的"损失"感知无论对何种违规者，都具有罚款等惩罚措施难以替代的威慑作用。

（2）媒体对食品安全违规行为或事件进行持续跟踪调查和深度报道。政府在食品安全治理或监管中的态度与行为，会深刻地影响社会共治其余主体的行为和态度，更会对媒体参与食品安全社会共治的态度与行为产生导向作用。只有常态化监管并将监管标准一以贯之地坚持执行，媒体才会在这种导向下选择对食品安全违规行为或违法事件进行持续跟踪调查或深度报道，而非采取"碎片化""截取式"报道或采访。同时，媒体应该保持高度的自觉性并不断提高作为理性主体自身的责任感和使命感。研究表明，媒体只有常态化地揭示或报道食品安全中的违规信息，才有可能有效地参与食品安全社会共治的建设，因为零散、随机的违规信息披露通常难以对违规行为产生足够的震慑[①]。一旦媒体新闻热点频繁的转移或只介绍表面情况，而不进行深度挖掘，媒介报道对企业声誉的影响程度较低或者没有从根本上波及企业收益，企业经营者依然会选择违规生产。如此一来，媒体监督对违规生产行为的震慑作用微乎其微。因此必须加强媒体对食品安全违规行为或违法事件进行持续跟踪调查或深度报道，以此来更好地构建社会共治合作治理的大框架。

（3）形成全覆盖的媒体监督体系，才会对违规生产行为构成足够震慑。由于人们对食品安全问题关注的热度持续不减，新媒体时代的信息的传播渠道越来越多样化，微信、微博等新媒体越来越倾向于向公众投放食品安全信息。一方面，信息获取的成本急剧降低，大量的有关食品安全的信息越来越多地被消费者发布到公共社交平台，将潜移默化地提高群众的参与意识以及他们对食品安全的重视程度。另一方面，爆炸性新闻能够为媒体带来较高效益，这就激励媒体不断挖掘有价值的食品安全信息进行深度报道，以此来共同参与社会共治的建设。这就需要我们形成全覆盖的媒体监督体系，形成专业化流程和监管机制，建立相应的惩处措施，只有这样，才能对违规生产行为构成足够震慑，形成有力、有效的社会监督舆论环境。

（4）选拔培养合适的媒体记者，营造媒体监管长效激励。任何个体都是一个理性经济人，都在追求个人利益的最大化。当新闻记者评估的调查成本过高或认为调查极不便利时，会产生新闻的直接经济收益无法弥补新闻记者所付出实践成本的情况，记者和媒体组织本身很难坚持选择对违规违法的食品安全行为或事件进行报道。而如果强调媒体的社会责任，迫使媒体凭借所肩负的监督角色去强行报道，必然会导致媒体参与食品安全社会共治的积极性受到损伤。这样一来，社会共治中的媒体监督能力不断被削弱，影响社会共治的总进程。虽然现实中也会出现媒体选拔的某些记者对食品安全违规违法生产行为的厌恶程度很高，或

---

① 谢康、刘意、赵信：《媒体参与食品安全社会公治的条件与策略》，载于《管理评论》2017 年第 5 期，第 192～204 页。

者记者在偏好上对食品安全问题报道的兴趣较高，从而使媒体参与食品安全社会共治的程度极大提高。但是，依靠特定个体及其特定偏好难以形成长效机制。因此，我们不仅需要站在道德层面考虑媒体人自身的道德观和价值观，而且要考虑现实的利益和收益来综合性激励媒体人对社会正义力量的关注程度，形成媒体监管的有效激励。

8.3　小　　结

食品安全问题的频繁出现降低了经济发展的质量也制约了经济社会的可持续发展，而理应成为食品安全最有力保障的政府监管却暂时没有达到预期效果。在食品安全监管的传统模式下，往往重点关注政府和企业之间的关系，并且将政府监管部门和食品生产经营企业的关系认为是对立的，是"管"与"被管"的关系，从而忽略了其他关系主体的地位，削弱了不同主体基于利益协调之间的联系。然而，食品安全关系到社会各阶层人民的生命健康，关系到社会上每个人的生存，食品安全监管具有显著的公共性，监管体制必然要实现从行政监管到多元化主体合作治理的转变。

随着国家市场监督管理总局的组建，食品安全监管领域长期存在的多头管理问题真正意义上得到了一定程度解决，建立食品安全全过程监管效果综合评价体系和重构覆盖全过程的能真正克服相关主体间信息不对称的监管模式，成为解决监管效果低下问题的关键所在和内生要求。在食品安全合作治理体制的建设中，多元化、多中心、多主体治理理念意味着政府将有效行使公共行政职能，由政府、企业、消费者、社会组织等监管主体根据特定行为规则，在主要监管主体利益协调的基础上，通过平等协商、频繁互动等运行机制达成食品安全目标。

1. 食品安全社会共治主要引导者——政府

政府作为食品安全网络治理模式的引领者，在维护和推动社会各主体民主参与的同时，还与其他监管主体协同合作，共同构建多元化主体参与协同的社会共治模式。在这一过程中，政府不再是垄断的最高权威，而是组织者和协调者，协调食品安全监管各主体参与到构建和完善食品安全法律法规、执行食品安全监管的责任与义务等工作中来，政府的身份从主要监管者转变为主要引导者和协调者，整合社会各方面资源，规范和引导各监管主体的行为，从而实现食品安全监管的社会共治格局。以消费者优先理念为根本出发点，构建国际化与本土化有机结合的法律法规体系，构建食品质量安全标准政府制定、非政府部门实施的分工协作机制，建立权威的食品安全信息监管平台，完善食品安全源头监管机制，重视食品安全源头监管，构建食品安全风险交流机制，为食品安全监管体系提供有力支撑。通过以上具体措施实现政府监管职能的转变，为社会共治格局的形成提供基础性支撑。

2. 食品安全社会共治的积极参与者——企业

通过建立风险研判和预警机制以及食品企业内部与外部协同的风险交流机制，建立食品信息自主自觉披露机制，建立网络餐饮第三方服务平台参与机制以及建立非食品企业参与机制，促使食品企业承担起相应的社会责任进行自我规制，实现企业在食品安全监管社会共治框架中的重要作用。

3. 食品安全社会共治的重要组成部分——消费者

消费者是食品安全的直接受益者或受害者。建立一个秩序井然的食品安全监管公众参与制度，既是政府监管资源配比稀缺的必然要求，也是每一个消费者切身利益的必然诉求。通过规范消费者参与行为、完善消费者参与机制，引导消费者合法有序地参与食品安全监管社会共治。

4. 食品安全社会共治的第三方力量——社会组织

优化食品行业社会组织尤其是行业协会的外部法律环境，加强食品行业社会组织自身建设，强化组织独立性，承接更多职能，与政府职能良性互动，借鉴发达国家经验，培养专业化人才和提高人员素质，明确社会组织在应急预案中的责任，提高社会组织执行力水平，媒介监督促进食品安全合作治理，是促进社会组织在食品安全社会共治框架中发挥应有作用的必然要求。

构建社会化的社会安全治理网络，实现食品安全监管多主体利益关系协调，建立各主体利益关系协调下的食品安全目标体系，并在多中心治理理论与合作治理理论基础上，提出"监管者－企业－消费者－社会组织"的合作治理理念，依此进行治理结构的优化和各主体治理能力的提升设计，形成一个整体合作治理框架，为覆盖全过程的食品安全监管模式有效性提供最终的制度保障。

参 考 文 献

［1］曹渝、代欣、蒋美仕：《构建具有中国特色的"社会共治"食品安全治理机制——"第五届全国科学技术与公共政策论坛·2016"综述》，载于《食品与机械》2016 年第 6 期。

［2］曹正汉、周杰：《社会风险与地方分权——中国食品安全监管实行地方分级管理的原因》，载于《社会学研究》2013 年第 1 期。

［3］曾文革、林婧：《论食品安全监管国际软法在我国的实施》，载于《中国软科学》2015 年第 5 期。

［4］陈刚、张浒：《食品安全中政府监管职能及其整体性治理——基于整体政府理论视角》，载于《云南财经大学学报》2012 年第 5 期。

［5］陈季修、刘智勇：《我国食品安全的监管体制研究》，载于《中国行政管理》2010 年第 8 期。

［6］陈祺琪、张俊飚、程琳琳等：《农业科技资源配置能力区域差异分析及驱动因子分解》，载于《科研管理》2016 年第 3 期。

［7］陈思、罗云波、江树人：《激励相容：我国食品安全监管的现实选择》，载于《中国农业大学学报（社会科学版）》2010 年第 3 期。

［8］陈新建、谭砚文：《基于食品安全的农民专业合作社服务功能及其影响因素——以广东省水果生产合作社为例》，载于《农业技术经济》2013 年第 1 期。

［9］陈彦丽、曲振涛：《食品安全治理协同机制的构成及效应分析》，载于《学习与探索》2014 年第 7 期。

［10］陈彦丽：《食品安全社会共治机制研究》，载于《学术交流》2014 年第 9 期。

［11］陈雨生、房瑞景、尹世久等：《超市参与食品安全追溯体系的意愿及其影响因素——基于有序 Logistic 模型的实证分析》，载于《中国农村经济》2014 年第 12 期。

［12］陈原：《试论我国食品安全供应链综合管理》，载于《生态经济（中文版）》2007 年第 5 期。

［13］陈志卷、肖建华：《食品物流安全政府监管模式及对策研究》，载于《对外经贸实务》2011 年第 3 期。

［14］程铁军、冯兰萍：《大数据背景下我国食品安全风险预警因素研究》，载于《科技管理研究》2018 年第 17 期。

［15］崔丽、石书焕：《基于社会共治角度的农产品供应链质量安全研究》，载于《湖北农业科学》2015 年第 8 期。

［16］戴迎春、朱彬、应瑞瑶：《消费者对食品安全的选择意愿——以南京市有机蔬菜消费行为为例》，载于《南京农业大学学报（社会科学版）》2006 年第 1 期。

［17］戴勇：《食品安全社会共治模式研究：供应链可持续治理的视角》，载于《社会科学》2017 年第 6 期。

［18］邓刚宏：《构建食品安全社会共治模式的法治逻辑与路径》，载于《南京社会科学》2015 年第 2 期。

［19］丁煌、孙文：《从行政监管到社会共治：食品安全监管的体制突破——基于网络分析的视角》，载于《江苏行政学院学报》2014 年第 1 期。

［20］董慧丽、梁红艳：《我国五大城市群物流业发展的空间差异及影响因素研究》，载于《武汉理工大学学报（信息与管理工程版）》2018 年第 1 期。

［21］杜波：《从食品安全风险特点的角度看我国食品安全社会共治法律制度》，载于《食品科学》2016 年第 19 期。

［22］樊孝凤、周德翼：《信息可追踪与农产品食品安全管理》，载于《商业时代》2007 年第 12 期。

［23］方炎、高观、范新鲁等：《我国食品安全追溯制度研究》，载于《农产品质量与安全》2005 年第 2 期。

［24］龚强、陈丰：《供应链可追溯性对食品安全和上下游企业利润的影响》，载于《南开经济研究》2012 年第 6 期。

［25］龚强、张一林、余建宇：《激励、信息与食品安全规制》，载于《经济研究》2013 年第 3 期。

［26］龚强、雷丽衡、袁燕：《政策性负担、规制俘获与食品安

全》，载于《经济研究》2015 年第 8 期。

［27］龚正：《政府工作报告——2018 年 1 月 25 日在山东省第十三届人民代表大会第一次会议上》，载于《山东经济战略研究》2018 年第 1 期。

［28］郭翰超：《两次金融危机影响我国 CPI 的因素比较分析——兼论 CPI 变动对供给侧结构性改革的政策启示》，载于《价格理论与实践》2017 年第 12 期。

［29］韩俊：《中国食品安全报告》，社会科学文献出版社 2007 年版。

［30］韩杨、曹斌、陈建先等：《中国消费者对食品质量安全信息需求差异分析——来自 1573 个消费者的数据检验》，载于《中国软科学》2014 年第 2 期。

［31］何猛：《中国食品安全监管体系发展趋势研究》，载于《食品工业科技》2012 年第 21 期。

［32］洪富艳：《欧美社会风险管理制度的借鉴与思考》，载于《哈尔滨工业大学学报（社会科学版）》2014 年第 1 期。

［33］胡定寰、陈志钢、孙庆珍等：《合同生产模式对农户收入和食品安全的影响——以山东省苹果产业为例》，载于《中国农村经济》2006 年第 11 期。

［34］胡定寰：《农产品"二元结构"论——论超市发展对农业和食品安全的影响》，载于《中国农村经济》2005 年第 2 期。

［35］汲昌霖、张红凤：《金融资本迁移与区域金融生态环境的时空格局演变研究——以山东省为例》，载于《理论学刊》2016 年第 6 期。

［36］江岚：《食品安全的风险管控及刑法规制》，载于《湖北大学学报（哲学社会科学版）》2018 年第 2 期。

［37］姜琪、丁启军、金娜：《金融发展、科技创新与地区经济增长——基于山东省经济增长数量和质量的对比分析》，载于《经济与管理评论》2016 年第 2 期。

［38］姜琪：《腐败与中国式经济增长——兼论腐败治理的社会基础》，载于《南京师大学报（社会科学版）》2014 年第 2 期。

［39］姜琪：《行政垄断如何影响中国的经济增长？——基于细分视角的动态分析框架》，载于《经济评论》2015 年第 1 期。

［40］姜琪：《政府质量、文化资本与地区经济发展——基于数量

和质量双重视角的考察》，载于《经济评论》2016 年第 2 期。

[41] 蒋慧：《论我国食品安全监管的症结和出路》，载于《法律科学（西北政法大学学报）》2011 年第 6 期。

[42] 蒋建军：《论食品安全管制的理论分析》，载于《中国行政管理》2005 年第 4 期。

[43] 金巍、章恒全、王惠等：《城镇化、水资源消耗的动态演进与门槛效应》，载于《北京理工大学学报（社会科学版）》2018 年第 2 期。

[44] 雷勋平、Robin、吴杨：《基于供应链和可拓决策的食品安全预警模型及其应用》，载于《中国安全科学学报》2011 年第 11 期。

[45] 雷珍、姜启军：《基于企业社会责任的食品安全社会共治研究》，载于《食品工业科技》2015 年第 18 期。

[46] 李洪峰：《食品安全社会共治背景下公众参与机制的现状及完善》，载于《食品与机械》2016 年第 9 期。

[47] 李军鹏、傅贤治：《基于市场失灵的食品安全监管博弈分析》，载于《中国流通经济》2007 年第 7 期。

[48] 李梅、董士昙：《试论我国食品安全的社会监督》，载于《东岳论丛》2013 年第 11 期。

[49] 李清光、李勇强、牛亮云等：《中国食品安全事件空间分布特点与变化趋势》，载于《经济地理》2016 年第 3 期。

[50] 李清光、陆姣、吴林海：《食品安全社会共治中企业行为选择博弈分析——以生猪屠宰企业原料安全风险控制为例》，载于《企业经济》2018 年第 4 期。

[51] 李先国：《发达国家食品安全监管体系及其启示》，载于《财贸经济》2011 年第 7 期。

[52] 李想、石磊：《行业信任危机的一个经济学解释：以食品安全为例》，载于《经济研究》2014 年第 1 期。

[53] 李想、石磊：《质量的产能约束、信息不对称与大销量倾向：以食品安全为例》，载于《南开经济研究》2011 年第 2 期。

[54] 李想：《信任品质量的一个信号显示模型：以食品安全为例》，载于《世界经济文汇》2011 年第 1 期。

[55] 李晓义、杜娟：《食品市场的制度结构与食品安全治理——基于多层次治理理论视角》，载于《郑州大学学报（哲学社会科学版）》

2016 年第 5 期。

[56] 李新生：《食品安全与中国安全食品的发展现状》，载于《食品科学》2003 年第 8 期。

[57] 李旭：《我国食品供应链的现状及管理对策》，载于《中国物流与采购》2004 年第 22 期。

[58] 李玉峰、刘敏、平瑛：《食品安全事件后消费者购买意向波动研究：基于恐惧管理双重防御的视角》，载于《管理评论》2015 年第 6 期。

[59] 李长健、张锋：《社会性监管模式：中国食品安全监管模式研究》，载于《广西大学学报（哲学社会科学版）》2006 年第 5 期。

[60] 李中东、张在升：《食品安全规制效果及其影响因素分析》，载于《中国农村经济》2015 年第 6 期。

[61] 厉曙光、陈莉莉、陈波：《我国 2004 - 2012 年媒体曝光食品安全事件分析》，载于《中国食品学报》2014 年第 3 期。

[62] 刘刚：《供给侧结构性改革——质量变革和实现质量的社会共治》，载于《质量与标准化》2017 年第 12 期。

[63] 刘锦扬、应寿英：《四川农业现代化发展水平的空间非均衡及演变趋势——基于 Dagum 基尼系数分解和 Kernel 核密度估计的实证研究》，载于《农村经济与科技》2018 年第 1 期。

[64] 刘琳：《我国药品安全社会共治体系建设的困境及其治理》，载于《探索》2017 年第 6 期。

[65] 刘录民、侯军歧、董银果：《食品安全监管绩效评估方法探索》，载于《广西大学学报（哲学社会科学版）》2009 年第 4 期。

[66] 刘宁：《我国食品安全社会规制的经济学分析》，载于《工业技术经济》2006 年第 3 期。

[67] 刘鹏：《公共健康、产业发展与国家战略——美国进步时代食品药品监管体制及其对中国的启示》，载于《中国软科学》2009 年第 8 期。

[68] 刘鹏：《省级食品安全监管绩效评估及其指标体系构建——基于平衡计分卡的分析》，载于《华中师范大学学报（人文社会科学版）》2013 年第 4 期。

[69] 刘鹏：《西方监管理论：文献综述和理论清理》，载于《中国

行政管理》2009 年第 9 期。

[70] 刘鹏：《中国食品安全：从监管走向治理》，中国社会科学出版社 2017 年版。

[71] 刘鹏：《中国食品安全监管——基于体制变迁与绩效评估的实证研究》，载于《公共管理学报》2010 年第 2 期。

[72] 刘任重：《食品安全规制的重复博弈分析》，载于《中国软科学》2011 年第 9 期。

[73] 刘双双、韩凤鸣、蔡安宁等：《区域差异下农业用水效率对农业用水量的影响》，载于《长江流域资源与环境》2017 年第 12 期。

[74] 刘为军、潘家荣、丁文锋：《关于食品安全认识、成因及对策问题的研究综述》，载于《中国农村观察》2007 年第 4 期。

[75] 刘文萃：《食品行业协会自律监管的功能分析与推进策略研究》，载于《湖北社会科学》2012 年第 1 期。

[76] 刘霞、郑凤田、罗红旗：《企业遵从食品安全规制的成本研究——基于北京市食品企业采纳 HACCP 的实证分析》，载于《经济体制改革》2008 年第 6 期。

[77] 刘亚平：《走向监管国家——以食品安全为例》，中央编译出版社 2011 年版。

[78] 刘志雄：《中国食品制造业技术效率及影响因素的实证研究》，载于《生态经济评论》2010 年第 1 期。

[79] 刘智勇：《食品安全社会共治：制度创新与复杂性挑战》，载于《中国市场监管研究》2016 年第 2 期。

[80] 刘子昂、张超：《食品供应链中各主体质量投入最优策略博弈》，载于《昆明理工大学学报（自然科学版）》2016 年第 2 期。

[81] 卢剑、孙勇、耿宁等：《我国食品安全问题及监管模式建立研究》，载于《食品科学》2010 年第 5 期。

[82] 路剑、贾会棉、张青等：《河北省农村特色文化产业发展实证研究》，载于《经济研究参考》2017 年第 59 期。

[83] 罗云波：《食品质量安全风险交流与社会共治格局构建路径分析》，载于《农产品质量与安全》2015 年第 4 期。

[84] 吕婷婷：《我国食品安全监管体制的健全与完善》，载于《东北农业大学学报（社会科学版）》2011 年第 1 期。

［85］ 吕永卫、霍丽娜：《网络餐饮业食品安全社会共治的演化博弈分析》，载于《系统科学学报》2018年第1期。

［86］ 马颖、丁周敏、张园园：《食品安全突发事件网络舆情演变的模仿传染行为研究》，载于《科研管理》2015年第6期。

［87］ 倪国华、郑风田：《媒体监管的交易成本对食品安全监管效率的影响》，载于《经济学（季刊）》2014年第2期。

［88］ 牛文宽：《浅谈食品安全与经济发展》，载于《内蒙古科技与经济》2014年第2期。

［89］ 彭亚拉、郑风田、齐思媛：《关于我国食品安全财政投入的思考及对策——基于对比分析美国的食品安全财政预算》，载于《中国软科学》2012年第10期。

［90］ 彭亚拉：《论食品安全的社会共治》，载于《食品工业科技》2014年第2期。

［91］ 戚建刚：《我国食品安全风险监管工具之新探——以信息监管工具为分析视角》，载于《法商研究》2012年第5期。

［92］ 全世文、曾寅初：《食品安全：消费者的标识选择与自我保护行为》，载于《中国人口·资源与环境》2014年第4期。

［93］ 任燕、安玉发、多喜亮：《政府在食品安全监管中的职能转变与策略选择——基于北京市场的案例调研》，载于《公共管理学报》2011年第1期。

［94］ 戎素云：《消费者食品安全需求行为及其引导》，载于《商业时代》2006年第2期。

［95］ 宋华琳：《中国食品安全标准法律制度研究》，载于《公共行政评论》2011年第2期。

［96］ 宋慧宇：《食品安全监管模式改革研究——以信息不对称监管失灵为视角》，载于《行政论坛》2013年第4期。

［97］ 宋丽娟、杨茂盛、陈雪梅：《利益均衡：食品安全"社会共治"模式的一种规范》，载于《企业经济》2017年第12期。

［98］ 孙宝国、周应恒、温思美等：《我国食品安全的监管与治理政策研究——第93期"双清论坛"学术综述》，载于《中国科学基金》2013年第5期。

［99］ 谭涛、朱毅华：《农产品供应链组织模式研究》，载于《现代

经济探讨》2004 年第 5 期。

[100] 谭志哲：《我国食品安全监管之公众参与：借鉴与创新》，载于《湘潭大学学报（哲学社会科学版）》2012 年第 3 期。

[101] 唐晓纯、苟变丽：《食品安全预警体系框架构建研究》，载于《食品科学》2005 年第 12 期。

[102] 唐晓纯：《多视角下的食品安全预警体系》，载于《中国软科学》2008 年第 6 期。

[103] 陶光灿、谭红、宋宇峰等：《基于大数据的食品安全社会共治模式探索与实践》，载于《食品科学》2018 年第 9 期。

[104] 陶善信、周应恒：《食品安全的信任机制研究》，载于《农业经济问题》2012 年第 10 期。

[105] 陶志梅、孙钰：《城市基础设施系统供给效益影响因素的动态分析》，载于《财经问题研究》2018 年第 6 期。

[106] 田宝祥：《十九大"人与自然和谐共生"新理念探析——基于中国古代生态哲学的诠释维度》，载于《山西师大学报（社会科学版）》2018 年第 1 期。

[107] 汪鸿昌、肖静华、谢康等：《食品安全治理——基于信息技术与制度安排相结合的研究》，载于《中国工业经济》2013 年第 3 期。

[108] 汪普庆、周德翼、吕志轩：《农产品供应链的组织模式与食品安全》，载于《农业经济问题》2009 年第 3 期。

[109] 王常伟、顾海英：《基于委托代理理论的食品安全激励机制分析》，载于《软科学》2013 年第 8 期。

[110] 王春婷：《社会共治：一个突破多元主体治理合法性窘境的新模式》，载于《中国行政管理》2017 年第 6 期。

[111] 王海燕、陈欣、于荣：《质量链协同视角下的食品安全控制与治理研究》，载于《管理评论》2016 年第 11 期。

[112] 王冀宁、陈森、陈庭强：《基于三方动态博弈的食品安全社会共治研究》，载于《江苏农业科学》2016 年第 5 期。

[113] 王建华、葛佳烨、刘苗：《民众感知、政府行为及监管评价研究——基于食品安全满意度的视角》，载于《软科学》2016 年第 1 期。

[114] 王建华、葛佳烨、朱湄：《食品安全风险社会共治的现实困境及其治理逻辑》，载于《社会科学研究》2016 年第 6 期。

[115] 王静:《陕西农产品外贸物流与县域经济发展联盟体系与机制》,载于《西北农林科技大学学报(社会科学版)》2018年第2期。

[116] 王名、蔡志鸿、王春婷:《社会共治:多元主体共同治理的实践探索与制度创新》,载于《中国行政管理》2014年第12期。

[117] 王能、任运河:《食品安全监管效率评估研究》,载于《财经问题研究》2011年第12期。

[118] 王守伟、周清杰、臧明伍:《食品安全与经济发展关系研究》,中国质检出版社2016年版。

[119] 王琬琼:《我国食品安全监管体制研究》,载于《西南农业大学学报(社会科学版)》2011年第2期。

[120] 王仰文:《"互联网+"时代食品安全治理模式创新的理论反思与发展路径》,载于《社会治理法治前沿年刊》2016年第10期。

[121] 王耀忠:《食品安全监管的横向和纵向配置——食品安全监管的国际比较与启示》,载于《中国工业经济》2005年第6期。

[122] 王耀忠:《外部诱因和制度变迁:食品安全监管的制度解释》,载于《上海经济研究》2006年第7期。

[123] 王怡、宋宗宇:《社会共治视角下食品安全风险交流机制研究》,载于《华南农业大学学报(社会科学版)》2015年第4期。

[124] 王永钦、刘思远、杜巨澜:《信任品市场的竞争效应与传染效应:理论和基于中国食品行业的事件研究》,载于《经济研究》2014年第2期。

[125] 王雨佳:《供给侧改革下能源关系及价格现状——以煤电产业链为例》,载于《现代经济探讨》2018年第7期。

[126] 王兆华、雷家骕:《主要发达国家食品安全监管体系研究》,载于《中国软科学》2004年第7期。

[127] 王志刚、翁燕珍、杨志刚等:《食品加工企业采纳HACCP体系认证的有效性:来自全国482家食品企业的调研》,载于《中国软科学》2006年第9期。

[128] 王志刚:《食品安全的认知和消费决定:关于天津市个体消费者的实证分析》,载于《中国农村经济》2003年第4期。

[129] 王中亮:《食品安全监管体制的国际比较及其启示》,载于《上海经济研究》2007年第12期。

[130] 吴林海、吕煜昕、李清光等：《食品安全风险社会共治作用的研究进展》，载于《自然辩证法通讯》2017年第4期。

[131] 吴林海、王红纱、刘晓琳：《可追溯猪肉：信息组合与消费者支付意愿》，载于《中国人口·资源与环境》2014年第4期。

[132] 吴林海、钟颖琦、洪巍等：《基于随机n价实验拍卖的消费者食品安全风险感知与补偿意愿研究》，载于《中国农村观察》2014年第2期。

[133] 吴林海、钟颖琦、山丽杰：《公众食品添加剂风险感知的影响因素分析》，载于《中国农村经济》2013年第5期。

[134] 吴元元：《信息基础、声誉机制与执法优化——食品安全治理的新视野》，载于《中国社会科学》2012年第6期。

[135] 夏英、宋伯生：《食品安全保障：从质量标准体系到供应链综合管理》，载于《农业经济问题》2001年第11期。

[136] 肖静华、谢康、于洪彦：《基于食品药品供应链质量协同的社会共治实现机制》，载于《产业经济评论》2014年第5期。

[137] 肖兴志、胡艳芳：《中国食品安全监管的激励机制分析》，载于《中南财经政法大学学报》2010年第1期。

[138] 谢康、赖金天、肖静华：《食品安全社会共治下供应链质量协同特征与制度需求》，载于《管理评论》2015年第2期。

[139] 谢康、赖金天、肖静华等：《食品安全、监管有界性与制度安排》，载于《经济研究》2016年第4期。

[140] 谢康、刘意、肖静华等：《政府支持型自组织构建——基于深圳食品安全社会共治的案例研究》，载于《管理世界》2017年第8期。

[141] 谢康、刘意：《中国药品安全社会共治的制度分析与安排》，载于《产业经济评论》2017年第3期。

[142] 谢康、肖静华、杨楠堃等：《社会震慑信号与价值重构——食品安全社会共治的制度分析》，载于《经济学动态》2015年第10期。

[143] 谢康、刘意、赵信：《媒体参与食品安全社会共治的条件与策略》，载于《管理评论》2017年第5期。

[144] 谢敏、于永达：《对中国食品安全问题的分析》，载于《上海经济研究》2002年第1期。

[145] 徐立成、周立、潘素梅：《"一家两制"：食品安全威胁下的

社会自我保护》，载于《中国农村经济》2013 年第 5 期。

[146] 徐小斌、何东蕾：《以社会共治模式破解市场监管难题》，载于《中国市场监管研究》2016 年第 1 期。

[147] 许静、翁晓敏：《以策略传播推动食品安全风险交流》，载于《中国食品药品监管》2017 年第 12 期。

[148] 旭日干、庞国芳：《中国食品安全现状、问题及对策战略研究》，科学出版社 2015 年版。

[149] 薛保岚：《关于构建食品药品社会共治格局的思考》，载于《中国食品药品监管》2013 年第 11 期。

[150] 薛澜、张帆：《构建以社会共治为基础的社会性监管体系》，载于《中国市场监管研究》2014 年第 8 期。

[151] 薛庆根：《美国食品安全体系及对我国的启示》，载于《经济纵横》2006 年第 2 期。

[152] 颜海娜：《我国食品安全监管体制改革——基于整体政府理论的分析》，载于《学术研究》2010 年第 5 期。

[153] 杨骞、王弘儒、秦文晋：《中国农业面源污染的地区差异及分布动态：2001－2015》，载于《山东财经大学学报》2017 年第 5 期。

[154] 杨天和、褚保金：《"从农田到餐桌"食品安全全程控制技术体系研究》，载于《食品科学》2005 年第 3 期。

[155] 尹权：《食品安全监管机构的设置模式与职能重构——从分散监管走向集中监管》，载于《法学杂志》2015 年第 9 期。

[156] 余从田、姜启军、熊振海：《食品安全"模式"构建的理论基础与路径选择》，载于《农业经济》2011 年第 1 期。

[157] 袁界平、肖玫：《影响食品安全的制度性因素及对策探讨》，载于《食品科学》2006 年第 11 期。

[158] 臧传琴、吕杰：《环境规制效率的区域差异及其影响因素——基于中国 2000－2014 年省际面板数据的经验考察》，载于《山东财经大学学报》2018 年第 1 期。

[159] 张电电、张红凤、范柏乃：《地方政府职能转变绩效：概念界定、维度设计与实证测评》，载于《中国行政管理》2018 年第 5 期。

[160] 张红凤、李萍：《食品产业与食品安全规制的耦合关系》，载于《光明日报》2017 年 12 月 19 日。

［161］张红凤、刘嘉：《基于销售环节的山东省食品安全监管效果测度及提升策略研究》，载于《经济与管理评论》2015年第4期。

［162］张红凤、吕杰：《食品安全监管效果评价——基于食品安全满意度的视角》，载于《山东财经大学学报》2018年第2期。

［163］张红凤、陈小军：《我国食品安全问题的政府规制困境与治理模式重构》，载于《理论学刊》2011年第7期。

［164］张红凤、韩璟、闫绍华：《转型期公共决策模式路径优化：从传统模式向动态协同模式的转变》，载于《中国行政管理》2014年第10期。

［165］张红凤、汲昌霖：《政治关联、金融生态环境与企业融资——基于山东省上市公司数据的实证分析》，载于《经济理论与经济管理》2015年第11期。

［166］张红凤、姜琪、吕杰：《经济增长与食品安全——食品安全库兹涅茨曲线假说检验与政策启示》，载于《经济研究》2019年第11期。

［167］张红凤、路军：《市场的决定性作用与公共政策创新》，载于《经济理论与经济管理》2014年第12期。

［168］张红凤、宋敏：《中国特殊制度禀赋约束下规制困境与规制治理结构的重构》，载于《教学与研究》2011年第9期。

［169］张红凤、孙敬华：《居家养老服务供给模式比较分析及优化策略——以山东省为例》，载于《山东财经大学学报》2015年第5期。

［170］张红凤、孙丽、王政：《白酒技术规制对白酒行业技术效率影响研究》，载于《经济与管理评论》2016年第6期。

［171］张红凤、王政：《清单式管理在政府食品安全规制中的应用》，载于《山东财经大学学报》2015年第3期。

［172］张红凤、杨慧：《规制经济学沿革的内在逻辑及发展方向》，载于《中国社会科学》2011年第6期。

［173］张红凤、张栋、卜范富：《养老服务机构服务质量影响因素及其地区差异——基于山东省十七地市的实证分析》，载于《经济与管理评论》2018年第2期。

［174］张建成：《我国食品安全监管体制的历史演变、现实评价和未来选择》，载于《河南财经政法大学学报》2013年第4期。

［175］张力、孙良媛：《消费认知、政府规制与中国食品安全——

一个综述及其引申》，载于《财经论丛》2015 年第 2 期。

[176] 张璐、周晓唯：《逆向选择与道德风险条件下的最优激励契约模型研究——关于食品行业的监管问题》，载于《制度经济学研究》2011 年第 4 期。

[177] 张曼、唐晓纯、普蓂喆等：《食品安全社会共治：企业、政府与第三方监管力量》，载于《食品科学》2014 年第 13 期。

[178] 张奇志、邓欢英：《我国食品安全现状及对策措施》，载于《中国食物与营养》2006 年第 6 期。

[179] 张卫斌、顾振宇：《基于食品供应链管理的食品安全问题发生机理分析》，载于《食品工业科技》2007 年第 1 期。

[180] 张文胜、王硕、安玉发等：《日本"食品交流工程"的系统结构及运行机制研究——基于对我国食品安全社会共治的思考》，载于《农业经济问题》2017 年第 1 期。

[181] 张晓涛、孙长学：《我国食品安全监管体制：现状、问题与对策——基于食品安全监管主体角度的分析》，载于《经济体制改革》2008 年第 1 期。

[182] 张永建、刘宁、杨建华：《建立和完善我国食品安全保障体系研究》，载于《中国工业经济》2005 年第 2 期。

[183] 张煜、汪寿阳：《食品供应链质量安全管理模式研究——三鹿奶粉事件案例分析》，载于《管理评论》2010 年第 10 期。

[184] 张肇中、张红凤：《我国食品安全规制间接效果评价——以乳制品安全规制为例》，载于《经济理论与经济管理》2014 年第 5 期。

[185] 张肇中、张红凤：《食品安全标准对中国农产品出口的影响——以苹果出口为例》，载于《理论学刊》2013 年第 10 期。

[186] 张肇中、张红凤：《中国食品安全规制体制的大部制改革探索——基于多任务委托代理模型的理论分析》，载于《学习与探索》2014 年第 3 期。

[187] 张振、乔娟、黄圣男：《基于异质性的消费者食品安全属性偏好行为研究》，载于《农业技术经济》2013 年第 5 期。

[188] 赵丙奇、戴一珍：《食品安全监管模式研究——以浙江省为例》，载于《农村经济》2007 年第 2 期。

[189] 赵明、张正军：《我国食品安全监管体制的缺陷及其完善》，

载于《四川行政学院学报》2014年第1期。

[190] 赵谦：《农村消费者参与食品安全社会共治的实证分析》，载于《暨南学报（哲学社会科学版）》2015年第8期。

[191] 郑风田、胡文静：《从多头监管到一个部门说话：我国食品安全监管体制急待重塑》，载于《中国行政管理》2005年第12期。

[192] 钟水映、李强谊、徐飞：《中国农业现代化发展水平的空间非均衡及动态演进》，载于《中国人口·资源与环境》2016年第7期。

[193] 周峰、徐翔：《欧盟食品安全可追溯制度对我国的启示》，载于《经济纵横》2007年第19期。

[194] 周洁红、钱峰燕、马成武：《食品安全管理问题研究与进展》，载于《农业经济问题》2004年第4期。

[195] 周洁红、叶俊焘：《我国食品安全管理中HACCP应用的现状、瓶颈与路径选择——浙江省农产品加工企业的分析》，载于《农业经济问题》2007年第8期。

[196] 周开国、杨海生、伍颖华：《食品安全监督机制研究——媒体、资本市场与政府协同治理》，载于《经济研究》2016年第9期。

[197] 周洋、侯淑婧、宗科：《基于主成分分析方法的生态经济效益评价》，载于《统计与决策》2018年第1期。

[198] 周应恒、宋玉兰、严斌剑：《我国食品安全监管激励相容机制设计》，载于《商业研究》2013年第1期。

[199] 周应恒、卓佳：《消费者食品安全风险认知研究——基于三聚氰胺事件下南京消费者的调查》，载于《农业技术经济》2010年第2期。

[200] 周应恒、彭晓佳：《江苏省城市消费者对食品安全支付意愿的实证研究——以低残留青菜为例》，载于《经济学（季刊）》2006年第3期。

[201] 周应恒、王二朋：《中国食品安全监管：一个总体框架》，载于《改革》2013年第4期。

[202] 周勇、米加宁：《政府监管体制的困境与反思——基于食品安全政策的分析》，载于《东北农业大学学报（社会科学版）》2013年第3期。

[203] 朱淀、蔡杰、王红纱：《消费者食品安全信息需求与支付意愿研究——基于可追溯猪肉不同层次安全信息的BDM机制研究》，载于

《公共管理学报》2013 年第 3 期。

［204］朱晓峰：《食物安全与经济发展》，载于《学术界》2002 年第 1 期。

［205］竺乾威：《从新公共管理到整体性治理》，载于《中国行政管理》2008 年第 10 期。

［206］Afrooz A. Total Factor Productivity in Food Industries of Iran. *International Journal of Economics and Finance*, Vol. 3, No. 1, 2011, pp. 84.

［207］Akkerman R., Farahani P., Grunow M. Quality, Safety and Sustainability in Food Distribution: A Review of Quantitative Operations Management Approaches and Challenges. *Or Spectrum*, Vol. 32, No. 4, 2010, pp. 863 - 904.

［208］Alocilja E. C., Radke S. M. Market Analysis of Biosensors for Food Safety. *Biosensors and Bioelectronics*, Vol. 18, No. 5, 2003, pp. 841 - 846.

［209］Amine A., Mohammadi H., Bourais I., et al. Enzyme Inhibition - Based Biosensors for Food Safety and Environmental Monitoring. *Biosensors and Bioelectronics*, Vol. 21, No. 8, 2006, pp. 1405 - 1423.

［210］Ansell, C. K., Ansell, C., Vogel, D., et al. What's the Beef? The Contested Governance of European Food Safety. Massachusetts: MIT Press, 2006, pp. 92 - 93.

［211］Antle J. M. Benefits and Costs of Food Safety Regulation. *Food Policy*, Vol. 24, No. 6, 1999, pp. 605 - 623.

［212］Antle J. M. *Choice and Efficiency in Food Safety Policy*. Washington: American Enterprise Institute, 1995, pp. 106 - 120.

［213］Antle J. M. Economic Analysis of Food Safety. *Handbook of Agricultural Economics*, Vol. 1, No. 1, 2001, pp. 1083 - 1136.

［214］Antle J. M. No Such Thing as A Free Safe Lunch: The Cost of Food Safety Regulation in The Meat Industry. *American Journal of Agricultural Economics*, Vol. 82, No. 2, 2000, pp. 310 - 322.

［215］Bernstein J. I., Mamuneas T. P. Public Infrastructure, Input Efficiency and Productivity Growth in The Canadian Food Processing Industry. *Journal of Productivity Analysis*, Vol. 29, No. 1, 2008, pp. 1 - 13.

［216］Beulens A. J. M. , Broens D. F. , Folstar P. , et al. Food Safety and Transparency in Food Chains and Networks Relationships and Challenges. *Food Control*, Vol. 16, No. 6, 2005, pp. 481 – 486.

［217］Bourn D. , Prescott J. A Comparison of The Nutritional Value, Sensory Qualities, And Food Safety of Organically and Conventionally Produced Foods. *Critical Reviews in Food Science and Nutrition*, Vol. 42, No. 1, 2002, pp. 1 – 34.

［218］Brandl M. T. Fitness of Human Enteric Pathogens on Plants and Implications for Food Safety. *Annu. Rev. Phytopathol*, Vol. 44, No. 1, 2006, pp. 367 – 392.

［219］Carvalho F. P. Agriculture, Pesticides, Food Security and Food Safety. *Environmental Science & Policy*, Vol. 9, No. 7, 2006, pp. 685 – 692.

［220］Caswell H. Britain's Battle Against Food Waste. *Nutrition Bulletin*, Vol. 33, No. 4, 2008, pp. 331 – 335.

［221］Caswell J. A. , Mojduszka E. M. Using Informational Labeling to Influence yhe Market for Quality in Food Products. *American Journal of Agricultural Economics*, Vol. 78, No. 5, 1996, pp. 1248 – 1253.

［222］Charlebois S. Marketing Agricultural Commodities on Global Markets: A Conceptual Model for Political Economies and Food – Safety Standard Asymmetries Related to Mad Cow. *Journal of International Food & Agribusiness Marketing*, Vol. 20, No. 1, 2008, pp. 75 – 100.

［223］Cho B. H. , Hooker N. H. Comparing Food Safety Standards. *Food Control*, Vol. 3, No. 1, 2009, pp. 40 – 47.

［224］Cronbach L. J. Coefficient Alpha and The Internal Structure of Tests. *Psychometrika*, Vol. 16, No. 3, 1951, pp. 297 – 334.

［225］Darby M. R. , Karni E. Free Competition and The Optimal Amount of Fraud. *The Journal of Lawand Economics*, Vol. 16, No. 1, 1973, pp. 67 – 88.

［226］Dosman D. M. , Adamowicz W. L. , Hrudey S. E. Socioeconomic Determinants of Health – And Food Safety – Related Risk Perceptions. *Risk Analysis*, Vol. 21, No. 2, 2001, pp. 307 – 318.

［227］ Dubey M. SAARC And South Asian Economic Integration. *Economic and Political Weekly*, Vol. 3, No. 1, 2007, pp. 1238 – 1240.

［228］ Duncan T. V. Applications of Nanotechnology in Food Packaging and Food Safety: Barrier Materials, Antimicrobials and Sensors. *Journal of Colloid and Interface Science*, Vol. 363, No. 1, 2011, pp. 1 – 24.

［229］ Finn A., Louviere J. J. Determining the Appropriate Response to Evidence of Public Concern: The Case of Food Safety. *Journal of Public Policy & Marketing*, Vol. 63, No. 1, 1992, pp. 12 – 25.

［230］ Franz C. M. A. P., Holzapfel W. H., Stiles M. E. Enterococci at The Crossroads of Food Safety? *International Journal of Food Microbiology*, Vol. 47, No. 1, 1999, pp. 1 – 24.

［231］ Franz C. M. A. P., Huch M., Abriouel H., et al. Enterococci as Probiotics and Their Implications in Food Safety. *International Journal of Food Microbiology*, Vol. 151, No. 2, 2011, pp. 125 – 140.

［232］ Grunert K. G. Food Quality and Safety: Consumer Perception and Demand. *European Review of Agricultural Economics*, Vol. 32, No. 3, 2005, pp. 369 – 391.

［233］ Hayes D. J., Shogren J. F., Shin S. Y., et al. Valuing Food Safety in Experimental Auction Markets. *American Journal of Agricultural Economics*, Vol. 77, No. 1, 1995, pp. 40 – 53.

［234］ Henson S., Caswell J. Food Safety Regulation: An Overview of Contemporary Issues. *Food Policy*, Vol. 24, No. 6, 1999, pp. 589 – 603.

［235］ Henson S., Traill B. The Demand for Food Safety: Market Imperfections and The Role of Government. *Food Policy*, Vol. 18, No. 2, 1993, pp. 152 – 162.

［236］ Holleran E., Bredahl M. E., Zaibet L. Private Incentives for Adopting Food Safety and Quality Assurance. *Food Policy*, Vol. 24, No. 6, 1999, pp. 669 – 683.

［237］ Holtkamp N., Liu P., Mcguire W. Regional Patterns of Food Safety in China: What Can We Learn from Media Data? *China Economic Review*, Vol. 30, No. 1, 2014, pp. 459 – 468.

［238］ Jöreskog K. G. Testing Structural Equation Models. *Sage Focus*

323

Editions, Vol. 154, No. 1, 1993, pp. 294 – 294.

[239] Jouanjean M. A., Maur J. C., Shepherd B. Reputation Matters: Spillover Effects for Developing Countries in The Enforcement of US Food Safety Measures. *Food Policy*, Vol. 55, No. 1, 2015, pp. 81 – 91.

[240] Juskevich J. C., Guyer C. G. Bovine Growth Hormone: Human Food Safety Evaluation. *Science*, Vol. 249, No. 4971, 1990, pp. 875 – 884.

[241] Kathariou S. Listeria Monocytogenes Virulence and Pathogenicity, A Food Safety Perspective. *Journal of Food Protection*, Vol. 65, No. 11, 2002, pp. 1811 – 1829.

[242] Kemal A. R. Exploring Pakistan's Regional Economic Cooperation Potential. *The Pakistan Development Review*, Vol. 3, No. 1, 2004, pp. 313 – 334.

[243] Knorr D. *Effects of High – Hydrostatic – Pressure Processes on Food Safety and Quality*. Chicag: Food Technology, 1993, pp. 156 – 161.

[244] Kuiper H. A., Kleter G. A., Noteborn H. P. J. M., et al. Assessment of The Food Safety Issues Related to Genetically Modified Foods. *The Plant Journal*, Vol. 27, No. 6, 2001, pp. 503 – 528.

[245] Latruffe L., Desjeux Y., Bakucs Z., et al. Environmental Pressures and Technical Efficiency of Pig Farms in Hungary. *Managerial and Decision Economics*, Vol. 34, No. 6, 2013, pp. 409 – 416.

[246] Liu P. Tracing and Periodizing China's Food Safety Regulation: A Study on China's Food Safety Regime Change. *Regulation & Governance*, Vol. 4, No. 2, 2010, pp. 244 – 260.

[247] Loureiro M. L., Umberger W. J. A Choice Experiment Model for Beef: What US Consumer Responses Tell Us About Relative Preferences for Food Safety, Country – Of – Origin Labeling and Traceability. *Food Policy*, Vol. 32, No. 4, 2007, pp. 496 – 514.

[248] Martinez M. G., Fearne A., Caswell J. A., et al. Co – Regulation as A Possible Model for Food Safety Governance: Opportunities for Public – Private Partnerships. *Food Policy*, Vol. 32, No. 3, 2007, pp. 299 – 314.

[249] Marvin H. J. P., Kleter G. A., Prandini A., et al. Early Iden-

tification Systems for Emerging Foodborne Hazards. *Food & Chemical Toxicology*, Vol. 47, No. 5, 2009, pp. 915 – 926.

[250] Marvin H. J. P. , Kleter G. A. Early Awareness of Emerging Risks Associated with Food and Feed Production: Synopsis of Pertinent Work Carried Out Within the Safe foods project. *Food and Chemical Toxicology*, Vol. 47, No. 5, 2009, pp. 911 – 914.

[251] Mclaughlin M. J. , Parker D. R. , Clarke J. M. Metals and Micronutrients – Food Safety Issues. *Field Crops Research*, Vol. 60, No. 1, 1999, pp. 143 – 163.

[252] Michaelidou N. , Hassan L. M. The Role of Health Consciousness, Food Safety Concern and Ethical Identity on Attitudes and Intentions Towards Organic Food. *International Journal of Consumer Studies*, Vol. 32, No. 2, 2008, pp. 163 – 170.

[253] Nelson P. Advertising as Information. *Journal of Political Economy*, Vol. 82, No. 4, 1974, pp. 729 – 754.

[254] Nelson P. Information and Consumer Behavior. *Journal of Political Economy*, Vol. 78, No. 2, 1970, pp. 311 – 329.

[255] Nout M. J. R. Fermented Foods and Food Safety. *Food Research International*, Vol. 27, No. 3, 1994, pp. 291 – 298.

[256] O'Sullivan L. , Ross R. P. , Hill C. Potential of Bacteriocin – Producing Lactic Acid Bacteria for Improvements in Food Safety and Quality. *Biochimie*, Vol. 84, No. 5, 2002, pp. 593 – 604.

[257] Oliver S. P. , Boor K. J. , Murphy S. C. , et al. Food Safety Hazards Associated with Consumption of Raw Milk. *Foodborne Pathogens and Disease*, Vol. 6, No. 7, 2009, pp. 793 – 806.

[258] Oliver S. P. , Jayarao B. M. , Almeida R. A. Foodborne Pathogens in Milk and The Dairy Farm Environment: Food Safety and Public Health Implications. *Foodbourne Pathogens & Disease*, Vol. 2, No. 2, 2005, pp. 115 – 129.

[259] Ollinger M. , Nguyen S. V. , Blayney D. , et al. *Food Industry Mergers and Acquisitions Lead to Higher Labor Productivity*. USDA Economic Research Serv. , 2006, pp. 125 – 127.

[260] Ortega D. L., Wang H. H., Wu L., et al. Modeling Heterogeneity in Consumer Preferences for Select Food Safety Attributes in China. *Food Policy*, Vol. 36, No. 2, 2011, pp. 318 - 324.

[261] Otsuki T., Wilson J. S., Sewadeh M. Saving Two in A Billion: Quantifying the Trade Effect of European Food Safety Standards on African Exports. *Food Policy*, Vol. 26, No. 5, 2001, pp. 495 - 514.

[262] Piggott N. E., Marsh T. L. Does Food Safety Information Impact US Meat Demand? *American Journal of Agricultural Economics*, Vol. 86, No. 1, 2004, pp. 154 - 174.

[263] Rahbar F., Memarian R. Productivity Changes of Food Processing Industries in Provinces of Iran: 1992 - 2001 A Non - Parametric Malmquist Approach. *Iranian Economic Review*, Vol. 15, No. 26, 2010, pp. 51 - 65.

[264] Redmond E. C., Griffith C. J. Consumer Food Handling in The Home: A Review of Food Safety Studies. *Journal of Food Protection*, Vol. 66, No. 1, 2003, pp. 130 - 161.

[265] Richards T. J., Nganje W. E., Acharya R. N. Public Goods, Hysteresis, And Underin - Vestment in Food Safety. *Journal of Agricultural & Resource Economics*, Vol. 34, No. 3, 2009, pp. 464 - 482.

[266] Roe B., Sheldon I. Credence Good Labeling: The Efficiency and Distributional Implications of Several Policy Approaches. *American Journal of Agricultural Economics*, Vol. 89, No. 4, 2007, pp. 1020 - 1033.

[267] Röhr A., LÜDdecke K., Drusch S., et al. Food Quality and Safety - Consumer Perception and Public Health Concern. *Food Control*, Vol. 16, No. 8, 2005, pp. 649 - 655.

[268] RouviÈRe E., Caswell J. A. From Punishment to Prevention: A French Case Study of The Introduction of Co - Regulation in Enforcing Food Safety. *Food Policy*, Vol. 37, No. 3, 2012, pp. 246 - 254.

[269] Shalaby A. R. Significance of Biogenic Amines to Food Safety and Human Health. *Food Research International*, Vol. 29, No. 7, 1996, pp. 675 - 690.

[270] Shelton A. M., Zhao J. Z., Roush R. T. Economic, Ecological, Food Safety, And Social Consequences of The Deployment of Bt Transgenic

Plants. Annual Review of Entomology, Vol. 47, No. 1, 2002, pp. 845 – 881.

［271］ Shi X. , Zhu X. Biofilm Formation and Food Safety in Food Industries. *Trends in Food Science & Technology*, Vol. 20, No. 9, 2009, pp. 407 – 413.

［272］ Spence A. , Townsend E. Predicting Behaviour Towards Genetically Modified Food Using Implicit and Explicit Attitudes. *British Journal of Social Psychology*, Vol. 46, No. 2, 2007, pp. 437.

［273］ Srey S. , Jahid I. K. , Ha S. D. Biofilm Formation in Food Industries: A Food Safety Concern. *Food Control*, Vol. 31, No. 2, 2013, pp. 572 – 585.

［274］ Starbird S. A. Moral Hazard, Inspection Policy, And Food Safety. *American Journal of Agricultural Economics*, Vol. 87, No. 1, 2005, pp. 15 – 27.

［275］ Stiglitz J. E. Information and The Change in The Paradigm in Economics. *American Economic Review*, Vol. 92, No. 3, 200, pp. 460 – 501.

［276］ Stringer M. F. , Hall M. N. A Generic Model of The Integrated Food Supply Chain to Aid the Investigation of Food Safety Breakdowns. *Food Control*, Vol. 18, No. 7, 2007, pp. 755 – 765.

［277］ Sylvain C. Marketing Agricultural Commodities on Global Markets. *Journal of International Food & Agribusiness Marketing*, Vol. 20, No. 1, 2008, pp. 75 – 100.

［278］ Trienekens J. , Zuurbier P. Quality and Safety Standards in The Food Industry, Developments and Challenges. *International Journal of Production Economics*, Vol. 113, No. 1, 2008, pp. 107 – 122.

［279］ Unnevehr L. J. , Jensen H. H. HACCP As A Regulatory Innovation to Improve Food Safety in The Meat Industry. *American Journal of Agricultural Economics*, Vol. 78, No. 3, 1996, pp. 764 – 769.

［280］ Unnevehr L. J. , Jensen H. H. The Economic Implications of Using HACCP As A Food Safety Regulatory Standard. *Food Policy*, Vol. 24, No. 6, 1999, pp. 625 – 635.

［281］ Unnevehr L. J. Food Safety Issues and Fresh Food Product Exports from Ldcs. *Agricultural Economics*, Vol. 23, No. 3, 2000, pp. 231 – 240.

[282] Verbeke W. , Frewer L. J. , Scholderer J. , et al. Why Consumers Behave a They Do with Respect to Food Safety and Risk Information. *Analytica Chimica Acta*, Vol. 586, No. 1, 2007, pp. 2 – 7.

[283] Wagacha J. M. , Muthomi J. W. Mycotoxin Problem in Africa: Current Status, Implications to Food Safety and Health and Possible Management Strategies. *International Journal of Food Microbiology*, Vol. 124, No. 1, 2008, pp. 1 – 12.

[284] Wenban – Smith H. , Fasse A. , Grote U. Food Security in Tanzania: The Challenge of Rapid Urbanization. *Food Security*, Vol. 8, No. 5, 2016, pp. 973 – 984.

[285] Wilcock A. , Pun M. , Khanona J. , et al. Consumer Attitudes, Knowledge and Behaviour: A Review of Food Safety Issues. *Trends in Food Science & Technology*, Vol. 15, No. 2, 2004, pp. 56 – 66.

[286] Yeung R. M. W. , Morris J. Food Safety Risk: Consumer Perception and Purchase Behaviour. *British Food Journal*, Vol. 103, No. 3, 2001, pp. 170 – 187.

[287] Zhang H. , Sun C. , Huang L. , Si H. Does Government Intervention Ensure Food Safety? Evidence from China. *International Journal of Environmental Research and Public Health*, Vol. 18, No. 7, 2021.